Differential Evolution-Based Optimization
Methods and Applications

基于差分进化的
优化方法及应用

● 董明刚 王宁 艾兵 等 著

人民邮电出版社
北京

图书在版编目（CIP）数据

基于差分进化的优化方法及应用 / 董明刚等著. --
北京：人民邮电出版社，2019.12
ISBN 978-7-115-52292-4

Ⅰ．①基… Ⅱ．①董… Ⅲ．①最优化算法 Ⅳ．
①O242.23

中国版本图书馆CIP数据核字(2019)第220573号

内 容 提 要

本书首先从单目标、多目标、约束优化及离散优化等方面简要介绍了最优化问题的研究意义，接下来详细介绍了差分进化算法的概念、工作原理及研究现状，并指出了目前研究存在的不足。然后针对差分进化算法在单目标、多目标、约束优化及离散优化4个方面存在的问题，分别提出了11种改进的差分进化算法。本书包含每个改进算法的基本思想、原理、步骤流程、算法复杂度及测试结果等内容。此外，对部分算法，作者还给出了相关的理论分析和证明，并通过实际工程应用，验证了新算法的实用性。

本书可供计算机、控制、系统工程、运筹与管理、应用数学等专业的教师及相关领域的技术开发人员参考，也可作为相关专业的高年级本科生或研究生的教材。

◆ 著　　　　董明刚　王　宁　艾　兵　等
　　责任编辑　唐名威
　　责任印制　彭志环

◆ 人民邮电出版社出版发行　　北京市丰台区成寿寺路 11 号
　　邮编　100164　　电子邮件　315@ptpress.com.cn
　　网址　http://www.ptpress.com.cn
　　固安县铭成印刷有限公司印刷

◆ 开本：787×1092　1/16
　　印张：15.5　　　　　　　　　2019 年 12 月第 1 版
　　字数：287 千字　　　　　　　2019 年 12 月河北第 1 次印刷

定价：89.00 元

读者服务热线：(010)81055493　印装质量热线：(010)81055316
反盗版热线：(010)81055315
广告经营许可证：京东工商广登字 20170147 号

序

现实中的优化问题越来越多样化和复杂化，传统的优化算法难以满足要求。进化计算（Evolutionary Computing，EC）是借用生物进化的规律，通过繁殖、竞争、再繁殖、再竞争，实现优胜劣汰，一步步逼近复杂工程技术问题的最优解。如何对进化计算进行优化并运用进化计算解决实际问题是当前研究的热点。

差分进化（Differential Evolution，DE）算法作为 EC 的一个分支领域，是一种采用随机任意搜寻并且运用浮点矢量编码的智能优化算法。DE 是高效的启发式进化算法，鉴于其简易的原理，较少的控制参数，容易实现和理解，采用直接、并行、随机的寻优等特点，日渐获得研究者们的关注和青睐。近些年来，DE 在每年举行的国际进化计算领域大会的各类比赛角逐中都获得了十分靠前的名次。作为一种兴起的优化算法，DE 在求解优化问题方面表现出较大的潜力，并能够普遍应用到实际工程领域和科学探索研究之中。

本人从 2008 年读博期间开始学习差分进化算法，至今已经有十来年了，期间我和我的研究生们针对差分进化算法进行了较系统的研究，主要从单目标、多目标、约束优化及离散优化 4 个方面进行了算法的设计，并取得一些成果。以此为基础，本人于 2012 年和 2015 年先后获得国家自然科学基金项目的资助。这些成果对 DE 研究者有一定的学习和参考价值。2018 年秋季萌生了将这十年来的研究成果结集出版的想法，算是对近十年来团队在该方面研究工作的一个总结。

本书涉及的改进工作由本人所在的团队完成。其中，第 6～8 章主要由艾兵完成，第 3 章、第 5 章和第 9 章主要由童旅杨完成，第 10 章主要由刘宝完成。其余章节均由董明刚和王宁负责，全书由董明刚、王宁统稿。参与本书编写的艾兵、童旅杨表现非常优秀，毕业时先后被录取为东南大学、武汉大学的博士研究生。

需要说明的是本书的各种算法均是在智能优化领域各位同行专家的工作之上或受他们工作启发改进而来的，在此对他们表示衷心的感谢！感谢我的研究生刘明、张伟、林唐林、曾慧斌及范培，他们承担了本书的文字整理工作。因时间匆忙，书中难免会出现差错，欢迎大家批评指正！

感谢工作单位桂林理工大学的领导及同事一直以来的关心、帮助与支持！感谢浙江大学工业控制技术国家重点实验室和桂林理工大学嵌入式技术与智能系统广西重点实验室提供的良好科研平台！

最后感谢国家自然科学基金项目（No.61563012、No.61203109）对本书研究工作和出版提供的经费资助！

谨以此书纪念我逝去的父亲！

董明刚

2019 年 3 月于雁园

目　录

第1章

绪 论

|1.1 最优化问题的研究意义 |

最优化问题与方法研究源于运筹学（Operational Research），学者们称它为数学规划（Mathematical Programming），是运筹学的主要分支之一[1]。在处理实际问题的时候，往往会遇到存在多个解的情况，如何根据问题本身的特点选择出一个最优或者次最优解，这是科学领域的最优化问题。本章将从单目标最优化问题、多目标优化问题、约束优化问题和离散优化问题4个方面进行阐述。

单目标最优化问题（Simple-Objective Optimization Problem，SOP）是"最优化问题"中较简单的一种情况，从一个问题所有可能的备选方案中，选择出一种最优的解决方案。从数学上来讲，最优化问题是研究一个给定的集合 S 上泛函 $J(u)$ 的极小化或极大化问题；广义上来讲，最优化问题包括数学规划、图和网络、组合最优化、库存论、决策论、排队论、最优控制等；狭义上来讲，最优化问题仅指数学规划。最优化问题的解决方法广泛应用于生产管理、经济规划、工程设计、系统控制科学研究等领域。

然而大多数工程设计和科学研究领域中普遍存在的优化决策问题是多属性的，一般是对多个目标同时进行优化，从而找到满足多个目标的较好的设计方案，这就是所谓的多目标优化问题（Multi-Objective Optimization Problem，MOP）。MOP中的各个优化目标之间往往是相互联系但又彼此制约的，一个优化目标性能提升的同时往往会造成其他优化目标性能的降低甚至退化，即所求解的 MOP 中所有优化目标很难同时获得最优结果[2]。

现实生活中的优化问题大多是多目标优化问题，例如分布式电源选址方案的优化问题。分布式电源接入电网的做法改变了传统电网的运行模式，降低了电力损耗，提高了电力系统的稳定性和灵活性。如何选址建造分布式电源，同时保证电网损耗、电压稳定性及建造成本的最优，就是一个 MOP[3]。又如当消费者购买汽车时，不同舒适度的汽车对应不同的价格，只是专注价格的消费者只需要挑选最便宜的汽车即可，同理只关注舒适度的消费者只需要挑选最舒适的即可。但在实际生活中，消费者总是想在满足自己舒适度要求的前提下选择最优惠的汽车，或者在自己可以承受的价格范围内，挑选舒适度最高的汽车，这就构成了一个双目标问题：一个是最小化价格目标问题，另一个是最大化舒适度目标问题。再如，在工业设计问题上，生产厂商会提出工业产品的造价最低、表现最优、稳定性最好等一系列目标，这些目标同时考虑优化就构成了多目标优化问题[4]。因此，可以说多目标优化问题在现实生活中随处可见，研究这类问题的求解方法具有非常重要的现实意义。MOP 在工程应用等现实生活中非常普遍，并且处于非常重要的地位。随着科技的快速发展及全球经济竞争的不断加强，现实生活的问题变得越来越复杂，往往需要同时考虑多个目标的优化，因此，多目标优化逐渐发展为最优化问题研究范畴中一个极其重要的热点与方向。自 20 世纪 60 年代早期以来，MOP 吸引了越来越多不同背景的研究人员的注意，尽管针对 MOP 提出了很多算法，这些算法也在一定程度上表现出令人满意的求解效果，但在某些问题的求解上仍存在诸如收敛速度慢、搜索能力差、早熟收敛等常见问题，目前，没有哪一种算法能够解决所有的优化问题。针对具体问题的特点，通过设计或改进算法的运行机制来解决不同类型的问题是非常有意义的。因此，针对 MOP 的研究是一个十分具有挑战性和重要意义与价值的课题。

MOP 与 SOP 的不同之处在于单目标的优化结果是一个最优解，而对于 MOP 而言，不存在唯一的或者绝对的最优解。解决 MOP 的一个较好的办法就是对其中相互制约的各个目标予以综合考虑，即在多个目标之间进行协调并找出满意的非劣最优解，即 Pareto 最优解。由于 Pareto 最优解通常为一系列折衷解的集合，故将该集合称之为 Pareto 最优解集（Pareto Optimal Set）[1]。

但是现实生活中的大多数优化问题需要找到一个解，该解不仅要满足最优性，而且要满足一个或多个约束条件，这些问题统称为约束优化问题（Constrained Optimization Problem，COP）。通常来说，大多数约束优化问题是具有挑战性的，且难以求解。如何有效地求解约束优化问题被认为是计算机科学、运筹学和优化理论中极具挑战性的研究课题之一。本质上，约束优化问题可以看成约束处理和最优化问题的结合。

目前,根据进化计算中约束处理方法的研究进展,约束处理方法主要分为 3 类:罚函数方法、可行规则方法和多目标方法[5]。因原理简单和易于实现,罚函数方法是目前应用最广泛的约束处理方法之一。罚函数方法是指在目标函数中加入一个惩罚函数,将约束问题转换成一个无约束问题,该方法的难点在于罚参数的选择。可行规则方法建立在可行解要优于不可行解的偏好基础上,这里需满足 3 条比较规则:可行解要优于不可行解;当两个解都是可行时,选择目标函数值小的;当两个解都是不可行解时,选择违反约束小的。最近几年,多目标概念的思想已经被越来越多地用于进化计算中的约束处理,这种思想是将约束转换成一个或多个目标。根据处理约束的不同原则,有两类多目标方法:一类是有两个目标的——源目标函数和所有约束违反程函数;另一类是将每个约束看成一个目标。因此,对于有 m 个约束的多目标问题来说,加上原有的目标函数,总共有 $m+1$ 个目标函数[6]。

随着社会的发展和经济的进步,优化问题出现了规模大、复杂多峰、非线性、不可微等特点,传统的优化算法已经无法快速、高效地解决此类优化问题,因此在传统的优化算法的基础之上,探索出更高效的现代化算法具有十分重要的意义。一般的优化方法只能求得连续变量的最优解,而传统的求离散问题的最优解是先用连续变量优化设计方法求连续变量的最优解,然后取整到离散值上,这就存在一些弊端,即得不到可行最优解,或者所得的解不是离散的最优解。然而,现实生活中很多问题常常涉及离散的属性值,这类问题被称为离散问题。当代的学者们针对这些离散问题提出了许多离散优化方法,如决策树、关联规则等,因此设计高性能、实用的离散优化方法对于社会具有非常重要的现实意义。

1.2 差分进化算法介绍

差分进化(Differential Evolution,DE)算法是由 Storn 与 Price 在 1995 年提出的一种社会性的、基于种群的寻优算法。差分进化算法属于进化算法(Evolutionary Algorithm,EA)的子领域,也是简单但很有效的随机进化算法。与其他随机优化进化算法类似,DE 算法采用了与标准进化算法类似的计算方法步骤,主要通过变异(Mutation)、交叉(Crossover)和选择(Selection)3 种操作进行智能搜索。但与传统的进化算法有所不同,DE 算法通过随机选择不一样的个体生成比例差分向量扰动当代种群,并运用与候选解之间的差别产生新的个体。与其他进化算法相比,

DE 算法具有结构简单（该算法只有 3 个控制参数）、容易实现（Matlab 实现的核心的代码仅有几十行）、全局搜索性能好、稳健性强等优势[7]。

　　DE 算法需要经过个体的初始化、变异、交叉和选择 4 个基本流程。个体经过初始化操作之后，由差分进化算法中最重要的差分变异（Differential Mutation）算子将同一种群中的 2 个个体进行差分和缩放，并且加上该种群内另外的随机个体向量来产生变异个体向量（Mutant Vector），然后父代个体和变异个体的向量采用交叉操作获得实验个体向量（Trial Vector），最后比较实验个体向量和父代个体向量的适应度值，将较优者保存到进化的下一代中。DE 算法利用差分变异、交叉和选择等方式不停迭代地对种群进行演变，直到满足停止的要求为止。

　　（1）个体的初始化

　　传统的 DE 算法采用实数编码，更加适宜处理实数优化问题。DE 算法保持了一个规模为（NP，D）的实参类型种群（NP 为种群大小，D 为决策变量的个数），其中第 i 个个体 x_i 如式（1-1）所示。

$$x_i = \{x_{i,1}, x_{i,2}, \cdots, x_{i,j}, \cdots, x_{i,D}\}, \quad i = 1, 2, \cdots, \text{NP}, \; j = 1, 2, \cdots, D \qquad (1\text{-}1)$$

其中，$x_{i,j} \in [L_j, U_j]$。在种群初始化之前，确定参数的上界 U_j 和下界 L_j，$x_{i,j}$ 在 $[L_j, U_j]$ 内随机均匀初始化，如式（1-2）所示。

$$x_{i,j} = \text{rand}_j(0,1) \cdot (U_j - L_j) + L_j, \; i=1, 2, \cdots, \text{NP}, \; j=1, 2, \cdots, D \qquad (1\text{-}2)$$

其中，函数 $\text{rand}_j(0,1)$ 表示从区间 $[0,1)$ 随机选择一个数，j 表示在第 j 维上产生的随机数。

　　（2）差分变异操作

　　DE 算法正因为差分变异操作而得名，通常统一采用"DE/a/b"的形式表示，其中，"DE"表示差分进化算法；"a"表示挑选被变异个体的方式，常运用"rand"和"best"两种方式，"rand"为从种群中任意挑选个体向量，"best"为挑选当前适应度最优的个体向量；"b"表示在变异流程内采用的向量的数目。在变异过程中，个体 $x_{i,G}$ 可采用变异策略产生变异向量 $v_{i,G}$，被广泛采用的 5 种变异策略具体如式（1-3）～（1-7）所示。

　　"DE/best/1"：

$$v_{i,G} = x_{\text{best},G} + F \cdot (x_{r_1,G} - x_{r_2,G}) \qquad (1\text{-}3)$$

　　"DE/best/2"：

$$v_{i,G} = x_{\text{best},G} + F \cdot (x_{r_1,G} - x_{r_2,G}) + F \cdot (x_{r_3,G} - x_{r_4,G}) \qquad (1\text{-}4)$$

"DE/rand/1"：

$$v_{i,G} = x_{r_1,G} + F \cdot (x_{r_2,G} - x_{r_3,G}) \tag{1-5}$$

"DE/rand/2"：

$$v_{i,G} = x_{r_1,G} + F \cdot (x_{r_2,G} - x_{r_3,G}) + F \cdot (x_{r_4,G} - x_{r_5,G}) \tag{1-6}$$

"DE/current-to-best/1"：

$$v_{i,G} = x_{i,G} + F \cdot (x_{best,G} - x_{i,G}) + F \cdot (x_{r_1,G} - x_{r_2,G}) \tag{1-7}$$

其中，r_1、r_2、r_3、r_4 和 r_5 为 $\{1,\cdots,NP\}$ 之间随机选择的 5 个互不相等的整数，$x_{best,G}$ 为在当前 G 代中具备最好适应度函数值的向量，缩放因子 F 为在区间[0,1]的加权差分向量的控制参数。

在变异操作中，DE 算法要判断差分变异产生的新向量是否能保证变异向量在搜索的空间范围内。如果变异向量不在搜索空间内，则要通过运用修复操作对变异向量进行处理，通常连续向量采用式（1-8）或式（1-9）所示方法进行处理。

$$v_{i,G} = \begin{cases} U_j, v_{i,G} > U_j \\ L_j, v_{i,G} < L_j \end{cases} \tag{1-8}$$

$$v_{i,G}^j = \begin{cases} \max\{L_j, 2U_j - v_{i,G}^j\}, v_{i,G}^j > U_j \\ \min\{U_j, 2L_j - v_{i,G}^j\}, v_{i,G}^j < L_j \end{cases} \tag{1-9}$$

其中，$v_{i,G}^j$ 表示变异向量 v 第 G 代中第 i 个向量的第 j 维的值。

（3）交叉操作

为了进一步完善差分变异搜索流程，DE 算法运用了交叉方法，该方法包括二项式交叉（Binomial Crossover，BIN）和指数交叉（Exponential Crossover，EXP），其中二项式交叉如式（1-10）所示。

$$u_{i,G+1}^j = \begin{cases} v_{i,G+1}^j, \text{rand } (0,1) \leqslant CR, \text{或} j = j_{rand} \\ x_{i,G}^j, \quad \text{其他} \end{cases} \tag{1-10}$$

其中，$u_{i,G}^j$ 表示实验向量 U 中第 G 代的第 i 个向量的第 j 维的值。j_{rand} 表示从 $\{1,2,\cdots,D\}$ 中随机选择的一个数。CR 表示交叉概率。

当进行指数交叉操作时，开始在[1, D]任意挑选整数 n，作为进行交叉的开始位置，另一个整数 L 再在[1, D]随机挑选，L 代表变异向量占目标向量位置的数量。利用上述方法选定 n 和 L，最终进行指数交叉产生实验向量的值 $u_{i,G}^j$。指数交叉如式

（1-11）所示。

$$u_{i,G}^j = \begin{cases} v_{i,G}^j, j = <n>D, <n+1>D, \cdots, <n+L-1>D \\ x_{i,G}^j, \text{其他} \end{cases} \tag{1-11}$$

其中，$<\cdot>D$ 表示对 D 取模函数，整数 L 按如下伪代码生成。

```
生成整数 L 的伪代码
L=0;
do {
    L=L+1;
} while (rand(0,1)≤CR&L≤D)
```

（4）选择操作

DE 算法经过差分变异和交叉进化流程后，采取选择操作把实验向量与目标向量进行对比。若实验向量 $u_{i,G}$ 的适应度函数值小于或等于目标向量 $x_{i,G}$ 的适应度函数值，那么实验向量取代相应的目标向量，从而获得进入下一代的机会；反之目标向量就一直维持到下一代进化过程。最小化优化问题中的选择操作可以作如式（1-12）所示的描述。

$$x_{i,G+1} = \begin{cases} u_{i,G}, & f(u_{i,G}) \leq f(x_{i,G}) \\ x_{i,G}, & \text{其他} \end{cases} \tag{1-12}$$

其中，$f(x_{i,G})$ 是计算出的第 G 代个体 $x_{i,G}$ 适应度目标的函数值。

总之，DE 算法的一次进化过程包含了初始化种群、变异、交叉和选择 4 个基本步骤。DE 算法的伪代码如下。

```
初始化种群规模 NP，缩放因子 F 和交叉概率 CR，设定进化代数 G=0;
执行初始化操作，产生和初始化有 NP 个个体的种群 X，并评估适应度 f(X);
while 停止条件非真 do
for 种群中的每个个体 x_{i,G} ∈ X_G do
根据差分变异策略生成差分变异向量 v_{i,G};
判断差分变异向量是否在搜索空间范围内，如不在，则采用修复操作;
通过交叉策略得到实验向量 u_{i,G};
通过选择操作，确定下一代种群中的个体 x_{i,G+1};
end For
G=G+1;
end while
返回最佳适应度的个体 x_{best,G};
```

|1.3　差分进化算法研究现状 |

DE 算法自产生至今，一向受到广泛关注，研究者对其进行了大量的研究工作，取得了许多重要成果。Das[8-9]在进化计算领域的顶级期刊 *IEEE Transactions on Evolutionary Computation* 和 *Swarm and Evolutionary Computation* 上发表了对 DE 算法的最新研究进展综述，系统地介绍了 DE 算法的基本概念、改进方法、理论现状，以及在约束优化、多目标等方面的研究进展。童旅杨[7]从单目标优化、多目标优化和约束优化 3 个方面对 DE 算法的研究现状进行了概述。

（1）单目标优化

根据 DE 算法的发展趋势及采用的方法、策略的不同，DE 算法单目标优化主要集中在算法的策略和参数的设置上。受粒子群思想的影响，Das 等[10]设计了一种"DE/current-to-best/1"的变异策略来提高 DE 算法的寻优性能，从而达成平衡全局搜索和局部搜索的目标。Wang 等[11]提出了一种组合差分进化（Composite DE，CoDE）算法，通过采用"DE/rand/1""DE/rand/2"和"DE/current-to-rand/1"3 种不同的变异和 3 种固定的控制参数组[F=1.0，CR=0.1]、[F =1.0，CR=0.9]和[F =0.8，CR=0.2]产生新的个体。Gong[12]提出了一种基于"ranking based"的变异操作，在这种模式中，排名最高的个体被选择用来进行变异操作的几率最大。Zhang[13]提出了一种自适应差分进化（JADE）算法，设计了一种"DE/current-to-pbest/1"的变异策略，该策略不但采用了种群中最优个体的信息，还尽可能运用种群中次好个体的信息来增加种群的多样性；JADE 算法还对历史信息选择性地进行存档，用来提供进化方向信息；最重要的是提供了自适应参数来主动调试参数缩放因子 F 和交叉概率 CR，进一步提高了算法的稳健性。Tanable[14-15]提出了基于成功历史的自适应差分进化（Success-History Based Adaptive DE，SHADE）算法，该算法是 JADE 算法的改进算法，用历史上的缩放因子 F 和交叉概率 CR 生成新的 F 和 CR；他们又进一步提出了基于线性种群规模化简的 SHADE（L-SHADE）算法，L-SHADE 算法是 SHADE 算法的改进算法，以种群线性递减的方法来删除不好的个体。L-SHADE 算法在 CEC2014 比赛单目标优化竞赛中取得了最好的成绩。Wu 等[16]同时用"DE/current-to-pbest/1""DE/current-to-rand/1"和"DE/rand/1"3 种不同的变异策略来产生新的个体，并且提出了多种群集成差分进化（MPEDE）算法，用一种奖励的手段使好的变异策略在种群中的比例增大，同时运用了 JADE 的自适应参数自动调节参数 F 和 CR。Liu 等[17]提出了一种 DADE 的差分进化算法，通过二分法区分好的参数和坏的参数，从而自适应地产生更多好的参数，加快算法的收敛速度。Wang 等[18]设计了一种 ODE 的算法，运用反向学习提高算法的收敛速率。

（2）多目标优化

对于多目标优化问题，没有单一的解决方案可以同时使每个目标达到最优，此问题需要考虑在多目标之中找到最佳平衡点。Zhong[19]提出了一种带随机编码策略的自适应多目标 DE（AS-MODE）算法，其中种群中的每个个体都不是由精确解决方案表示的，而是由多元高斯带有对角协方差的矩阵表示的。AS-MODE 算法运用了简单的"DE/rand/1/bin"生成实验向量，参加变异过程的向量使用锦标赛淘汰手段进行筛选，而不是随机挑选。AS-MODE 算法在选择过程中运用非支配排序方法，并且基于拥挤距离的操作对集合的解决方案进行排序，从顶部挑选出 NP 解决方案当作下一代的种群；除了 DE 的 3 个常用参数（F、CR 和 NP）之外，AS-MODE 算法还引入了 6 个新参数。Ali 等[20]提出了一种适用于多目标优化的 DE 新变体（MODEA），它首先使用不同的种群初始化技术生成两个种群，每个种群的大小为 NP，并从组合集合中选择最佳的 NP，第一个种群由解决方案从整个搜索空间随机挑选出来，第二个种群由第一个成员的反向学习形成，方式类似于反向学习的 DE 算法[21]；然后将两个种群合并，并根据非支配和拥挤距离排序选择 NP 个顶端解决方案；并且运用"DE/rand/1"从非支配解决方案中挑选 3 个参与变异向量作为基础执行变异操作[20]。Zhang 等[22]设计出一种基于分解方法的多目标进化算法（MOEA/D），该算法处理多目标优化问题时采用另一种方法来引入新的思路，即通过加权手段把多目标问题分解成几个单目标问题的聚合。Zhao 等[23]引入了集成方法来取代基于分解方法的多目标差分进化算法[24]中邻域尺寸参数的调整，并证明邻域参数的集合产生了整体改进的性能。Qu 等[25]结合正则化目标相加的多目标差分进化算法并进行了改善，在算法的选择方法中增加了一个预选过程，通过去除不良解来改善收敛性。预选过程通过使用参考点来实现，由该参考点支配的所有解决方案都将被删除；参考点从目标空间的中心开始，沿着搜索过程逐渐移动到原点。Denysiuk 等[26]引入了一种求解多目标优化问题的 DE 变体，并将其命名为具有变异限制的多目标 DE（Many-Objective Optimization Using Differential Evolution，MyO-DEMR），该算法使用 Pareto 支配的概念并加上反向世代距离度量来从父代和后代种群的集合中选择下一代的种群，还利用限制 DE 变异中变异向量的策略改善在多峰问题上的收敛特性。

（3）约束优化

约束优化问题以找到可行解为前提，目标是找到最优解。Mallipeddi 等[27]提供了带有约束处理方法集成（Ensemble of Constraint Handling Techniques，ECHT）的 DE 算法，该算法中每个约束处理方法都有自己的种群，ECHT 一个显著特点是每个种群采用单独的约束处理技术进行进化，不同的约束处理方法在搜索过程的不同阶段都可能有效，而且 ECHT 能够适应进化的要求。Gong 等[28]在 "ranking based" 的变异操作方法上做出了改良，引入了自适应排序变异操作（Adaptive Ranking Mutation Operator，ARMOR）的 DE 算法，根据当前状态预判是否为非可行解、半可行解和可行解这 3 种状态，并根据所处的状态自适应调节变异操作。Liu 等[29]引入了基于可行性规则和惩罚函数解决约束数值优化问题的混合 DE 与粒子群优化（PSO）算法。Sarder 等[30]基于梯度修复的思想，与 "DE/rand/1/bin" 差分变异操作相结合，提出了基于 DE 的约束优化算法。如果由 DE 生成的单个候选解决方案是不可行的，则该算法应用梯度的修复方法将这些不可行的解决方案转换为可行的解决方案；随着世代数的增加，可行搜索空间与整个搜索空间之间的比率增加。Wang 等[31]提出了基于双目标框架的 DE 约束优化算法，并应用罚函数测量解的约束违反程度，该算法在求解约束问题上提供了一种新的思想。最近 Saha 等[32]通过使用 DE 作为基础优化算法，提出了基于模糊规则的约束处理技术。Wu 等[33]提出了一种等式约束和变量减少策略（Equality Constraint and Variable Reduction Strategy，ECVRS），该策略利用表达等式约束的等式来消除等式约束及约束优化问题的变量，从实验结果可知，ECVRS 在求解带有等式约束条件问题时可以显著提高 DE 算法的效率。

（4）离散优化

为求解离散优化问题，各种离散 DE 算法也相继被提出。Pan 等[34]提出了一种基于排列差异的离散差分进化（DDE）算法，并用于求解置换流水调度问题。Damak 等[35]提出了一种基于排列加模式的离散 DE 算法，用于求解多模资源约束的工程调度问题。Wang 等[36]提出了一种基于排列和求模运算的离散 DE 算法，以求解阻塞流水调度问题。Pan 等[37]提出了一种混合离散 DE 算法，用于求解具有中间存储的流水调度问题。Tasgetiren 等[38]提出了基于破坏与重构变异操作的离散差分进化算法，求解带有准备时间的总加权延迟时间的单机调度问题。

Tasgetiren 等[39]又提出了一种带有并行种群的装配离散差分进化算法，用于求解一般的旅行商问题。最近，姚芳等[40]提出了一种基于排列表示和取整变异的离散差分进化算法。

DE 虽然在许多方面已经取得了一些成就，但也有一些不足之处。首先，不一样的变异策略在不同类型的问题上发挥的作用有差异，然而单一的变异策略难以在复杂问题上得到较好的结果，因此如何根据不同问题选择最优的变异策略具有一定的困难，如何基于已有的经验和知识来设计多变异策略和自适应参数的 DE 算法，从而平衡局部搜索和全局搜索，还需要深入研究。其次，在求解多目标问题上，各类 DE 算法主要是基于静态框架下的 DE 算法，影响了解集的多样性和算法的收敛性能。变异策略和参数的选择对收敛性和多样性具有重大影响，进化过程中如何选择变异策略和参数还需要深入研究。另外，如何加强算法的收敛性和提高 Pareto 解集的均匀性也是需要重点关注的问题。最后，DE 算法本身是一种无约束优化算法，面对复杂的约束优化问题，如何设计有效的面向 DE 算法的约束处理方法还需要深入研究。另外，如何设计合适有效的算法来平衡约束条件和目标函数的关系也是需要考虑的。

针对上述 DE 算法存在的不足，本书从单目标优化、多目标优化、约束优化和离散优化 4 个方面开展了工作，通过对 DE 算法的深入研究提出了几种新的 DE 算法。本书的主要内容如下。

第 1 章对最优化问题的研究意义进行了说明，概述了进化计算和差分进化算法的工作流程，并且进一步叙述了近些年差分进化算法的研究现状和存在的问题。

第 2～3 章提出了两种单目标差分优化算法。第 2 章主要对组合差分进化 CoDE 算法进行了改进，提出了改进的组合差分进化算法。第 3 章针对单目标优化中早熟和收敛慢的问题，提出了一种新的变异策略"DE/pbad–to–pbest/1"，该策略可以很好地解决早熟和收敛慢这两大问题。

第 4～5 章提出了两种面向约束的差分优化算法。第 4 章在第 2 章的基础上将 CoDE 算法应用到了约束优化问题上，并对原始的 Oracle 罚函数方法进行了改进，将改进后的 Oracle 罚函数与 CoDE 算法相结合，提出了一种新的约束组合差分进化算法。第 5 章提出了基于替换和重置机制的多策略变异约束差分进化算法，运用多策略变异在约束处理技术的限定下考虑了目标函数的影响，平衡了约束条件和目标函数的关系，运用替换和重置机制增加种群中的多样性使种群跳出不可行区域的局部解进一步平衡约束条件和目标函数。

第 6～10 章提出了 5 种面向多目标的差分进化算法。第 6 章针对 DE 算法求解多目标优化问题时收敛慢和均匀性欠佳等不足，提出了一种基于多策略排序变异的多目标差分进化算法，利用基于排序变异算子，促使快速接近真实的 Pareto 最优解的优点，同时多策略差分进化算子能有效保持算法的多样性和分布性。第 7 章提出了用于求解多目标优化问题的一种基于外部归档和球面修剪机制的多目标差分进化算法，该算法采用外部归档集合来存储进化过程中寻找到的非支配解，并引入了球面修剪机制。第 8 章在第 7 章的基础上进一步研究多目标 DE 算法。在求解多目标优化问题的过程中，通过引入全局物理规划策略更简洁且有效地表达决策者偏好，促使进化种群能朝着决策者比较感兴趣或者满意的区域搜索。第 9 章提出了一种基于替换和重置机制的多策略变异约束差分进化算法，该算法利用改进切比雪夫（Tchebycheff）分解的方法把多目标优化问题变为许多单目标优化子问题；通过高效的非支配排序方法选择具有良好收敛性和多样性的解来指导差分进化过程；采用多策略变异方法来平衡进化过程中收敛性和多样性。第 10 章针对多目标差分进化算法在求解问题时收敛慢和均匀性欠佳等不足，提出了一种改进的排序变异多目标差分进化算法，该算法将参与变异的 3 个父代个体中的最优个体作为基向量，并采用反向参数控制方法，在不同的优化阶段动态调整参数值，同时引入改进的拥挤距离计算式来提升种群的多样性。

第 11～12 章提出了两种面向离散问题的差分进化算法。第 11 章针对现有离散差分进化算法在进化过程中会产生不可行解，需要借助修复操作来克服其可行性的不足，提出了一种采用位置关系的新型变异操作和新的交叉操作的排列差分进化算法。第 12 章以提高排列差分进化的搜索效率为目标，将禁忌搜索与排列差分进化算法结合，提出了一种基于禁忌列表的离散差分进化算法。

| 参考文献 |

[1] 辛斌，陈杰. 面向复杂优化问题求解的智能优化方法[M]. 北京：北京理工大学出版社，2018.

[2] AI B, DONG M G, JANG C X. Simple PSO algorithm with opposition-based learning average elite strategy[J]. International Journal of Hybrid Information Technology, 2016, 9(6): 187-196.

[3] 梁才浩，段献忠. 分布式发电及其对电力系统的影响[J]. 电力系统自动化，2001, 25(12): 53-56.

[4] 刘鎏. 多目标优化进化算法及应用研究[D]. 天津: 天津大学, 2009.

[5] 王勇, 蔡自兴, 周育人, 等. 约束优化进化算法[J]. 软件学报, 2009, 20(1): 11-29.

[6] WANG Y, CAI Z X, ZHOU Y R, et al. Constrained optimization based on hybrid evolutionary algorithm and adaptive constraint-handling technique[J]. Structural and Multidisciplinary Optimization, 2009, 37(4): 395-413.

[7] 童旅杨. 基于差分进化的智能优化算法研究[D]. 桂林: 桂林理工大学, 2018.

[8] DAS S, SUGANTHAN P N. Differential evolution: a survey of the state-of-the-art[J]. IEEE Transactions on Evolutionary Computation, 2011, 15(1): 4-31.

[9] DAS S, MULLICK S S, SUGANTHAN P N. Recent advances in differential evolution-an updated survey[J]. Swarm and Evolutionary Computation, 2016(27): 1-30.

[10] DAS S, ABRAHAM A, CHAKRABORTY U K, et al. Differential evolution using a neighborhood-based mutation operator[J]. IEEE Transactions on Evolutionary Computation, 2009, 13(3): 526-553.

[11] WANG Y, CAI Z, ZHANG Q. Differential evolution with composite trial vector generation strategies and control parameters[J]. IEEE Transactions on Evolutionary Computation, 2011, 15(1): 55-66.

[12] GONG W, CAI Z. Differential evolution with ranking-based mutation operators[J]. IEEE Transactions on Cybernetics, 2013, 43(6): 2066-2081.

[13] ZHANG J, SANDERSON A C. JADE: adaptive differential evolution with optional external archive[J]. IEEE Transactions on Evolutionary Computation, 2009, 13(5): 945-958.

[14] TANABE R, FUKUNAGA A. Success-history based parameter adaptation for differential evolution[C]// 2013 IEEE Congress on Evolutionary Computation, June 20-23, 2013, Cancun, Mexico. Piscataway: IEEE Press, 2013: 20-23.

[15] TANABE R, FUKUNAGA A S. Improving the search performance of SHADE using linear population size reduction[C]//2014 IEEE Congress on Evolutionary Computation (CEC), July 6-11, 2014, Beijing, China. Piscataway: IEEE Press, 2014.

[16] WU G, MALLIPEDDI R, SUGANTHAN P N, et al. Differential evolution with multi-population based ensemble of mutation strategies[J]. Information Sciences, 2016(329): 329-345.

[17] LIU X F, ZHAN Z H, ZHANG J. Dichotomy guided based parameter adaptation for differential evolution[C]//The 2015 Annual Conference on Genetic and Evolutionary Computation, July 11-15, 2015, Madrid, Spain. New York: ACM Press, 2015: 289-296.

[18] WANG H, WU Z, RAHNMAYAN S. Enhanced opposition-based differential evolution for solving high-dimensional continuous optimization problems[J]. Soft Computing, 2011, 15(11): 2127-2140.

[19] ZHONG J H, ZHANG J. Adaptive multi-objective differential evolution with stochastic coding strategy[C]//The 13th Annual Conference on Genetic and Evolutionary Computation, July 12-16, 2011, Dublin, Ireland. New York: ACM Press, 2011: 665-672.

[20] ALI M, SIARRY P, PANT M. An efficient differential evolution based algorithm for solving multi-objective optimization problems[J]. European Journal of Operational Research, 2012, 217(2): 404-416.

[21] RAHNAMAYAN S, TIZHOOSH H R, SALAMA M M A. Opposition-based differential evolution[J]. IEEE Transactions on Evolutionary Computation, 2008, 12(1): 64-79.

[22] ZHANG Q, LI H. MOEA/D: a multiobjective evolutionary algorithm based on decomposition[J]. IEEE Transactions on Evolutionary Computation, 2007, 11(6): 712-731.

[23] ZHAO S Z, SUGANTHAN P N, ZHANG Q. Decomposition-based multiobjective evolutionary algorithm with an ensemble of neighborhood sizes[J]. IEEE Transactions on Evolutionary Computation, 2012, 16(3): 442-446.

[24] ZHANG Q, LIU W, LI H. The performance of a new version of MOEA/D on CEC09 unconstrained MOP test instances[C]//2009 IEEE Congress on Evolutionary Computation, May 18-21, 2009, Trondheim, Norway. Piscataway: IEEE Press, 2009.

[25] QU B Y, SUGANTHAN P N. Multi-objective differential evolution based on the summation of normalized objectives and improved selection method[C]//2011 IEEE Symposium on Differential Evolution (SDE), April 11-15, 2011, Paris, France. Piscataway: IEEE Press, 2011.

[26] DENYSIUK R, COSTA L, ESPÍRITO SANTO I. Many-objective optimization using differential evolution with variable-wise mutation restriction[C]//The 15th Annual Conference on Genetic and Evolutionary Computation, July 6-10, 2013, Amsterdam, The Netherlands. New York: ACM Press, 2013: 591-598.

[27] MALLIPEDDI R, SUGANTHAN P N. Ensemble of constraint handling techniques[J]. IEEE Transactions on Evolutionary Computation, 2010, 14(4): 561-579.

[28] GONG W, CAI Z, LIANG D. Adaptive ranking mutation operator based differential evolution for constrained optimization[J]. IEEE Transactions on Cybernetics, 2015, 45(4): 716-727.

[29] LIU H, CAI Z, WANG Y. Hybridizing particle swarm optimization with differential evolution for constrained numerical and engineering optimization[J]. Applied Soft Computing, 2010, 10(2): 629-640.

[30] SARDAR S, MAITY S, DAS S, et al. Constrained real parameter optimization with a gradient repair based differential evolution algorithm[C]//2011 IEEE Symposium on Differential Evolution(SDE), April 11-15, 2011, Paris, France. Piscataway: IEEE Press, 2011.

[31] WANG Y, CAI Z. Combining multiobjective optimization with differential evolution to solve constrained optimization problems[J]. IEEE Transactions on Evolutionary Computation, 2012, 16(1): 117-134.

[32] SAHA C, DAS S, PAL K, et al. A fuzzy rule-based penalty function approach for constrained evolutionary optimization[J]. IEEE Transactions on Cybernetics, 2016, 46(12): 2953-2965.

[33] WU G, PEDRYCZ W, SUGANTHAN P N, et al. A variable reduction strategy for evolutionary algorithms handling equality constraints[J]. Applied Soft Computing, 2015(37): 774-786.

[34] PAN Q K, TASGETIREN M F, LIANG Y C. A discrete differential evolution algorithm for the

permutation flowshop scheduling problem[J]. Computers & Industrial Engineering, 2008, 55(4): 795-816.

[35] DAMAK N, JARBOUI B, SIARRY P, et al. Differential evolution for solving multi-mode resource-constrained project scheduling problems[J]. Computers & Operations Research, 2009, 36(9): 2653-2659.

[36] WANG L, PAN Q K, SUGANTHAN P N, et al. A novel hybrid discrete differential evolution algorithm for blocking flow shop scheduling problems[J]. Computers & Operations Research, 2010, 37(3): 509-520.

[37] PAN Q K, WANG L, GAO L, et al. An effective hybrid discrete differential evolution algorithm for the flow shop scheduling with intermediate buffers[J]. Information Sciences , 2011, 181(3): 668-685.

[38] TASGETIREN M F, SUGANTHAN P N, PAN Q K. An ensemble of discrete differential evolution algorithms for solving the generalized traveling salesman problem[J]. Applied Mathematics and Computation, 2010, 215(9): 3356-3368.

[39] TASGETIREN M F, PAN Q K, LIANG Y C. A discrete differential evolution algorithm for the single machine total weighted tardiness problem with sequence dependent setup times[J]. Computers & Operations Research, 2009, 36(6): 1900-1915.

[40] 姚芳, 罗家祥, 胡跃明. 二维板材组包排样问题的离散差分进化算法求解[J]. 计算机辅助设计与图形学学报, 2012, 24(3): 406-413.

第 2 章

改进的组合差分进化算法

本章对组合差分进化（CoDE）算法的改进和应用进行了研究。从生成策略和控制参数两方面对 CoDE 算法进行了修改，本章提出了两种 CoDE 算法的修改版本 MCoDE 和 MCoDE-P，并利用测试函数对两种修改版本的改进性能进行了检验，结果证明了 MCoDE 方法的有效性。针对自适应神经模糊系统（Adaptive Network-based Fuzzy Inference System，ANFIS）建模问题，本章提出了一种用留一交叉验证（Leave-One-Out Cross-Validation，LOO-CV）方法来优化 ANFIS 的结构、用 MCoDE 来学习 ANFIS 的前后参数的新方法，并将其应用于实际的表面粗糙度预测建模，实验结果显示，本章所提算法建立的模型的泛化能力更好，能提高铣削过程表面粗糙度的预测精度。

| 2.1　引言 |

目前，在 DE 算法的向量产生策略和参数设置方面已进行了大量的研究，并取得了一些较重要的定性结论[1-2]。不同的向量产生策略和参数设置在处理不同类型的问题时各有优势，但遗憾的是这些优势并没有被充分利用，大部分 DE 算法仅采用一种向量产生策略和一组参数设置值。因此，最近有研究人员提出将不同向量产生策略和参数设置相融合的思想，以改进采用单一向量产生策略和参数设置的 DE 算法的性能。典型的有：Mallipeddi 等[3]提出了具有学习能力的装配差分进化（Ensemble of Mutation and Crossover Strategies and Parameters in DE，EPSDE）算法；Wang 等[4]利用已有的研究成果，建立了向量产生策略知识库和参数设置知识库，并在此基础上提出了一种组合差分进化算法。研究结果验证了此类方法对于提高 DE 算法性能是可行和有效的，与现有的几种自适应 DE 算法相比，极具竞争力。

虽然 CoDE 取得了不错的性能，但 CoDE 的参数设置库中仅选择 3 组特定的向量产生策略和 3 组特殊参数设置，其他一些常见的向量产生策略和参数设置并没有涉及，因此，本章考虑从向量的产生策略和控制参数两方面对 CoDE 进行扩展，探讨其对改进 CoDE 性能的可行性和有效性。同时，现有 CoDE 的研究仅建立在 30 维的测试函数基础上，缺乏对维数较大的实际问题的应用研究来验证 CoDE 的实用性，本章也解决了这个问题。

本章首先从向量的生成策略和控制参数两方面对 CoDE 方法进行了调整，提出了两种 CoDE 的改进版本 MCoDE 和 MCoDE-P，并利用测试函数对这两种修改版本的性能进行了检验。为了提高在小规模数据集的情况下 ANFIS 模型的泛化能力，本章提出了一种用留一交叉验证法来优化 ANFIS 的结构，用改进的 CoDE 方法学习 ANFIS 的前后件参数的新方法。将该方法应用于实际的表面粗糙度预测建模，实验结果显示，本章提出的方法所建模型的泛化能力更好，提高了铣削过程表面粗糙度的预测精度。

| 2.2 组合差分进化算法及其改进 |

2.2.1 组合差分进化算法

鉴于向量产生策略和控制参数对 DE 算法的性能具有重要影响，且各有优势，Wang 等[4]提出了一种新的自适应 DE 算法——CoDE 算法，该算法组合了几种向量产生策略和特定的控制参数用于产生新的向量。CoDE 算法中包含 3 种向量产生策略和 3 组控制参数。采用的 3 种向量产生策略分别如下[4]。

"rand/1/bin"：

$$
\boldsymbol{u}_{i,j}^{G} = \begin{cases} \boldsymbol{x}_{r_1,G}^{j} + F(\boldsymbol{x}_{r_2,j}^{G} - \boldsymbol{x}_{r_3,j}^{G}), \text{rand} < C_r \vec{\mathbb{E}} j = j_{\text{rand}} \\ \boldsymbol{x}_{i,j}^{G}, \text{其他} \end{cases} \tag{2-1}
$$

"rand/2/bin"：

$$
\boldsymbol{u}_{i,j}^{G} = \begin{cases} \boldsymbol{x}_{r_1,G}^{j} + F(\boldsymbol{x}_{r_2,j}^{G} - \boldsymbol{x}_{r_3,j}^{G}) + F(\boldsymbol{x}_{r_4,j}^{G} - \boldsymbol{x}_{r_5,j}^{G}), \text{rand} < C_r \vec{\mathbb{E}} j = j_{\text{rand}} \\ \boldsymbol{x}_{i,j}^{G}, \text{其他} \end{cases} \tag{2-2}
$$

"current-to-rand/1"：

$$\boldsymbol{u}_i^G = \boldsymbol{x}_i^G + \mathrm{rand}(\boldsymbol{x}_{r_1}^G - \boldsymbol{x}_i^G) + F(\boldsymbol{x}_{r_2}^G - \boldsymbol{x}_{r_3}^G) \qquad (2\text{-}3)$$

3 组控制参数分别为：$[F=1.0, C_r=0.1]$，$[F=1.0, C_r=0.9]$，$[F=0.8, C_r=0.2]$。其中，F 表示缩放因子，C_r 表示交叉概率。

上述策略和参数设置经常用于许多版本的 DE 算法中，并且它们的有效性已经被大量的研究所证实。CoDE 从控制参数集中随机选择一组参数，然后根据该组参数利用新向量产生策略候选池中的每个策略产生新的向量，再从新的 3 个向量中选择最好的个体。这种思想如图 2-1 所示。有关 CoDE 的更详细的信息见文献[4]。

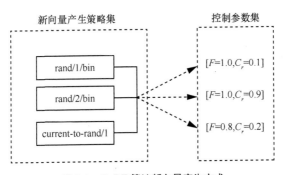

图 2-1　CoDE 算法新向量产生方式

从图 2-1 可以看出，CoDE 采用的是一种利用简单的组合思想来实现自动搜索的方法。利用 3 种新向量产生策略和控制参数的优势，以期达到更好的效果。除了向量产生策略和控制参数以外，CoDE 的其他操作与传统的 DE 算法没有什么差别。

2.2.2　改进的算法

（1）改变生成策略法

尽管 CoDE 算法在连续优化领域已经显示出优异的优化性能，但从文献[4]的研究结果可以看出，文献[5]提出 JADE 的性能仅次于提出的 CoDE 算法，特别是对于 5 个单模函数，除了其中 1 个单模函数与 CoDE 算法相当外，其他 4 个均优于 CoDE 算法。JADE 的优异性能主要在于采用了一种贪婪的变异操作——"current-to-best/1"，该操作通过引入当前群体最优解的信息，加速了种群的快速收敛。而 CoDE 算法在求解单模函数时却显得有些力不从心。在 CoDE 算法新向量产生策略候选池的 3 种变异策略中，并没有利用当前最优解的信息，因此，考虑从向量产生策略方面进行改进，以期得到好的结果。本章对 CoDE 算法的新个体产生策略集进行调整，将"current-to-best/1"操作引入进来。因"current-to-best/1"与 CoDE 算法原始个体产生策略集中的"current-to-rand/1"在形式上具有极大的相似性，因此，这里采用替换方式，即将 CoDE 算法中个体产生策略集中的"current-to-rand/1"替换成"current-to-best/1"，其他保持不变，并将修改版的 CoDE 算法命名为 MCoDE 算法。MCoDE 算法新向量产生方式如图 2-2 所示。

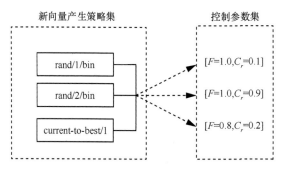

图 2-2　MCoDE 算法新向量产生方式

（2）扩展控制参数法

CoDE 算法中控制参数采用随机方式来选择 3 组特定的参数。文献[4]已对控制参数的选择问题进行了研究，对采用自适应参数选择方法和固定参数设置两种情况下算法的性能进行了检验，结果显示这两种参数选择方法都不能明显改善 CoDE 算法的性能，并且这两种方法的性能不超过采用随机方式的 CoDE 算法。不同于从参数选择方面进行改进，本章提出了一种增加控制参数的方式，以检查增加控制参数的方式的改进效果。根据 EPSDE[3]算法中有关缩放因子 F 和交叉概率 C_r 两个参数的设置范围：F 在区间[0.4,0.9]进行选择，步长为 0.1，C_r 在区间[0.1,0.9]进行选择，步长为 0.1。为了探讨扩大参数选择范围对 CoDE 算法优化性能的影响，本章在原有 CoDE 算法控制参数库的基础上，增加了另外 3 组参数：[F=0.7, C_r=0.3]，[F=0.6, C_r=0.4]和[F=0.5, C_r=0.5]。将这种采用扩展参数方法的 CoDE 算法称为 MCoDE-P。MCoDE-P 算法新向量产生方式如图 2-3 所示。

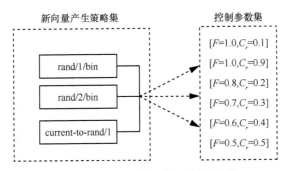

图 2-3　MCoDE-P 算法新向量产生方式

从以上描述可以看出，除向量产生策略和控制参数选择方法不同外，CoDE、MCoDE 和 MCoDE-P 3 种组合差分进化算法采用的整体结构都是一样的。在这里仅以 MCoDE 算法为例，介绍主要的实现步骤，具体如下。

步骤 1：初始化控制参数库和终止条件，设置种群大小（通常等于决策变量的个数），随机产生初始化种群。

步骤 2：对初始种群进行评估，并记录最好个体的信息，设置进化代数 $G = 0$。

步骤 3：对于每个个体，随机从控制参数集中选择一组控制参数，调用第 2.2.2 节中介绍的 "rand/1/bin" "rand/2/bin" 和 "current-to-best/1" 3 种新向量产生策略产生 3 个新的向量。

步骤 4：计算 3 个新向量的目标函数值，将最优个体作为尝试向量 $\vec{u}$。

步骤 5：比较目标向量 $\vec{x}$ 和新产生的向量 $\vec{u}$ 的目标函数值，若 $\vec{u}$ 优于 $\vec{x}$，则用 $\vec{u}$ 替换 $\vec{x}$ 加入下一代种群中。

步骤 6：判断是否种群中所有的个体都执行完，若未执行完，则转步骤 3 继续执行，否则，执行步骤 7。

步骤 7：找出下一代种群中的最好个体，更新最好个体信息，$G = G+1$。

步骤 8：判断是否满足终止条件，若满足，则输出最好个体信息及对应的目标函数值，执行完成，否则，转步骤 3 继续执行。

CoDE 算法流程如图 2-4 所示。

从图 2-4 可以看出，上述标准的组合差分进化算法除了在向量产生策略和控制参数两个方面有所不同外，与标准的差分进化算法并没有太大的区别，仍然采用标准的差分进化算法的计算框架。CoDE 算法保留了差分进化结构简单、开放和天然并行性等优点，这些为进一步研究组合差分进化的扩展提供了便利。

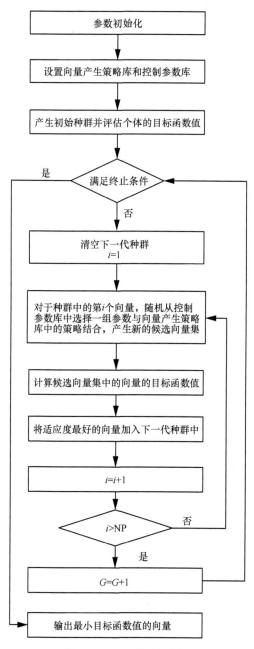

图 2-4　CoDE 算法的流程

| 2.3　测试函数寻优 |

2.3.1　测试函数

本章采用 2005 年 IEEE 进化计算大会上公布的 25 个标准测试函数[6]中的 9 个典型函数 $F2$、$F3$、$F4$、$F8$、$F13$、$F14$、$F15$、$F21$、$F24$ 作为测试函数。这些函数的变量维数是可以扩展的，它们都是极具挑战性的问题。在这 9 个函数中包括 3 个单模函数 $F2$、$F3$、$F4$，一个基本多模函数 $F8$，两个扩展多模函数 $F13$、$F14$，3 个混合组合函数 $F15$、$F21$、$F24$。为了表示方便，将 $F2$、$F3$、$F4$、$F8$、$F13$、$F14$、$F15$、$F21$ 和 $F24$ 分别用 f_1，f_2，$\cdots$，f_9 来表示。由于 3 个混合组合函数 f_7、f_8、f_9 的定义较复杂，在此不进行描述，具体介绍见文献[6]。这里仅给出 $f_1 \sim f_6$ 的定义。

（1）f_1：偏移 Schwefel 问题

$$f_1(\vec{x}) = \sum_{i=1}^{D} \left(\sum_{j=1}^{i} \vec{z}_j \right)^2 + f\_bias, \quad \vec{z} = \vec{x} - \vec{o}, \quad \vec{x} = [x_1, x_2, \cdots, x_D] \qquad (2\text{-}4)$$

其中，x_D 是向量 x 第 D 维上的值，D 是变量的维数，$\vec{o} = [o_1, o_2, \cdots, o_D]$。该函数具有单模、偏移、非独立、可扩展等特征，$x \in [-100, 100]^D$，其全局最优解为 $\vec{x}^* = \vec{o}$，全局最优值为 $f_1(\vec{x})^* = f\_bias$。

（2）f_2：偏移旋转高条件 Elliptic 函数

$$f_2(\vec{x}) = \sum_{i=1}^{D} (10^6)^{\frac{i-1}{D-1}} z_i^2 + f\_bias, \quad \vec{z} = (\vec{x} - \vec{o})\,M, \quad \vec{x} = [x_1, x_2, \cdots, x_D] \qquad (2\text{-}5)$$

其中，D 是变量的维数，$\vec{o} = [o_1, o_2, \cdots, o_D]$，$M$ 为一个正交矩阵。该函数具有单模、偏移、非独立、可扩展等特征，$x \in [-100, 100]^D$，其全局最优解为 $\vec{x}^* = \vec{o}$，全局最优值为 $f_1(\vec{x}^*) = f\_bias$。

（3）f_3：带有噪声的偏移 Schwefel's 问题

$$f_3(\vec{x}) = \sum_{i=1}^{D} \left(\sum_{j=1}^{i} z_j \right)^2 (1 + 0.4 \,|\, N(0,1)\,|) + f\_bias, \quad \vec{z} = \vec{x} - \vec{o}, \quad \vec{x} = [x_1, x_2, \cdots, x_D]$$

$$(2\text{-}6)$$

其中，D 是变量的维数，$\vec{o} = [o_1, o_2, \cdots, o_D]$。该函数具有单模、偏移、非独立、可扩展、带有噪声等特征，$\boldsymbol{x} \in [-100,100]^D$，其全局最优解为 $\boldsymbol{x}^* = \vec{o}$，全局最优值为 $f_1(\vec{x}^*) = f\_\text{bias}$。

（4）f_4：最优值在边界的偏移旋转 Ackley 函数

$$f_4(\vec{x}) = -20\exp\left(-0.2\sqrt{\frac{1}{D}\sum_{i=1}^{D}z_i^2}\right) - \exp\left(\frac{1}{D}\sum_{i=1}^{D}\cos(2\pi z_i)\right) + 20 + e + f\_\text{bias}$$

$$\vec{z} = (\vec{x} - \vec{o})\boldsymbol{M}, \quad \vec{x} = [x_1, x_2, \cdots, x_D] \tag{2-7}$$

其中，D 是变量的维数，$\vec{o} = [o_1, o_2, \cdots, o_D]$，$\boldsymbol{M}$ 为线性转换矩阵。该函数具有多模、偏移、旋转、非独立、可扩展的特征，其全局最优解位于边界，$\boldsymbol{x} \in [-32,32]^D$，其全局最优解为 $\boldsymbol{x}^* = \vec{o}$，全局最优值为 $f_1(\vec{x}^*) = f\_\text{bias}$。

（5）f_5：偏移扩展的 Griewank 加 Rosenbrock 函数

F8：Griewank 函数 $F8(\vec{x}) = \sum_{i=1}^{D}\frac{x_i^2}{4\,000} - \prod_{i=1}^{D}\cos\left(\frac{x_i}{\sqrt{i}}\right) + 1$

F2：Rosenbrock 函数 $F2(\vec{x}) = \sum_{i=1}^{D-1}(100(x_i^2 - x_{i+1})^2 + (x_i - 1)^2)$

$$F8F2(\vec{x}) = F8(F2(x_1, x_2)) + F8(F2(x_2, x_3)) + \cdots + F8(F2(x_{D-1}, x_D)) + F8(F2(x_D, x_1)) \tag{2-8}$$

$$f_5(\vec{x}) = F8(F2(z_1, z_2)) + F8(F2(z_2, z_3)) + \cdots + F8(F2(z_{D-1}, z_D)) + F8(F2(z_D, z_1)) + f\_\text{bias}$$

$$\vec{z} = \vec{x} - \vec{o} + 1, \quad \vec{x} = [x_1, x_2, \cdots, x_D] \tag{2-9}$$

其中，D 是变量的维数，$\vec{o} = [o_1, o_2, \cdots, o_D]$。该函数具有多模、偏移、非独立、可扩展等特征，全局最优解位于边界，$\boldsymbol{x} \in [-3,1]^D$，全局最优解为 $\boldsymbol{x}^* = \vec{o}$，全局最优值为 $f_1(\vec{x}^*) = f\_\text{bias}$。

（6）f_6：偏移旋转扩展的 Scaffer's F6 函数

$$F(x, y) = 0.5 + \frac{(\sin^2(\sqrt{x^2 + y^2}) - 0.5)}{(1 + 0.001(x^2 + y^2))^2} \tag{2-10}$$

$$f_6(\vec{x}) = F(z_1, z_2) + F(z_2, z_3) + \cdots + F(z_{D-1}, z_D) + F(z_D, z_1) + f\_\text{bias}$$

$$\vec{z} = (\vec{x} - \vec{o})\boldsymbol{M}, \quad \vec{x} = [x_1, x_2, \cdots, x_D] \tag{2-11}$$

其中，D 是变量的维数，$\vec{o} = [o_1, o_2, \cdots, o_D]$，$\boldsymbol{M}$ 为线性转换矩阵，条件数为 3。该函数具有多模、偏移、旋转、非独立、可扩展等特征，全局最优解位于边界，$\boldsymbol{x} \in [-100,100]^D$，其全局最优解为 $\boldsymbol{x}^* = \vec{o}$，全局最优值为 $f_1(\vec{x}^*) = f\_\text{bias}$。

这 9 个测试函数在二维情况下的函数图像[6]如图 2-5 所示。

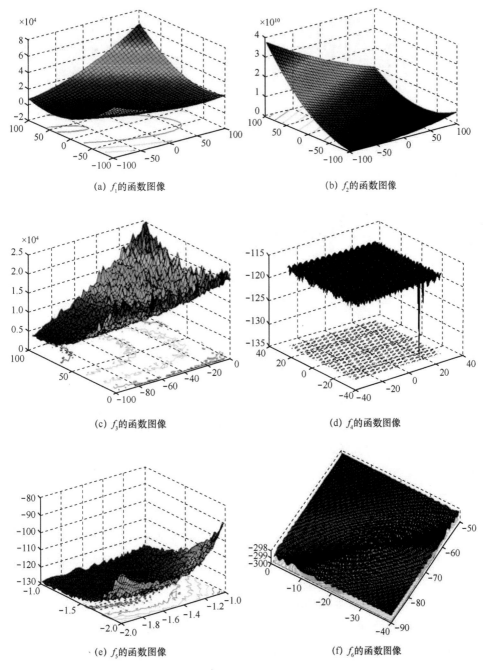

图 2-5 9 个测试函数在二维情况下的函数图像

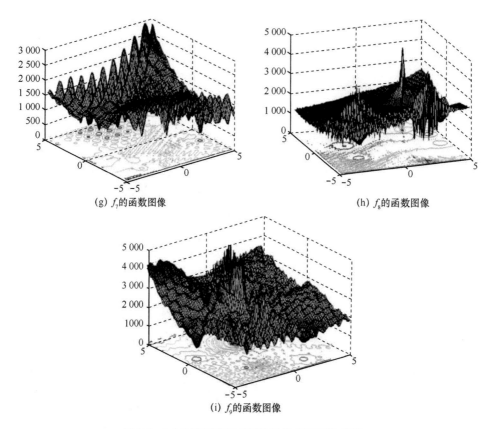

(g) f_7的函数图像　　　　　　　　　(h) f_8的函数图像

(i) f_9的函数图像

图 2-5　9 个测试函数在二维情况下的函数图像（续）

利用这 9 个测试函数对 MCoDE 和 MCoDE-P 的寻优性能进行测试，并与 CoDE[4] 和 EPSDE[3] 两种组合算法进行比较。

2.3.2　实验比较

为保证比较结果的公平，在实验中，CoDE 和 EPSDE 两种算法均采用与原始文献完全相同的参数设置。采用 Matlab 进行编码，并且所有的实验都是在 Pentium Dual-Core 2.7 GHz CPU 和 2 GB 内存的电脑上进行的。与文献[4]中的类似，4 种算法的种群规模 NP 都设置为 30。将决策变量维数 D 设置为 30，所有函数的 f_bias 设置为 0。当函数评价次数达到 300 000 次后，算法结束运行。为了分析和比较算法的性能，本章记录了 25 次独立实验中每种算法获得的函数的最优值、平均值、最差值和标准差。实验结果见表 2-1，并分别对单模函数、多模函数和混合组合函数进行分析。

表 2-1 4 种算法的优化结果

测试函数	CoDE				EPSDE			
	最坏解	平均解	最好解	标准差	最坏解	平均解	最好解	标准差
f_1	3.21×10^{-14}	4.51×10^{-15}	2.50×10^{-17}	8.14×10^{-15}	2.18×10^{-24}	1.48×10^{-25}	4.16×10^{-24}	4.48×10^{-25}
f_2	233 920.53	115 942.05	35 178.515	54 325.896	2 019 025.1	138 318.73	10 269.994	396 186.59
f_3	0.032 278 6	0.004 503 3	2.05×10^{-5}	0.007 202	182.189 03	8.814 248 1	1.05×10^{-5}	36.491 899
f_4	20.642 194	20.153 01	20.002 793	0.163 313 1	21.010 933	20.927 459	20.771 545	0.059 710 8
f_5	2.445 244 9	1.585 601 2	1.210 634 1	0.299 581 2	2.218 404 6	1.983 182 1	1.693 895 7	0.155 347 4
f_6	13.156 153	12.318 889	11.421 112	0.468 623 1	13.812 026	13.348 078	12.634 192	0.268 024 2
f_7	500	408	200	75.938 572	300.261 59	218.608 18	200	30.254 137
f_8	500.000 05	500.000 05	500.000 05	1.28×10^{-13}	871.206 71	861.842 87	858.425 18	2.704 192 5
f_9	200	200	200	2.90×10^{-14}	216.722 09	212.548 9	209.628 4	2.029 480 7

测试函数	MCoDE-P				MCoDE			
	最坏解	平均解	最好解	标准差	最坏解	平均解	最好解	标准差
f_1	1.36×10^{-15}	8.09×10^{-17}	1.14×10^{-19}	2.70×10^{-16}	4.90×10^{-22}	8.02×10^{-23}	1.26×10^{-24}	1.24×10^{-22}
f_2	330 467.56	105 617.65	29 301.541	68 602.56	115 577.82	53 119.282	10 315.604	25 812.46
f_3	0.608 042 9	0.064 457	1.26×10^{-5}	0.145 676 7	0.048 622 6	0.004 038 3	2.01×10^{-6}	0.010 200 5
f_4	20.989 025	20.510 782	20.016 893	0.347 149 3	21.015 995	20.894 492	20.008 849	0.193 123 3
f_5	5.037 131	2.209 600 6	1.170 834 1	0.957 422 3	3.131 992 8	1.862 586 6	1.321 677 3	0.433 261 9
f_6	12.744 379	12.133 863	10.922 678	0.493 171 4	13.385 109	12.686 496	11.906 742	0.369 862 7
f_7	500	380	200	108.012 34	501.946 37	384.307 77	200	94.487 643
f_8	500.000 05	500.000 05	500.000 05	5.80×10^{-14}	500.000 05	500.000 05	500.000 05	2.09×10^{-13}
f_9	200	200	200	2.90×10^{-14}	200	200	200	2.90×10^{-14}

（1）单模函数 f_1、f_2、f_3

从表 2-1 可以看出，MCoDE 在 4 种算法中取得了最好的性能，尤其在 f_2、f_3 两个测试函数上明显优于 CoDE、EPSDE 和 MCoDE-P，而在 f_1 函数上具有与 EPSDE 相当的性能，但明显优化 CoDE 和 MCoDE-P 的性能，这说明对于单模函数而言，在向量产生过程中采用最好的个体信息，可以显著提高 CoDE 的寻优性能。同时也注意到，对于 MCoDE-P 来说，其在单模函数上不仅没有改善 CoDE 的性能，反而在 f_3 上的性能变差了，这说明采用本章提出的控制参数扩展法并不能提高 CoDE 在单模函数上的寻优性能。

（2）多模函数 f_4、f_5、f_6

对于这 3 个测试函数，除了 MCoDE-P 在 f_5 上表现稍逊外，4 种算法都表现出相同的优化性能，这说明本章提出的改变向量生成策略方法仍然保留着 CoDE 在多模函数上良好的寻优性能。

（3）混合组合函数 f_7、f_8、f_9

显然，对于这 3 个测试函数，EPSDE 在 f_7 上取得了最好的优化性能，但在其他两个测试函数上其寻优性能明显要比 CoDE、MCoDE 和 MCoDE-P 要差。而 CoDE、MCoDE 和 MCoDE-P 这 3 种算法针对 f_8 和 f_9 两个测试函数表现出相似的整体性能。但 MCoDE 和 MCoDE-P 算法在 f_7 上的性能要优于 CoDE。

总体而言，对于单模函数、多模函数和混合组合函数，MCoDE 在 4 种算法中均表现出优异的性能，尤其是在单模函数优化问题上要明显优于其他几种算法。同时可以看出，采用本章介绍的改变生成策略法，因其采用了最好解的信息，能够在一定程度上提高 CoDE 方法的寻优性能，而对采用控制参数扩展法却难以改善 CoDE 算法的性能。为了检验 MCoDE 在实际应用中的有效性，将在下一节中对其在 ANFIS 模型优化中的应用进行讨论。

| 2.4　MCoDE 在 ANFIS 模型优化中的应用 |

2.4.1　ANFIS

自适应神经模糊系统（ANFIS）是 Jang[7]提出来的一种智能建模方法，结合了神经网络和模糊推理系统，ANFIS 是一个建立在 Takagi-Sugeno-Kang（TSK）规则推理上的五层结构。简单来说，以两个输入 x, y 和一个输出 p 的系统为例，并假设规则集中包含如下 3 个 TSK 模糊"if-then"类型的规则。

规则 1：如果（x 是 X_1）且（y 是 Y_1），那么 $p_1 = s_1x + d_1y + n_1$。

规则 2：如果（x 是 X_2）且（y 是 Y_2），那么 $p_2 = s_2x + d_2y + n_2$。

规则 3：如果（x 是 X_3）且（y 是 Y_3），那么 $p_3 = s_3x + d_3y + n_3$。

其中，s_i、d_i、n_i（$i=1,2,3$）都是线性后件参数，X_1、X_2、X_3、Y_1、Y_2 和 Y_3 都是

前置条件的语言项。图 2-6 给出了 ANFIS 的结构。

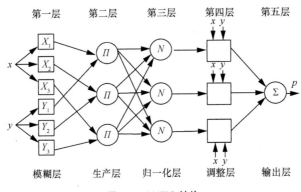

图 2-6　ANFIS 结构

第一层：模糊层。用于对输入变量 x、y 进行模糊化，本章假设选择高斯函数作为隶属度函数，具体如式（2-12）所示。

$$O_i^1 = \mu_{X_i}(x) = \exp(-(x-c_i)^2 / 2\delta_i^2), \quad i = 1,2,3 \tag{2-12}$$

其中，O_i^1 表示第一层的输出，x 是输入变量，$\mu_{X_i}(x)$ 是 x 的第 i 个隶属度函数，$\{c_i, \delta_i\}$ 是高斯函数的参数。这些参数称为前件参数，其个数依赖于隶属度函数的个数。

第二层：生产层。通过乘法运算来计算下一层的激发强度，具体如式（2-13）所示。

$$O_i^2 = w_i = \mu_{X_i}(x)\mu_{Y_i}(y)，\quad i = 1,2,3 \tag{2-13}$$

第三层：归一化层。用于对激发强度进行归一化，具体如式（2-14）所示。

$$O_i^3 = \overline{w}_i = w_i \bigg/ \sum_{j=1}^3 w_j, \quad i = 1,2,3 \tag{2-14}$$

第四层：调整层。输入和输出的关系可描述成如式（2-15）所示的形式。

$$O_i^4 = \overline{w}_i p_i = \overline{w}_i (s_i x + f_i y + n_i), \quad i = 1,2,3 \tag{2-15}$$

其中，s_i，f_i，n_i 为后件参数。

第五层：输出层。输出为输入变量最后的处理结果，其定义如式（2-12）所示。

$$O_i^5 = p = \sum_{i=1}^3 \overline{w}_i p_i, \quad i = 1,2,3 \tag{2-16}$$

其中，p 表示 ANFIS 的推理的输出。

2.4.2 ANFIS 的优化模型

从式（2-12）~（2-16）可以推出，ANFIS 的输出如式（2-17）所示。

$$p = \bar{w}_1 p_1 + \bar{w}_2 p_2 + \cdots + \bar{w}_h p_h = (\bar{w}_1 x)s_1 + (\bar{w}_1 y)f_1 + (\bar{w}_1 z)d_1 + \bar{w}_1 n_1 + \cdots + (\bar{w}_h x)s_h + (\bar{w}_h y)f_h + (\bar{w}_h z)d_h + \bar{w}_h n_h \quad (2\text{-}17)$$

其中，x、y、z 是 3 个输入变量，h 是规则数，p 表示预测的表面粗糙度，s_i、f_i、d_i、n_i 是第 i 条规则的后件参数，$i=1,2,\cdots,h$。

依据式（2-17），$\boldsymbol{P}$ 也可以表示为如式（2-18）所示的形式。

$$\boldsymbol{AX} = \boldsymbol{P},$$

$$\boldsymbol{A} = \begin{bmatrix} \bar{w}_1 x^{(1)} & \bar{w}_1 y^{(1)} & \bar{w}_1 z^{(1)} & \bar{w}_1 & \ddots & \bar{w}_h x^{(1)} & \bar{w}_h y^{(1)} & \bar{w}_h z^{(1)} & \bar{w}_h \\ \vdots & \vdots & \vdots & \vdots & \ddots & \vdots & \vdots & \vdots & \vdots \\ \bar{w}_1 x^{(m)} & \bar{w}_1 y^{(m)} & \bar{w}_1 z^{(m)} & \bar{w}_1 & \ddots & \bar{w}_h x^{(m)} & \bar{w}_h y^{(m)} & \bar{w}_h z^{(m)} & \bar{w}_h \end{bmatrix} \quad (2\text{-}18)$$

$$\boldsymbol{X} = \begin{bmatrix} s_1 & f_1 & d_1 & n_1 \ldots s_h & f_h & d_h & n_h \end{bmatrix}^{\mathrm{T}}$$

$$\boldsymbol{P} = \begin{bmatrix} p^{(1)} & p^{(2)} & \ldots & p^{(m)} \end{bmatrix}^{\mathrm{T}}$$

其中，$\boldsymbol{A}$ 是回归矩阵，$\boldsymbol{X}$ 是后件参数矢量，m 表示训练数据集的数量，h 表示规则集的个数。因此，$\boldsymbol{A}$ 的维数是（m，$4h$），$\boldsymbol{X}$ 的维数是（$4h$，1）。只要知道了隶属度函数，这个问题就可以转换成一个优化问题。均方根误差（Root Mean Squared Error，RMSE）J 选为适应度函数，其定义如式（2-19）所示。

$$J = \left[\sum_{t=1}^{m} \left((r^{(t)} - p^{(t)})^2 / m \right) \right]^{\frac{1}{2}} \quad (2\text{-}19)$$

其中，m 是训练集的个数，$r^{(t)}$ 是第 t 个测量粗糙度，$p^{(t)}$ 是第 t 个 ANFIS 预测值。

由于 $\vec{w}_i$ 的值依赖于前件参数 $\{c, \delta\}$，J 可以看成决策变量的 $\{c_j, \delta_j, s_i, f_i, d_i, n_i\}$（$j=1,2,\cdots,l$，$i=1,2,\cdots,h$）的一个函数，其中，$l$ 是隶属度函数的个数，h 是规则数。由此可知，决策变量的总数为（$2l+4h$）。

2.4.3 LOO-CV

LOO-CV 是一种估计模型泛化能力的有效手段[8]，该方法广泛用于模型的选择[9]，特别适用于数据集比较小的情况。其思想具体如下：当有 n 个数据集和 m 个候选模型时，每个模型用 $n-1$ 个样本，然后用剩下的那一个样本进行测试。这个过程一直重复 n 次，直到数据集中的每个样本都作为交叉验证使用一次。最后，将 LOO-CV 的均方差（Mean Square Error，MSE）作为衡量模型的泛化能力的一种手段。对于所有的模型可以用式（2-20）和式（2-21）选择具有最小 LOO-CV 均方差的模型。

$$\varepsilon_i^{\,j} = y_i - \hat{y}_i^{\,j}, \quad i=1,2,\cdots,n, j=1,2,\cdots,m \tag{2-20}$$

$$E^j = \frac{1}{n}\sum_{i=1}^{n}\left(\varepsilon_i^{\,j}\right)^2, \quad i=1,2,\cdots,n, j=1,2,\cdots,m \tag{2-21}$$

其中，$i=1,2,\cdots,n$，$j=1,2,\cdots,m$。y_i 和 $\hat{y}_i^{\,j}$ 分别表示第 i 个样本的测量值和估计值，$\hat{y}_i^{\,j}$ 通过 $n-1$ 个样本训练模型计算得到；$\varepsilon_i^{\,j}$ 是第 i 个样本的估计值与测量值之间的偏差；E^j 是第 j 个模型的 LOO-CV 的均方差。

2.4.4 "自上而下"的规则化简方法

过剩的规则将会影响 ANFIS 的性能，而且，规则越多意味着后件参数越多。为了找到最好的 ANFIS 规则集，Nariman-Zadeh 等[10]采用一种"自下而上"的规则化简方法。尽管这种"自下而上"的规则化简方法适用于高维训练集且能自动生成模型，但对于输入变量不多的问题而言，该方法并不是一个好的选择。聚类法是另一个可以选择并发现最小模糊规则数的方法，但是小规模问题采用该法时往往需要大规模的训练数据，因此聚类法对小规模数据集而言并不是一个有效的方法。此外，现有研究 ANFIS 的方法还没涉及如何发现最优的规则集。本章提出了一种基于 LOO-CV 的"自上而下"的规则化简方法，用于发现最优的规则集，其主要思想如下：首先尝试从规则集中删除一条规则，并计算相应的 LOO-CV 的 MSE，如果 MSE 比删除前小，则删除对应的规则，重复这个过程，直到 MSE 不再减小为止。"自上而下"的规则集化简方法的伪代码如下。

```
K=0
Min=系统所能表示的最大数；
mse(0)=含有所有规则里的 LOO-CV 的 MSE；
while mse(k)<min {
        Min=mse(k);
if   k>0{
```

```
输出 k；
从 ANFIS 规则中删除第 k 个规则；
}
N=ANFIS 的规则数
for j=1:N{
尝试从规则集中删除第 j 条规则；
mse(j)=计算 LOO-CV 的 MSE；
}
mse(k)= 找到最小的 MSE；
}
end while
```

2.4.5　基于 MCoDE 和 LOO-CV 的 ANFIS 表面粗糙度的预测过程

表面粗糙度是机械产品加工中的一项重要指标，受不同机械加工参数和机械加工过程内在的不确定性因素的影响，如何预测表面粗糙度仍然是一个具有挑战性的问题。采用 ANFIS 方法进行预测被认为是一种有效途径，但如何优化 ANFIS 模型结构和参数，仍是研究的难点。本章采用 MCoDE 和 LOO-CV 相结合的方法进行 ANFIS 模型结构和参数的优化，该方法的主要步骤如下。

步骤 1：初始变量的归一化。

步骤 2：初始化 ANFIS 参数。

步骤 3：在训练数据的基础上，采用"自上而下"的规则化简方法对 ANFIS 的规则集进行化简。

步骤 4：在简化的模型结构的基础上，采用式（2-10）将 ANFIS 转换成一个优化模型。

步骤 5：采用 MCoDE 对步骤 4 建立的优化模型进行优化，以找到最优的 ANFIS 模型的前后件参数。

步骤 6：利用测试数据和步骤 4 建立的模型，对结果进行预测。

2.4.6　实验结果与讨论

实验的训练数据集和测试数据集来源于文献[9]，见表 2-2 和表 2-3。他们采用直径为 3/4 英寸的高速钢铁四刃铣刀对 6061 型铝合金进行处理。通过旋转速度

（Sp）、进给速度（Fe）和切割深度（Dep）3 个主要因素来分析它们对表面数粗糙度（Ra）的影响，其参数见表 2-4。为了直接将基于 MCoDE 和 LOO-CV 和 Ho[11] 提出的基于混合 Taguchi 遗传学习算法（Hybrid Taguchi-Genetic Learning Algorithm，HTGLA）及 LO[12] 的方法相比较，在本章中选用同样的数据集。ANFIS 模型的输入变量为 {Sp, Fe, Dep}，每个输入变量成员函数的隶属度函数被分为大、中、小 3 个范围，表面粗糙度 Ra 是 ANFIS 的输出。

表 2-2　训练数据集

数据编号	输入变量			输出变量
	Sp	Fe	Dep	Ra
1	750	6	0.01	65
2	750	6	0.03	63
3	750	6	0.05	72
4	750	12	0.01	144
5	750	12	0.03	102
6	750	12	0.05	94
7	750	18	0.01	185
8	750	18	0.03	147
9	750	18	0.05	121
10	750	24	0.01	187
11	750	24	0.03	170
12	750	24	0.05	172
13	1 000	6	0.01	58
14	1 000	6	0.03	78
15	1 000	6	0.05	62
16	1 000	12	0.01	130
17	1 000	12	0.03	84
18	1 000	12	0.05	92
19	1 000	18	0.01	138
20	1 000	18	0.03	124
21	1 000	18	0.05	86
22	1 000	24	0.01	163
23	1 000	24	0.03	153
24	1 000	24	0.05	142
25	1 250	6	0.01	50

（续表）

数据编号	输入变量			输出变量
	Sp	Fe	Dep	Ra
26	1 250	6	0.03	63
27	1 250	6	0.05	71
28	1 250	12	0.01	101
29	1 250	12	0.03	99
30	1 250	12	0.05	85
31	1 250	18	0.01	115
32	1 250	18	0.03	92
33	1 250	18	0.05	95
34	1 250	24	0.01	155
35	1 250	24	0.03	109
36	1 250	24	0.05	121
37	1 500	6	0.01	37
38	1 500	6	0.03	56
39	1 500	6	0.05	56
40	1 500	12	0.01	88
41	1 500	12	0.03	82
42	1 500	12	0.05	94
43	1 500	18	0.01	119
44	1 500	18	0.03	87
45	1 500	18	0.05	104
46	1 500	24	0.01	119
47	1 500	24	0.03	103
48	1 500	24	0.05	109

表 2-3　测试数据集

数据编号	输入变量			输出变量
	Sp	Fe	Dep	Ra
1	750	9	0.01	109
2	750	9	0.05	95
3	750	15	0.03	122
4	750	15	0.05	104
5	750	21	0.01	178

（续表）

数据编号	输入变量			输出变量
	Sp	Fe	Dep	Ra
6	750	21	0.03	163
7	750	21	0.05	150
8	1 000	9	0.01	92
9	1 000	15	0.03	108
10	1 000	21	0.01	149
11	1 000	21	0.03	145
12	1 000	21	0.05	112
13	1 250	15	0.01	106
14	1 250	15	0.03	96
15	1 250	21	0.01	125
16	1 250	21	0.03	100
17	1 250	21	0.05	105
18	1 250	9	0.03	73
19	1 500	15	0.01	106
20	1 500	15	0.03	83
21	1 500	15	0.05	99
22	1 500	21	0.01	118
23	1 500	21	0.03	102
24	1 500	21	0.05	113

表 2-4　ANFIS 参数说明及含义

参数	含义	单位
Sp	转速	转/分
Fe	进给速度	英寸/分
Dep	切割深度	英寸
Ra	粗糙度	微英寸

　　为了获得最优的 ANFIS 结构，根据 Ho 对高斯函数、三角函数和钟形函数 3 种类型隶属度函数的研究结果，在表面粗糙度的预测问题中，高斯函数是最佳的[11]。因此，本章也采用高斯函数。由于每个输入变量成员函数的隶属度函数被分为大、

中、小 3 个范围，3 个输入变量的成员隶属度函数的个数是 9 个，并且每个高斯函数有 2 个参数，因此前件参数共有 18 个。表 2-5 中列出了采用"自上而下"规则化简方法的结果，从结果中可以看出，在开始删除规则时最小的 MSE 值会单调下降。然而，在删除了第 25、6、11、8、17、1、10 等 7 条规则后，MSE 达到了最小值，然后 MSE 开始增加，系统的泛化性能开始变差。因此，可以认为最佳的规则数是 20，每条规则含 4 个参数，后件参数总共有 80 个。

表 2-5   "自上而下"的规则化简方法的运行结果

运行次数/次	选中的删除规则的下标*	LOO-CV 的 MSE
0	—	6.670 2
1	25(25)	0.228 1
2	6(6)	0.020 747
3	10(11)	0.019 357
4	7(8)	0.019 286
5	14(17)	0.017 969
6	1(1)	0.016 044
7	7(10)	0.014 211
8	18(24)	0.022 04

注：*括号外的数据表示优化后的 ANFIS 模型中的下标，括号中的数据表示其原始下标。

下面的实验是建立在前文获得的最优结构 ANFIS 之上的，采用本章提出的 MCoDE 算法优化 ANFIS 模型的参数，最后用获得的最优的 ANFIS 模型进行预测。针对表 2-3 中给出的 24 组测试数据的表面粗糙度值，表 2-6 中列出了本章方法 ANFIS-LOO-MCoDE 的预测的结果。为了便于比较，本章详细给出了几种基于 ANFIS 方法的预测结果和误差，分别是文献[11]的方法、文献[12]的方法和基于网格划分的 ANFIS 方法。为了进一步与基于聚类的 ANFIS 方法比较，对具有不同聚类半径的减法聚类方法（Subtractive Clustering，SC）和具有不同聚类数的模糊 C 平均（Fuzzy C Mean，FCM）聚类方法也进行了实验。结果见表 2-7，其中 rule 表示 ANFIS 模型中的规则数。为了进行全面比较，表 2-8 中列出了不同方法的参数个数、训练的均方误差根（Root Mean Square Error，RMSE）、测试的 RMSE 及平均预测误差。

表 2-6　4 种方法的预测结果比较

测试编号	实际结果	ANFIS-LOO-MCoDE 预测的结果		文献[11]方法		文献[12]方法				基于网格划分的 ANFIS 方法	
		高斯隶属度函数		高斯隶属度函数		三角隶属度函数		梯形隶属度函数		高斯隶属度函数	
		预测值	误差	预测值	误差	预测值	误差	预测值	误差	预测值	误差
1	109	105.8	2.93%	100.4	7.89%	105.3	3.39%	111.5	2.29%	121.3	11.33%
2	95	84.1	11.48%	81	14.00%	93.1	2.00%	129.5	36.32%	93.2	1.86%
3	122	126.5	3.72%	128.4	5.25%	129.2	5.90%	143.3	17.46%	118.9	2.58%
4	104	104.2	0.22%	104.5	0.48%	99.0	4.81%	113.5	9.13%	97.2	6.50%
5	178	188.3	5.81%	183.8	3.26%	188.5	5.90%	196.2	10.22%	188.3	5.78%
6	163	163.3	0.21%	157.4	3.44%	159.1	2.39%	163.9	0.55%	161.5	0.92%
7	150	144.4	3.70%	142.2	5.20%	143.9	4.07%	147.4	1.73%	148.3	1.15%
8	92	94.5	2.68%	91.3	0.76%	106.0	15.22%	100.8	9.57%	116.3	26.41%
9	108	107.6	0.35%	105.4	2.41%	104.0	3.70%	120.4	11.48%	98.6	8.69%
10	149	152.5	2.34%	153.6	3.09%	147.8	0.81%	157.7	5.84%	149.9	0.63%
11	145	131.3	9.47%	130.7	9.86%	135.8	6.34%	143.1	1.31%	141.3	2.52%
12	112	113.4	1.27%	116.7	4.20%	110.9	0.98%	114.1	1.88%	113.2	1.04%
13	106	114.4	7.93%	108.9	2.74%	101.8	3.96%	108.6	2.45%	101.1	4.63%
14	96	93.6	2.54%	89.4	6.87%	80.4	16.25%	88.4	7.92%	94.0	2.08%
15	125	129.8	3.87%	134.3	7.44%	131.3	5.04%	134.5	7.60%	135.8	8.64%
16	100	102.6	2.65%	100.0	0	98.1	1.90%	100.8	0.80%	99.3	0.75%
17	105	101.0	3.85%	103.9	1.05%	104.7	0.29%	107.2	2.10%	108.6	3.47%
18	73	71.1	2.62%	73.0	0	66.9	8.36%	61.5	15.75%	77.2	5.69%
19	106	106.8	0.77%	106.6	0.57%	109.2	3.02%	112.1	5.75%	102.2	3.56%
20	83	87.3	5.17%	87.7	5.66%	82.2	0.96%	89.1	7.35%	83.0	0.01%
21	99	100.1	1.08%	98.5	0.51%	101.5	2.53%	102.7	3.71%	97.9	1.16%
22	118	116.2	1.55%	117.4	0.51%	119.4	1.19%	122.0	3.39%	121.3	2.80%
23	102	93.8	8.06%	95.9	5.98%	94.7	7.16%	95.9	5.98%	95.0	6.86%
24	113	107.4	4.92%	105.8	6.37%	106.8	5.49%	107.6	4.78%	107.3	5.04%
平均误差率			3.72%		4.06%		4.65%		7.31%		4.75%

表 2-7　采用聚类方法的计算结果

编号	实验结果	ANFIS-SC										ANFIS-FCM			
		聚类半径 R=0.5 (rule=27)		聚类半径 R=0.6 (rule=22)		聚类半径 R=0.7 (rule=13)		聚类半径 R=0.8 (rule=9)		聚类半径 R=0.9 (rules=8)		聚类参数 Cluster_n='auto' (rule=27)		聚类参数 Cluster_n='20' (rule=20)	
		预测值	误差	预测值	误差	预测值	误差	预测值	误差	预测值	误差	预测值	误差	预测值	误差
1	109	97.94	10.14%	100.65	7.66%	114.16	4.73%	104.57	4.06%	109.69	0.63%	104.07	4.52%	118.78	8.97%
2	95	86.72	8.72%	86.77	8.67%	89.26	6.04%	84.03	11.54%	83.56	12.04%	87.14	8.28%	91.64	3.54%
3	122	126.75	3.89%	120.15	1.52%	119.90	1.72%	124.49	2.04%	123.94	1.59%	123.22	1.00%	124.82	2.31%
4	104	106.23	2.14%	100.09	3.76%	98.95	4.85%	104.44	0.42%	105.85	1.78%	98.32	5.46%	97.31	6.43%
5	178	184.71	3.77%	180.62	1.47%	186.51	4.78%	188.72	6.02%	189.41	6.41%	188.06	5.65%	186.22	4.62%
6	163	157.75	3.22%	163.52	0.32%	160.03	1.82%	160.68	1.42%	163.22	0.13%	161.41	0.98%	165.94	1.80%
7	150	151.44	0.96%	154.36	2.91%	147.22	1.85%	145.99	2.67%	143.77	4.15%	146.31	2.46%	150.18	0.12%
8	92	92.59	0.64%	91.35	0.71%	97.97	6.48%	98.59	7.17%	99.59	8.25%	90.05	2.12%	77.18	16.11%
9	108	99.96	7.45%	104.90	2.87%	105.00	2.78%	105.95	1.90%	105.43	2.38%	101.71	5.82%	101.99	5.56%
10	149	143.92	3.41%	144.98	2.70%	150.42	0.96%	150.83	1.23%	150.84	1.24%	151.34	1.57%	158.52	6.39%
11	145	140.95	2.79%	140.22	3.30%	133.52	7.92%	140.01	3.44%	138.54	4.46%	139.20	4.00%	140.28	3.26%
12	112	108.76	2.89%	107.27	4.22%	112.72	0.64%	113.95	1.75%	114.49	2.22%	111.68	0.29%	106.60	4.82%
13	106	108.41	2.27%	109.07	2.89%	108.71	2.56%	109.07	2.90%	105.78	0.20%	106.74	0.70%	116.88	10.27%
14	96	93.40	2.71%	94.53	1.53%	94.57	1.49%	90.51	5.72%	94.25	1.82%	95.71	0.30%	95.16	0.87%
15	125	138.12	10.50%	135.75	8.60%	133.91	7.13%	132.30	5.84%	132.65	6.12%	126.58	1.26%	133.08	6.46%
16	100	96.94	3.06%	95.68	4.32%	92.26	7.74%	94.21	5.79%	96.12	3.88%	100.72	0.72%	98.58	1.42%
17	105	110.27	5.02%	109.42	4.21%	102.89	2.01%	105.73	0.69%	99.64	5.10%	101.64	3.20%	108.29	3.13%
18	73	73.40	0.55%	66.23	9.28%	70.26	3.76%	73.34	0.47%	70.62	3.25%	73.99	1.35%	72.69	0.43%
19	106	110.45	4.20%	114.55	8.07%	111.65	5.33%	108.19	2.07%	105.26	0.70%	118.55	11.84%	107.62	1.53%
20	83	83.32	0.38%	88.77	6.96%	87.65	5.60%	90.49	9.02%	89.18	7.44%	87.02	4.84%	79.82	3.83%
21	99	101.05	2.07%	104.70	5.76%	102.48	3.52%	93.98	5.07%	101.01	2.03%	108.01	9.10%	102.28	3.31%
22	118	120.76	2.34%	119.21	1.03%	121.20	2.71%	121.62	3.07%	123.62	4.77%	119.02	0.86%	119.01	0.85%
23	102	97.24	4.67%	92.03	9.78%	91.46	10.34%	93.63	8.21%	94.23	7.62%	89.44	12.32%	94.94	6.92%
24	113	105.99	6.20%	103.85	8.09%	106.39	5.85%	104.30	7.70%	102.79	9.03%	101.91	9.81%	106.42	5.82%
平均误差率			3.92%		4.61%		4.28%		4.18%		4.05%		4.10%		4.53%

　　表 2-6 和表 2-7 的预测结果表明基于 LOO-CV 和 MCoDE 的 ANFIS 方法的平均误差只有 3.72%，优于文献[11]方法的 4.06%、文献[12]方法的 4.65%、基于网格划分 ANFIS 方法的 4.75%、基于减法聚类的 3.92% 和基于 FCM 的方法的 4.10%。此外，本文提出的方法的最大误差（见表 2-6）只有 11.48%，也要好于其他几种方法得到的 14%、16.25%、36.32% 和 26.41%。

表 2-8　两种方法的比较

方法	变量个数/个	训练的 RMSE	测试的 RMSE	平均预测误差
HTGLA-ANFIS(rule=27)[11]	126	0.034	0.041 9*	4.06%
ANFIS-LOO-MCoDE(rule=20)	98	0.029 7	0.037 2	3.72%

注：*由文献[10]中数据计算得到。

表 2-8 中的结果说明，本章提出的方法在训练和测试阶段的 RMSE 均优于 Ho 等[11]提出的基于混合 Taguchi 遗传学习算法。具体而言，训练 RMSE 从 0.034 下降到 0.029 7，而测试阶段的 RMSE 同时也从 0.041 9 下降到 0.037 2。此外，要注意在"自上而下"的规则化简方法和 MCoDE 的帮助下，本章提出的预测方法与其他方法相比具有更少的参数。尽管聚类方法在训练阶段能获得较好的性能，但预测阶段具有较差的性能，原因是当 ANFIS 模型中具有过多的规则时，可能会出现过学习。若采用本章提出的方法，一方面基于 LOO-CV 的规则化简方法，可以删除多余的规则，另一方面借助于 MCoDE 优异的搜索能力，可以为 ANFIS 找到最佳的前后件参数，从而获得更好的预测性能。这表明采用本文提出的方法建立的模型的泛化能力比现有模型好。此外，结果也说明在数据集较小的情况下，采用聚类方法建立的 ANFIS 模型并不是一个好的选择。

2.5　小结

本章首先介绍了 CoDE 算法，然后从产生策略调整和控制参数扩展两方面提出了针对 CoDE 的改进算法 MCoDE 和 MCoDE-P。测试结果表明，本章提出的使用最好个体的产生策略调整方法的 MCoDE 可以有效改善 CoDE 的寻优性能，而采用控制参数扩展方法的 MCoDE-P 对 CoDE 的性能改进不佳。为了检验 MCoDE 求解实际问题的能力，将提出的 MCoDE 应用于 ANFIS 建模中，提出了基于 LOO-CV 和 MCoDE 的 ANFIS 模型结构和参数优化方法。利用实际铣削过程的实验数据对表面粗糙度的 ANFIS 预测模型进行训练和测试，结果显示，该方法可以明显提高模型的表面粗糙度的预测精度。MCoDE 为 ANFIS 参数优化提供了新的有效方法。

| 参考文献 |

[1] 刘波, 王凌, 金以慧. 差分进化算法研究进展[J]. 控制与决策, 2007, 22(7): 721-729.

[2] DAS S, SUGANTHAN P N. Differential evolution: a survey of the state-of-the-art[J]. IEEE Transactions on Evolutionary Computation, 2011, 15(1): 4-31.

[3] MALLIPEDDI R, SUGANTHAN P N, PAN Q K, et al. Differential evolution algorithm with ensemble of parameters and mutation strategies[J]. Applied Soft Computing, 2011, 11(2): 1679-1696.

[4] WANG Y, CAI Z, ZHANG Q. Differential evolution with composite trial vector generation strategies and control parameters[J]. IEEE Transactions on Evolutionary Computation, 2011, 15(1): 55-66.

[5] ZHANG J, SANDERSON A C. JADE: adaptive differential evolution with optional external archive[J]. IEEE Transactions on Evolutionary Computation, 2009, 13(5): 945-958.

[6] SUGANTHAN P N, HANSEN N, LIANG J J, et al. Problem definitions and evaluation criteria for the CEC 2005 special session on real-parameter optimization[R]. Singapore: Nanyang Technological University, 2005.

[7] JANG J S R. ANFIS: adaptive-network-based fuzzy inference system [J]. IEEE Transcation on Systems, Man and Cybernetics, 1993, 23(3): 665-685.

[8] GONG G. Cross-Validation, the Jackknife, and the Bootstrap: excess error estimation in forward logistic regression[J]. Journal of the American Statistical Association, 1986, 81(393): 108-113.

[9] CHEN S, HONG X, HARRIS C J, et al. Identification of nonlinear systems using generalized kernel models[J]. IEEE Transactions on Control Systems Technology, 2005, 13(3): 401-411.

[10] NARIMAN-ZADEH N, DARVIZEH A, DADFARMAI M H. Design of ANFIS networks using hybrid genetic and SVD methods for the modelling of explosive cutting process[J]. Journal of Materials Processing Technology, 2004(155-156): 1415-1421.

[11] HO W H, TSAI J T, LIN B T, et al. Adaptive network-based fuzzy inference system for prediction of surface roughness in end milling process using hybrid Taguchi-genetic learning algorithm[J]. Expert Systems with Applications, 2009, 36(2): 3216-3222.

[12] LO S P. An adaptive-network based fuzzy inference system for prediction of workpiece surface roughness in end milling[J]. Journal of Materials Processing Technology, 2003, 142(3): 665-675.

第 3 章

改进的多种群集成差分进化算法

差分进化（DE）算法是基于群体的随机优化算法，可用以求解全局优化问题。选择的变异策略和设置的控制参数都可以影响 DE 的性能。由于变异策略对求解优化问题有显著的影响，DE 的多重变异策略已经被开发出来。多种群集成差分进化（MPEDE）算法实现了多种策略的集成，但在"DE/rand/1"变异策略开发求解过程中会比较慢，而在"DE/current-to-pbest/1"中采用算数平均的控制参数会产生过早收敛[1]。针对这些问题，本章提出了一种改进的多种群集成的差分进化（IMPEDE）算法。IMPEDE 算法提出了一种新的变异策略"DE/pbad-to-pbest/1"，而不是在 MPEDE 中的"DE/rand/1"变异策略。新的变异策略不仅利用了良好的解决方案信息（pbest），而且使不良解决方案（pbad）朝着良好的解决方案信息平衡勘探和开发。此外，IMPEDE 采用改进的参数自适应法，通过加入加权 Lehmer 均值策略来避免"DE/current–to–pbest/1"策略的过早收敛。本章利用 CEC2005 和 CEC2017 测试函数进行了实验，结果表明在获得全局最优和加快收敛速度方面，IMPEDE 算法优于 MPEDE、JADE、jDE、SaDE 和 CoDE 5 种 DE 算法。

| 3.1 引言 |

DE 是 Storn 等[2-3]设计出的基于种群的随机优化算法，是一种简单高效的全局优化演化算法（Evolutionary Algorithm，EA），已经成功地应用于各种优化问题[4-9]。尽管简单，但 DE 已被证明与其他 EA 相比更具有竞争力，并且在每一代应用变异、交叉和选择操作指导其种群走向全局最优[10-13]。

然而，两个关键部分可能会显著影响 DE 的优化性能，一种是变异策略，另一种是控制参数，如缩放因子 F、交叉概率 CR 和种群大小 NP[14-15]。许多研究人员非常注意挑选合适的变异策略和控制参数[16-19]，这些经验对于提高 DE 的性能非常有帮助。

Zhang 等[20]引入了一种有效的 DE 变体，可以选择外部存档的自适应差分进化（JADE）算法，设计出一种新型变异策略——"DE/current-to-pbest/1"，并且运用了控制参数适应机制。"DE/current-to-pbest/1"指导每一代的变异向量朝向最好或较好的群体。当父代解在选择过程中失败时，该存档将用于添加父代解。具有存档的"DE/current-to-pbest/1"不易陷入局部最优，并且在求解单峰和多峰等复杂问题时非常有用。受 JADE 的启发，Wu 等[21]已经引入了多种群集成进化（MPEDE）算法，利用基于多种群的方法实现由包含"DE/current-to-pbest/1""DE/current-to-rand/1""DE/rand/1"等多个变异策略构成的动态集成，其中，"DE/ rand/1"指导每一代变异向量朝向种群随机成员。"DE/current-to-rand/1"属于无交叉操作的旋转不变策略，在解决旋转问题方面非常有效。此外，MPEDE 的控制参数根据 JADE 的机制进行调整。然而，上述策略有以下问题有待解决：变异策略"DE/rand/1"在探索搜索空间方面比较好，但在开发求解过程中会导致收敛速度慢的问题[22-23]；在"DE/current-to-pbest/1"的控制参数适应机制中，应用算术平均的控制参数在自适应过程中对小数值有隐含的偏向，导致存在过早收敛的问题[24-25]。因此，通过整合JADE 和 MPEDE 的优势并克服其缺点，本章提出了一种改进的多种群集成差分进化（IMPEDE）算法。

IMPEDE 提出了一种新的变异策略"DE/pbad-to-pbest/1"来代替 MPEDE 中的"DE/rand/1"变异策略进行平衡勘探和开发，其目的是获得最优解和加速收敛速度。同时，因为具有存档的"DE/current-to-pbest/1"和"DE/current-to-rand/1"是 MPEDE解决优化问题中的关键策略，所以在 IMPEDE 中采用改进的基于多种群的变异策略集成方法将这两种策略与新的变异策略"DE/pbad-to-pbest/1"结合，并使用 MPEDE框架搜索全局最优解。此外，为了解决在"DE/current-to-pbest/1"的控制参数中应用算术平均值导致的早熟收敛问题，IMPEDE 采用改进的参数适应方法对"DE/current-to-pbest/1"参数策略进行了修改，在其控制参数自适应上增加了加权Lehmer 均值策略。实验仿真结果可以看出，IMPEDE 比以前的 DE 算法效率更高，并且可以加快收敛速度和跳出局部最优。

| 3.2　相关工作 |

DE 最近引起了很多关注，许多研究者主要通过变异策略和控制参数来重点改善 DE[26]，因此，研究人员对改进 DE 的变异策略进行了许多研究工作。Das 等[16]提出了一系列改进的 "DE/target-to-best/1" 方案，其中最好的解是从一个小的邻域中选择出来的。Islam 等[27]提出了 "DE/current-to-best/1" 的变体，该变体利用来自当前群体中动态随机选择解集的最优解来扰动目标矢量。Zou 等[28]提出了一种改进的 DE（MDE），采用两种变异策略 "DE/rand/1" 和 "DE/best/1" 来产生新的向量。在后期演变过程中，"DE/best/1" 更可能被利用。在文献[29]中，"DE/current-to-rand/1" 是可以有效解决旋转问题的旋转不变策略[29]。在 JADE 中，"DE/current-to-pbest/1" 不仅利用了最好的解，而且还利用了其他可以平衡勘探和开发优良解的信息[20]，因此，在设计高效的进化和群体智能算法时应考虑勘探和开发[30]。此外，在基于群体的进化算法中寻求搜索空间的勘探和开发的均衡是非常重要的[31-33]。

　　另外，许多研究人员也在控制参数上展开了大量的工作，如缩放因子 F 和交叉概率 CR。Brest 等[34]提出了一种自适应的方法，其中交叉概率 CR 和缩放因子 F 分别随机生成。Qin 等[18]引入了一种自适应 DE（Self-adaptive DE，SaDE），其中缩放因子 F 和交叉概率 CR 由前面进化过程中的信息自适应产生。Wang 等[35]设计了组合 DE（CoDE）算法，使用 3 组向量生成策略和 3 组不同的控制参数 CR、F，每个个体随机选择策略和参数来生成实验向量。在 JADE 中，使用参数 μCR 和 μF 分别生成缩放因子 F 和交叉概率 CR[13]。经过每代进化之后，μCR 更新如式（3-1）所示。

$$\mu\text{CR} = (1-c) \cdot \mu\text{CR} + c \cdot \text{mean}_A(S_{\text{CR}}) \tag{3-1}$$

其中，S_{CR} 是成功的交叉概率，并且 mean_A 是计算 S_{CR} 中元素算术平均值的函数，并且 c 是 0~1 的正常数。经过每代进化之后，μF 更新如式（3-2）所示。

$$\mu\text{F} = (1-c) \cdot \mu\text{F} + c \cdot \text{mean}_L(S_F) \tag{3-2}$$

其中，S_F 是成功的缩放因子，mean_L 是 Lehmer 平均值，其计算式如式（3-3）所示。

$$\text{mean}_L(S_{F,j}) = \frac{\sum_{k=1}^{|S_F|} S_{F,k}^2}{\sum_{k=1}^{|S_F|} S_{F,k}} \tag{3-3}$$

　　随着 DE 变异策略和控制参数的发展，用于增强进化算法的种群动态划分技术最近受到越来越多的关注[36-41]。在 MPEDE 中，整个种群被动态地分成多个小型指示子种群和一个大型奖励子种群。定义 pop 为整个种群，其计算式如式（3-4）所示。

$$pop = \bigcup_{j=1,2,3,4} pop_j \qquad (3\text{-}4)$$

设 NP 为 pop 的大小，NP_j 为 pop 的大小，λ_j 为 pop_j 在 pop 中所占的比例，如式（3-5）所示。

$$NP_j = \lambda_j \cdot NP, j = 1,2,3,4 \qquad (3\text{-}5)$$

其中，j 是变异策略的索引，设置 $\lambda_1 = \lambda_2 = \lambda_3$ 和 $\sum_{j=1,2,3,4} \lambda_j = 1$。奖励子种群被分配给通过度量评估前 ng 代中第 j 个变异策略性能最好的变异策略。该度量定义如式（3-6）所示。

$$k = \arg\left(\max_{1 \leqslant j < 3} \left(\frac{\Delta f_j}{ng \cdot NP_j} \right) \right) \qquad (3\text{-}6)$$

其中，k 是最佳变异策略的索引，Δf_j 是前 ng 代第 j 个变异策略累计改善的适应度函数值。

动态划分技术确保最佳的变异策略消耗最多的计算资源。然而，在 MPEDE 中变异策略"DE/rand/1"会导致收敛速度慢，基于 JADE 机制的参数自适应也会导致早熟收敛，因此不仅要利用动态分区技术，还应该解决这些 MPEDE 的问题。受此启发，本章提出了 IMPEDE 在改进的基于多种群的变异策略集成方法中利用新的变异策略"DE/pbad-to-pbest/1"平衡勘探和开发，并采用改进的参数适应方法处理早熟收敛的问题。

3.3 改进的多种群集成差分进化算法研究

3.3.1 概述

IMPEDE 采用改进的基于多种群的变异策略集成方法，该方法结合了归档的"DE/current-to-pbest/1""DE/current-to-rand/1"和"E/pbad-to-pbest/1"的变异策略。由于"DE/rand/1"在收敛速度方面效率较低，本章提出了一种新的变异策略"DE/pbad-to-pbest/1"来替代 MPEDE 算法中的"DE/rand/1"变异策略，不仅利用了良好的解决方案信息（pbest），还利用了不良解决方案（pbad）朝着良好解决方案的信息来平衡勘探和开发。此外，IMPEDE 采用改进的参数适应方法处理在 "DE/current-to-pbest/1" 策略的控制参数中应用算术平均值导致的早熟收敛。为了避免早熟，IMPEDE 在参数自适应基础上增加加权 Lehmer 均值策略，并对 "DE/current-to-pbest/1" 策略进行了适当修改。

IMPEDE 的总体思路如下。首先，每个子群 pop1、pop2 和 pop3 可以分配给相应的变异策略，pop4 随机分配到所提及的变异策略之一。在进化过程中，重新评估变异策略的最佳表现，并在接下来的 ng 代之后，把子种群 pop4 分配到当前表现最佳的变异策略。其次，采用改进的基于多种群的变异策略集成方法，采取变异、交叉和选择的相应操作。再次，在选择操作期间，计算适应度并把实验向量与目标向量做进一步的比较。假如实验向量适应度好于目标向量适应度，那么目标向量将被替换，并且缩放因子 F 和交叉概率 CR 将分别存储在成功的缩放因子 S_F 和成功的交叉概率 S_{CR} 中；否则不作任何操作，因此可以通过使用 S_F 和 S_{CR} 的信息来利用改进的参数适应方法。最后，如果函数评估次数（FES）的数量达到最大值，则 IMPEDE 停止并输出最好的解。IMPEDE 的伪代码如下所示。

1. 设置 $\mu CR_j = 0.5$，$\mu F_j = 0.5$，$\Delta f_j = 0$ 和 $\Delta FES_j = 0$ 对每个 $j=1, \cdots, 4$;

2. 初始化 NP, ng;

3. 随机初始化 pop 使其随机分布到搜索空间;

4. 初始化 λ_j 和设置 $NP_j = \lambda_j \cdot NP$;

5. 设置 $g=0$ 和 FES=0;

6. **while** FES <Max_FES **do**

7. 　$g=g+1$;

8. 　**if** mod(g, ng)==0

9. 　$k = \arg\left(\max_{1 \leqslant j \leqslant 3} \left(\dfrac{\Delta f_j}{ng \cdot NP_j} \right) \right)$;

10. 　$\Delta f_j = 0$;

11. 　**end if**

12. 随机分配 pop 到 pop_1, pop_2, pop_3 和 pop_4;

13. 设置 $pop_k = pop_k \bigcup pop_4$ 和 $NP_k = NP_k + NP_4$;

14. 设置 $S_{CR,1} = \phi$ 和 $S_{F,1} = \phi$;

15. 　**for** $i = 1$ to NP_1

16. 计算 pop_1 中每个个体 X_i 的 $\text{CR}_{i,1}$ 和 $F_{i,1}$;

17. 在子群 pop_1 中执行第一个变异策略 "DE/current-to-$p$best/1" 和相关交叉操作;

18.   **if** $f(X_{i,g}) \leqslant f(U_{i,g})$

19. $X_{i,g+1} = X_{i,g}$;

20.   **else**

21. $X_{i,g+1} = U_{i,g}, \Delta f_1 = \Delta f_1 + f(X_{i,g}) - f(U_{i,g})$;

22. $\text{CR}_{i,1} \rightarrow S_{\text{CR},1}, F_{i,1} \rightarrow S_{F,1}, |f(X_{i,g}) - f(U_{i,g})| \rightarrow \Delta f_{k,g}$;

23.   **end if**

24.   **end for**

25. 计算 μCR_1 和 μF_1;

26. 设置 $S_{\text{CR},2} = \phi$ 和 $S_{F,2} = \phi$;

27.   **for** $i = 1$ to NP_2

28.   计算 pop_2 中每个个体 X_i 的 $F_{i,2}$;

29. 在子群 pop_2 中执行第二个变异策略 "DE/current-to-rand/1";

30.   **if** $f(X_{i,g}) \leqslant f(U_{i,g})$

31. $X_{i,g+1} = X_{i,g}$;

32.   **else**

33. $X_{i,g+1} = U_{i,g}, \Delta f_2 = \Delta f_2 + f(X_{i,g}) - f(U_{i,g})$;

34. $F_{i,2} \rightarrow S_{F,2}$;

35.   **end if**

36.   **end for**

37. 计算 μF_2;

38. 设置 $S_{\text{CR},3} = \phi$ 和 $S_{F,3} = \phi$;

39.   **For** $i = 1$ to NP_3

40.   计算 pop_3 中每个个体 X_i 的 $\text{CR}_{i,3}$ 和 $F_{i,3}$;

41.   在子群 pop_3 中执行第三个变异策略 "DE/pbad-to-pbest/1" 和相关交叉操作;

42.   **if** $f(X_{i,g}) \leqslant f(U_{i,g})$

43. $X_{i,g+1} = X_{i,g}$;

44.   **else**

45. $X_{i,g+1}=U_{i,g},\Delta f_3=\Delta f_3+f(X_{i,g})-f(U_{i,g})$;

46. $\mathrm{CR}_{i,3}\rightarrow S_{\mathrm{CR},3},F_{i,3}\rightarrow S_{F,3}$;

47. **end if**

48. **end for**

49. 计算 $\mu\mathrm{CR}_3$ 和 μF_3;

50. FES=FES+NP;

51. **end while**

与以前的工作相比，IMPEDE 改进了基于多种群变异策略集成方法和参数适应方法，这将在接下来的第 3.3.2 节和第 3.3.3 节中详细介绍。

3.3.2　改进的基于多种群的变异策略集成方法

采用不同变异策略的 DE 通常在处理不同的优化问题时表现会有差异，因此选择变异策略对于设计集合 DE 是很重要的。本章旨在选择在不同优化问题上表现良好的合适的变异策略。在本章中采用改进的基于多种群的变异策略集成方法，该方法采用了 3 种变异策略，分别是存档的"DE/current-to-pbest/1""DE/current-to-rand/1"和"DE/pbad-to-pbest/1"。其中，具有存档的"DE/current-to-pbest/1"不易陷入局部最优，并且处理单峰和多峰等问题非常有用；没有交叉操作的"DE/current- to-rand/1"是一种旋转不变策略，在解决旋转问题方面非常有效。受 JADE 算法中的"DE/current-to-pbest/1"贪婪策略的启发，"DE/pbad-to-pbest/1"不仅利用了良好的解决方案信息（pbest），而且利用不良解决方案（pbad）向良好解决方案变化的信息来平衡勘探和开发。在勘探过程中，"DE/pbad-to-pbest"充分利用了良好的信息加速收敛速度，也应用不良解决方案朝向良好的解决方案的信息来提高种群的多样性，以增加找到全局最优的概率。改进的基于多种群的变异策略集成方法如下所示。

变异策略 1：存档的"DE/current-to-pbest/1"

$$V_{i,G}=X_{i,G}+F(X_{\mathrm{pbest},G}-X_{i,G}+X_{r_1^i,G}-\vec{X}_{r_2^i,G})，\quad i=1,2,\cdots,\mathrm{NP} \qquad （3\text{-}7）$$

变异策略 2："DE/current-to-rand/1"

$$V_{i,G}=X_{i,G}+K(X_{r_1^i,G}-X_{i,G})+F(X_{r_2^i,G}-X_{r_3^i,G})，\quad i=1,2,\cdots,\mathrm{NP} \qquad （3\text{-}8）$$

变异策略3："DE/pbad-to-pbest/1"

$$V_{i,G} = X_{i,G} + F(X_{\text{pbest},G} - X_{\text{pbad},G}), \quad i = 1,2,\cdots,\text{NP} \quad (3\text{-}9)$$

其中，r_2^i 表示与第 i 个向量对应的第 2 个随机向量的序号，G 表示当前进化代数，$X_{\text{pbest},G}$ 是在目前最优 $100\times p$ 的个体中随机选择的个体之一，$p \in (0,1]$。相比之下，$X_{\text{pbad},G}$ 是在目前最坏 $100\times p'$ 的个体中随机选择的个体之一，$p' \in (0,1]$。$\tilde{X}_{r,G}$ 从当前种群和存档的合并集中随机选择。F（缩放因子）和 K 是两个均匀分布的随机数，取值在 0 和 1 之间。

3.3.3 改进的参数适应方法

有效参数适应能促使 DE 变体具有更好的性能，但不同的变异策略可能需要不同的参数设置。最近，大量的研究集中在 DE 的两个控制参数 F 和 CR 的适应技术上。在尝试不同的适应技术后，JADE 中的参数适应方法比较有效。然而，在 JADE 中应用算术平均值的 "DE/current-to-pbest/1" 策略在自适应过程中对小数值有隐含的偏向，最终导致过早收敛。为了防止这种偏差并避免早熟，采用了改进的参数适应方法，该方法通过在控制参数自适应上增加加权 Lehmer 均值策略对 "DE/current-to-pbest/1" 策略进行微小修改，并且保持其他变异策略上的适应性参数机制。

交叉概率 CR 根据参数 μCR 和标准偏差为 0.1 的正态分布更新，取值范围为 [0,1]，如式（3-10）所示。

$$CR_{i,j} = \text{randn}_{i,j}(\mu CR_j, 0.1) \quad (3\text{-}10)$$

其中，$CR_{i,j}$ 表示个体 X_i 使用第 j 个变异策略的交叉概率。

类似地，缩放因子 F 根据每一代的参数 μF 和比例参数为 0.1 的柯西分布更新如式（3-11）所示。

$$F_{i,j} = \text{randc}_{i,j}(\mu F_j, 0.1) \quad (3\text{-}11)$$

其中，$F_{i,j}$ 表示个体 X_i 使用第 j 个变异策略的缩放因子。如果 $F_{i,j} \geqslant 1$，$F_{i,j}$ 设置为 1；如果 $F_{i,j} \leqslant 0$，$F_{i,j}$ 重新生成一个有效的值。在进化过程开始时，μCR$_1$ 和 μF$_1$ 都被初始化为 0.5，并在进化过程中进行如下调整。

每代产生之后，μCR$_1$ 和 μF$_1$ 在 "DE/current-to-pbest/1" 策略中更新，如式（3-12）

和式（3-13）所示。

$$\mu\text{CR}_1 = (1-c) \cdot \mu\text{CR}_1 + c \cdot \text{mean}_{\text{WL}}(S_{\text{CR},1}) \tag{3-12}$$

$$\mu\text{F}_1 = (1-c) \cdot \mu\text{F}_1 + c \cdot \text{mean}_{\text{WL}}(S_{F,1}) \tag{3-13}$$

其中，$S_{F,1}$、$S_{\text{CR},1}$ 分别表示成功的缩放因子集的第一个元素和成功的交叉概率集的第一个元素，mean_{WL} 是加权 Lehmer 平均值，c 是 0~1 之间的常数。加权 Lehmer 平均值如式（3-14）和式（3-15）所示。

$$\text{mean}_{\text{WL}}(S_{\text{CR},1}) = \frac{\sum\limits_{k=1}^{|S_{\text{CR}}|} \omega_{\text{CR},k} S_{\text{CR},k}^2}{\sum\limits_{k=1}^{|S_{\text{CR}}|} \omega_{\text{CR},k} S_{\text{CR},k}} \tag{3-14}$$

$$\text{mean}_{\text{WL}}(S_{F,1}) = \frac{\sum\limits_{k=1}^{|S_F|} \omega_{F,k} S_{F,k}^2}{\sum\limits_{k=1}^{|S_F|} \omega_{F,k} S_{F,k}} \tag{3-15}$$

其中，$S_{F,k}$、$S_{\text{CR},k}$ 分别表示成功的缩放因子集的第 k 个元素和成功的交叉概率集的第 k 个元素。权重更新如式（3-16）和式（3-17）所示。

$$\omega_{\text{CR},k} = \frac{\Delta f_{k,g}}{\sum\limits_{k=1}^{|S_{\text{CR}}|} \Delta f_{k,g}} \tag{3-16}$$

$$\omega_{F,k} = \frac{\Delta f_{k,g}}{\sum\limits_{k=1}^{|S_F|} \Delta f_{k,g}} \tag{3-17}$$

$$\Delta f_{k,g} = |f(U_{k,G}) - f(X_{k,G})| \tag{3-18}$$

其中，$\Delta f_{k,g}$ 表示改善的适应度函数值，以影响参数的自适应。

3.3.4　复杂度分析

经典 DE 的运行复杂度为 $O(\text{Gmax} \times \text{NP} \times D)$[16]，其中 Gmax 是最大代数，NP 是种群数量，D 是问题维度。根据 Zhang 等[42]，JADE 的总复杂度为

$O(\text{Gmax} \times \text{NP} \times [D+\log(\text{NP})])$。考虑到 JADE、MPEDE 和 IMPEDE 共享相同的算法框架，MPEDE 和 IMPEDE 只是在变异策略和参数适应方面扩展了 JADE，所以 MPEDE 和 IMPEDE 在总体算法复杂度上并没有增加。同样，MPEDE 和 IMPEDE 的总体算法复杂度为 $O(\text{Gmax} \times \text{NP} \times [D + \log(\text{NP})])$，因此，IMPEDE 的复杂性不会显著增加。随着 D 的增加，D 对复杂度有显著影响，而且 NP 规模设定与 D 有关。与经典的 DE 相比，IMPEDE 在运行复杂度上近似相等，并且不会在复杂度上产生任何严重负担。

| 3.4 实验结果与分析 |

3.4.1 实验参数设置

本节对 IMPEDE 进行了性能评估，并与其他 DE 算法进行比较，如 JADE[20]、jDE[34]、SaDE[18]、CoDE[35]和 MPEDE[21]，其中 JADE 实现了新的变异策略"DE/current-to-pbest/1"采用可选的外部归档，并以自适应的方式更新控制参数；jDE 对 DE 控制参数采用自适应方案；SaDE 利用自适应变异策略和各自的控制参数，根据 SaDE 以前的经验产生有前途的解决方案。CoDE 从不一样的 DE 策略和控制参数设置产生出的一组向量里选择一个实验向量；MPEDE 实现了多重变异策略的集合，并将种群划分为大小不等的子群体。此外，最佳变异策略将在 MPEDE 中每隔一定代数后动态地获得大量种群资源。IMPEDE 与 JADE、jDE、SaDE、CoDE、MPEDE 的比较见表 3-1。

为了测试 IMPEDE 的性能，利用 IEEE CEC2005 特别会议[43]中提出的 25 个测试优化函数，并在实现 IMPEDE 时，把参数设置为 ng=20，$\lambda_1=\lambda_2=\lambda_3=0.2$ 和 NP=250。所有算法都使用 25 个函数采取评估，且均要独立运行 25 次。在 30 维测试函数上将最大函数评估次数（FES）设为 30 000。此外，将 IMPEDE 在 IEEE CEC2017 特别会议[44]中提出的 10 维和 50 维测试函数上与以上 5 种对比算法的性能进行了比较。在 IMPEDE 中，NP 在 10 维和 50 维上分别设置为 125 和 400。在 10 维和 50 维测试函数上将最大函数评估次数分别设置为 100 000 和 500 000。为了提供全面的比较，每种算法均在 CEC2017 系列测试函数上独立运行 50 次。

表 3-1 算法比较

算法	比较
JADE	JADE 实现新的变异策略 DE/current-to-pbest/1，采用可选的外部归档，并以自适应的方式更新控制参数
jDE	jDE 对 DE 控制参数采用自适应方案。F 和 CR 值的范围分别为[0.1,1.0]和[0,1]。F 和 CR 根据设置为 0.1 的两个常量 $\tau 1$ 和 $\tau 2$ 进行更新
SaDE	SaDE 利用自适应变异策略和各自的控制参数，基于经验，产生有前途的解。F 值是随机生成的，平均值和标准偏差分别为 0.5 和 0.3
CoDE	CoDE 使用 3 种实验向量生成策略和 3 种控制参数设置并随机结合，生成实验向量
MPEDE	MPEDE 实现了多重变异策略的集合，并将种群划分为大小不等的子种群。此外，最佳变异策略将在 MPEDE 中每隔一定代数后动态地获得大量种群资源
IMPEDE	提出了一种新的变异策略"DE/pbad-to-pbest/1"，而不是在 MPEDE 中"DE/rand/1"变异策略，新变异策略不仅利用了良好解的信息（pbest），也利用了不良解（pbad）朝着良好解方案的信息来平衡勘探和开发。此外，采用了改进的参数适应方法，通过加入加权 Lehmer 均值策略来避免"DE/current-to-pbest/1"策略的过早收敛

3.4.2 测试函数集

本节分析所提出的 IMPEDE 在测试函数上求解单目标最小值优化问题，见表 3-2。在 CEC2005 特别会议上提出的 25 个测试函数是关于实参参数优化的测试函数，它们被用于测试所提出的 IMPEDE 算法的性能，所有的测试函数在表 3-2 中都列出了初始化范围、搜索范围和偏差值。这 25 个测试函数可以分成 4 种类型：单峰函数（Unimodal Functions F1～F5）、基本多峰函数（Basic Multimodal Functions F6～F12）、扩展多峰函数（Expanded Multimodal Functions F13～F14）和混合组成函数（Hybrid Composition Functions F15～F25）。此外，一组 30 个 CEC2017 测试函数也被用来评估 IMPEDE 的性能，见表 3-3。这 30 个测试函数可以被归纳为 4 种类型：单峰函数（Unimodal Functions F1～F3）；基本多峰函数（Basic Multimodal Functions F4～F10）、混合函数（Hybrid Functions F11～F20）和组成函数（Composition Functions F21～F30）。

表 3-2 CEC2005 系列测试函数

函数类型	函数名称及含义	初始化范围	搜索范围	最优值
单峰函数	F1：偏移球面函数	$[-100, 100]^D$	$[-100, 100]^D$	-450
	F2：偏移 Schwefel's 问题	$[-100, 100]^D$	$[-100, 100]^D$	-450
	F3：偏移旋转高条件 Elliptic 函数	$[-100, 100]^D$	$[-100, 100]^D$	-450
	F4：带有噪声的偏移 Schwefel's 问题	$[-100, 100]^D$	$[-100, 100]^D$	-450
	F5：最优值在边界的 Schwefel's 问题	$[-100, 100]^D$	$[-100, 100]^D$	-310

（续表）

函数类型	函数名称及含义	初始化范围	搜索范围	最优值
基本多峰函数	F6：偏移 Rosenbrock's 函数	$[-100, 100]^D$	$[-100, 100]^D$	-390
	F7：不带边界的偏移旋转 Griewank 函数	$[0, 600]^D$	$[-600, 600]^D$	-180
	F8：最优值在边界的偏移旋转 Ackley 函数	$[-32, 32]^D$	$[-32, 32]^D$	-140
	F9：偏移 Rastrigin 函数	$[-5, 5]^D$	$[-5, 5]^D$	-330
	F10：偏移旋转 Rastrigin 函数	$[-5, 5]^D$	$[-5, 5]^D$	-330
	F11：偏移旋转 Weierstrass 函数	$[-0.5, 0.5]^D$	$[-0.5, 0.5]^D$	90
	F12：Schwefel's 问题	$[-100, 100]^D$	$[-100, 100]^D$	-460
扩展多峰函数	F13：偏移扩展的 Griewank 加 Rosenbrock 函数(F8F2)	$[-3, 1]^D$	$[-3, 1]^D$	-130
	F14：偏移旋转扩展的 Scaffer's F6 函数	$[-100, 100]^D$	$[-100, 100]^D$	-300
混合组成函数	F15：混合组成函数	$[-5, 5]^D$	$[-5, 5]^D$	120
	F16：旋转混合组成函数	$[-5, 5]^D$	$[-5, 5]^D$	120
	F17：带有噪声的旋转混合组成函数	$[-5, 5]^D$	$[-5, 5]^D$	120
	F18：旋转混合组成函数	$[-5, 5]^D$	$[-5, 5]^D$	10
	F19：最优值在窄域的旋转混合组成函数	$[-5, 5]^D$	$[-5, 5]^D$	10
	F20：最优值在边界的旋转混合组成函数	$[-5, 5]^D$	$[-5, 5]^D$	10
	F21：旋转混合组成函数	$[-5, 5]^D$	$[-5, 5]^D$	360
	F22：带有高条件矩阵的旋转混合组成函数	$[-5, 5]^D$	$[-5, 5]^D$	360
	F23：非连续旋转混合组成函数	$[-5, 5]^D$	$[-5, 5]^D$	360
	F24：旋转混合组成函数	$[-5, 5]^D$	$[-5, 5]^D$	260
	F25：不带边界的旋转混合组成函数	$[-2, 5]^D$	$[-5, 5]^D$	260

表 3-3　CEC2017 系列测试函数

函数类型	函数名称	最优值
单峰函数 搜索范围：$[-100, 100]^D$	F1：偏移旋转 Bent Cigar 函数	100
	F2：不同偏移旋转的幂函数总和函数	200
	F3：偏移旋转 Zakharov 函数	300
基本多峰函数 搜索范围：$[-100, 100]^D$	F4：偏移旋转 Rosenbrock 函数	400
	F5：偏移旋转 Rastrigin 函数	500
	F6：偏移旋转扩展 Scaffer's F6 函数	600
	F7：偏移旋转 Lunacek Bi-Rastrigin 函数	700
	F8：偏移旋转不连续 Rastrigin 函数	800
	F9：偏移旋转 Levy 函数	900
	F10：偏移旋转 Schwefel 函数	1 000

（续表）

函数类型	函数名称	最优值
混合函数 搜索范围：$[-100, 100]^D$	F11：混合函数 1(N=3)	1 100
	F12：混合函数 2(N=3)	1 200
	F13：混合函数 3(N=3)	1 300
	F14：混合函数 4(N=4)	1 400
	F15：混合函数 5(N=4)	1 500
	F16：混合函数 6(N=4)	1 600
	F17：混合函数 6(N=5)	1 700
	F18：混合函数 6(N=5)	1 800
	F19：混合函数 6(N=5)	1 900
	F20：混合函数 6(N=6)	2 000
组成函数 搜索范围：$[-100, 100]^D$	F21：组成函数 1(N=3)	2 100
	F22：组成函数 2(N=3)	2 200
	F23：组成函数 3(N=4)	2 300
	F24：组成函数 4(N=4)	2 400
	F25：组成函数 5(N=5)	2 500
	F26：组成函数 6(N=5)	2 600
	F27：组成函数 7(N=6)	2 700
	F28：组成函数 8(N=6)	2 800
	F29：组成函数 9(N=3)	2 900
	F30：组成函数 10(N=3)	3 000

注：D 表示决策变量的维度，N 表示函数数目。

3.4.3　在 30 维 IEEE CEC2005 系列上的结果比较分析

在这一节中，将所提出的 IMPEDE 与其他 DE 算法进行比较。性能指标是根据函数误差值 $(f(x) - f(x^*))$ 的平均值和标准差来衡量的，其中，x 是算法在运行中找到的最佳解，x^* 是最佳函数的全局最优值。为了得到统计上合理的结论，对实验结果实施 Wilcoxon 秩和检验，检验水准为 0.05。符号"–""+"和"≈"分别表示结果 DE 算法比 IMPEDE 算法的结果更差、更好和相似，实验结果如表 3-4，具体分析如下。

Unimodal Functions F1～F5：显然，所有算法在偏移球面函数（F1）上表现良好。其中，IMPEDE 的表现是最好的。IMPEDE 在 3 个测试函数（F3～F5）上优于

JADE；在 4 个测试函数（F2～F5）上优于 jDE、SaDE、CoDE 和 MPEDE。对于单峰函数总体而言，IMPEDE 展现了好于其他 DE 算法的卓越效果。

Basic Multimodal Functions F6～F12：在 7 种基本多峰函数上，IMPEDE 在 4 个测试函数（F6、F7、F1、F12）上好于 JADE；在 5 个测试函数（F6、F7、F10～F12）上优于 jDE 和 SaDE；在 3 个测试函数（F6、F7、F11）上优于 CoDE；在 2 个测试函数（F6 和 F11）上优于 MPEDE。JADE、jDE、SaDE 和 MPEDE 在这 7 个测试函数上的效果都不如 IMPEDE 好，仅仅 CoDE 在 1 个测试函数（F8）上效果好于 IMPEDE。从中表明，IMPEDE 通过在这些测试函数上将改进的基于多种群的变异策略集成方法与改进的参数适应方法结合起来，能够进行平衡勘探和开发。

Expanded Multimodal Functions F13～F14：在这 2 个函数中，JADE 是 6 种算法中最好的。IMPEDE 是次好的，与 CoDE 相似，并且胜过 jDE、SaDE 和 MPEDE 这 3 种算法。

Hybrid Composition Functions F15～F25：在这 11 个混合组成函数上，IMPEDE 在 6 个测试函数（F17～F20、F23、F25）上优于 JADE；在 8 个测试函数（F16～F20、F22、F23、F25）上优于 jDE；在 4 个测试函数（F16、F22～F23、F25）上优于 SaDE；在 5 个测试函数（F18～F20、F23、F25）上优于 CoDE；在一个测试函数（F19）上优于 MPEDE。相比之下，SaDE 仅在 2 个测试函数（F17、F20）上比 IMPED 好，CoDE 仅显著优于 JADE，在 3 个测试函数（F16、F17、F21）上比 IMPEDE 好，MPEDE 仅在一个测试函数（F23）上比 IMPEDE 好。表 3-4 中 Wilcoxon 秩和检验的最后 3 行表明：IMPEDE 在 13 个测试函数（F3～F7、F11、F12、F17～F20、F23、F25）上显著优于 SaDE，在 18 个测试函数（F2～F7、F10～F12、F14、F16～F20、F22、F23、F25）上显著优于 jDE，在 15 个测试函数（F2～F7、F10～F14，F16、F22、F23、F25）上显著优于 SaDE，在 12 个测试函数（F2～F7、F10、F18～F20、F23、F25）上显著优于 CoDE，在 8 个测试函数（F2～F6、F11、F13、F19）上显著优于 MPEDE；IMPEDE 仅仅在一个测试函数（F13）上比 JADE 效果差，在 2 个测试函数（F17、F20）上比 SaDE 效果差，在 4 个测试函数（F8、F16、F17、F21）上比 CoDE 效果差，在一个测试函数（F23）上比 MPEDE 效果差；IMPEDE 在 11 个测试函数（F1、F2、F8～F10、F14～F16、F21、F22、F24）上类似于 JADE，在 7 个测试函数（F1、F8、F9、F13、F15、F21、F24）上类似于 JDE，在 8 个测试函数（F1、F8、F9、F15、

F18、F19、F21、F24）上类似于 SaDE，在 9 个测试函数（F1、F9、F11～F15、F22、F24）上类似于 CoDE，在 16 个测试函数（F1、F7～F10、F12、F14～F18、F20～F22、F24、F25）上类似于 MPEDE。在大多数的 30 维测试函数上，IMPEDE 的性能好于其他 DE 算法。

表 3-4　30 维 CEC2005 系列测试函数比较结果

函数	JADE	jDE	SaDE	CoDE	MPEDE	IMPEDE
F1	0.00×10^{0}	0.00×10^{0}	0.00×10^{0}	0.00×10^{0}	0.00×10^{0}	0.00×10^{0}
	$(0.00\times10^{0})\approx$	$(0.00\times10^{0})\approx$	$(0.00\times10^{0})\approx$	$(0.00\times10^{0})\approx$	$(0.00\times10^{0})\approx$	(0.00×10^{0})
F2	2.17×10^{-28}	1.42×10^{-26}	1.01×10^{-5}	1.26×10^{-15}	1.63×10^{-27}	2.38×10^{-28}
	$(1.11\times10^{-28})\approx$	$(2.11\times10^{-26})-$	$(2.45\times10^{-5})-$	$(1.98\times10^{-15})-$	$(1.72\times10^{-27})-$	(1.85×10^{-28})
F3	1.18×10^{4}	1.75×10^{5}	5.97×10^{5}	9.89×10^{4}	2.74×10^{2}	1.99×10^{-3}
	$(5.72\times10^{3})-$	$(1.50\times10^{5})-$	$(2.45\times10^{-5})-$	$(6.84\times10^{4})-$	$(1.07\times10^{3})-$	(8.84×10^{-3})
F4	1.23×10^{-9}	1.60×10^{-1}	2.07×10^{2}	5.60×10^{-3}	2.54×10^{-17}	9.17×10^{-20}
	$(3.51\times10^{-9})-$	$(4.79\times10^{-1})-$	$(4.24\times10^{2})-$	$(1.47\times10^{-3})-$	$(6.02\times10^{-17})-$	(4.25×10^{-17})
F5	5.86×10^{-2}	3.73×10^{2}	3.24×10^{3}	3.72×10^{2}	2.50×10^{-6}	1.81×10^{-7}
	$(2.79\times10^{-2})-$	$(3.65\times10^{2})-$	$(6.58\times10^{3})-$	$(3.29\times10^{2})-$	$(5.75\times10^{-6})-$	(8.46×10^{-7})
F6	5.91×10^{0}	1.96×10^{1}	4.66×10^{1}	3.24×10^{-8}	4.41×10^{0}	3.18×10^{-12}
	$(2.54\times10^{1})-$	$(2.33\times10^{1})-$	$(3.21\times10^{1})-$	$(1.59\times10^{-7})-$	$(1.36\times10^{1})-$	(1.47×10^{-11})
F7	4.69×10^{3}	4.69×10^{3}	4.69×10^{3}	5.41×10^{-3}	2.56×10^{-3}	6.90×10^{-4}
	$(2.11\times10^{-12})-$	$(2.59\times10^{-12})-$	$(2.76\times10^{-12})-$	$(7.91\times10^{-3})-$	$(4.23\times10^{-3})\approx$	(2.41×10^{-3})
F8	2.09×10^{1}	2.09×10^{1}	2.09×10^{1}	2.01×10^{1}	2.09×10^{1}	2.09×10^{1}
	$(1.97\times10^{-1})\approx$	$(4.29\times10^{-2})\approx$	$(6.21\times10^{-2})\approx$	$(1.74\times10^{-1})+$	$(5.21\times10^{-2})\approx$	(1.93×10^{-1})
F9	0.00×10^{0}	0.00×10^{0}	7.95×10^{-2}	0.00×10^{0}	0.00×10^{0}	0.00×10^{0}
	$(0.00\times10^{0})\approx$	$(0.00\times10^{0})\approx$	$(2.75\times10^{-1})-$	$(0.00\times10^{0})\approx$	$(0.00\times10^{0})\approx$	(0.00×10^{0})
F10	2.57×10^{1}	5.64×10^{1}	4.88×10^{1}	4.25×10^{1}	2.84×10^{1}	2.40×10^{1}
	$(4.23\times10^{0})\approx$	$(1.25\times10^{1})-$	$(1.15\times10^{1})-$	$(1.40\times10^{1})-$	$(1.33\times10^{1})-$	(7.13×10^{0})
F11	2.50×10^{1}	2.77×10^{1}	1.71×10^{1}	1.20×10^{1}	2.31×10^{1}	1.37×10^{1}
	$(1.45\times10^{0})-$	$(1.84\times10^{0})-$	$(1.78\times10^{0})-$	$(2.46\times10^{0})\approx$	$(4.95\times10^{0})-$	(7.62×10^{0})
F12	6.53×10^{3}	8.08×10^{3}	3.62×10^{3}	2.07×10^{3}	1.51×10^{3}	1.23×10^{3}
	$(5.95\times10^{3})-$	$(8.81\times10^{3})-$	$(3.02\times10^{3})-$	$(2.47\times10^{3})\approx$	$(1.54\times10^{3})\approx$	(2.11×10^{3})
F13	1.46×10^{0}	1.69×10^{0}	3.98×10^{0}	1.73×10^{0}	1.94×10^{0}	1.70×10^{0}
	$(1.09\times10^{-1})+$	$(1.33\times10^{-1})\approx$	$(3.87\times10^{-1})-$	$(3.95\times10^{-1})\approx$	$(2.98\times10^{-1})\approx$	(2.10×10^{-1})
F14	1.22×10^{1}	1.29×10^{1}	1.26×10^{1}	1.24×10^{1}	1.24×10^{1}	1.23×10^{1}
	$(4.28\times10^{-1})\approx$	$(2.59\times10^{-1})-$	$(2.24\times10^{-1})-$	$(3.27\times10^{-1})-$	$(2.31\times10^{-1})\approx$	(2.19×10^{-1})

（续表）

函数	JADE	jDE	SaDE	CoDE	MPEDE	IMPEDE
F15	3.52×10^2	3.80×10^2	3.60×10^2	3.84×10^2	3.80×10^2	3.92×10^2
	$(1.04\times10^2)\approx$	$(7.07\times10^1)\approx$	$(8.71\times10^1)\approx$	$(8.98\times10^1)\approx$	$(9.57\times10^1)\approx$	(8.13×10^1)
F16	1.14×10^2	7.40×10^1	1.22×10^2	6.62×10^1	6.56×10^1	7.06×10^1
	$(1.42\times10^2)\approx$	$(1.19\times10^1)-$	$(1.36\times10^2)-$	$(2.09\times10^1)+$	$(9.24\times10^1)\approx$	(7.53×10^1)
F17	1.39×10^2	1.32×10^2	6.65×10^1	6.43×10^1	6.40×10^1	7.95×10^1
	$(1.53\times10^2)-$	$(2.11\times10^1)-$	$(8.93\times10^0)+$	$(1.13\times10^1)+$	$(7.58\times10^1)\approx$	(1.03×10^2)
F18	9.04×10^2	9.04×10^2	8.63×10^2	9.05×10^2	9.03×10^2	9.03×10^2
	$(1.00\times10^0)-$	$(1.26\times10^0)-$	$(6.21\times10^1)\approx$	$(1.35\times10^0)-$	$(2.58\times10^{-1})\approx$	(5.64×10^{-1})
F19	9.04×10^2	9.04×10^2	8.67×10^2	9.05×10^2	9.04×10^2	9.03×10^2
	$(1.1\times10^0)-$	$(1.17\times10^0)-$	$(6.11\times10^1)\approx$	$(1.33\times10^0)-$	$(8.71\times10^{-1})-$	(4.13×10^{-1})
F20	9.04×10^2	9.04×10^2	8.98×10^2	9.04×10^2	9.03×10^2	9.03×10^2
	$(1.30\times10^0)-$	$(1.22\times10^0)-$	$(5.05\times10^1)+$	$(7.85\times10^{-1})-$	$(6.13\times10^{-1})\approx$	(2.94×10^{-1})
F21	5.00×10^2	5.12×10^2	5.00×10^2	5.00×10^2	5.00×10^2	5.00×10^2
	$(8.12\times10^{-14})\approx$	$(6.00\times10)\approx$	$(1.70\times10^{-13})\approx$	$(5.80\times10^{-14})+$	$(6.46\times10^{-14}\approx$	(7.60×10^{-14})
F22	8.61×10^2	8.80×10^2	9.39×10^2	8.62×10^2	8.59×10^2	8.63×10^2
	$(2.29\times10^1)\approx$	$(2.00\times10^1)-$	$(2.36\times10^1)\approx$	$(2.29\times10^1)\approx$	$(2.23\times10^1)\approx$	(1.85×10^1)
F23	5.49×10^2	5.34×10^2	5.34×10^2	5.34×10^2	5.34×10^2	5.34×10^2
	$(7.61\times10^1)-$	$(2.59\times10^{-4})-$	$(2.71\times10^{-3})-$	$(4.75\times10^{-4})-$	$(4.08\times10^{-13})+$	(5.31×10^{-13})
F24	2.00×10^2	2.00×10^2	2.00×10^2	2.00×10^2	2.00×10^2	2.00×10^2
	$(2.90\times10^{-14})\approx$	$(2.90\times10^{-14})\approx$	$(2.90\times10^{-14})\approx$	$(2.90\times10^{-14})\approx$	$(2.90\times10^{-14})\approx$	(2.90×10^{-14})
F25	1.63×10^3	1.63×10^3	1.62×10^3	2.10×10^2	2.09×10^2	2.09×10^2
	$(4.00\times10^0)-$	$(4.09\times10^0)-$	$(5.30\times10^0)-$	$(8.71\times10^{-1})-$	$(4.92\times10^{-1})\approx$	(4.50×10^{-1})
$-$	13	18	15	12	8	
$+$	1	0	2	4	1	
$\approx$	11	7	8	9	16	

由于收敛速度也是上述算法的关键指标，如图 3-1～图 3-18 所示，X 轴代表函数评估次数（FES），Y 轴代表平均函数误差值的对数，并将 IMPEDE 的收敛速度与 JADE、jDE、SaDE、CoDE 和 MPEDE 进行比较。在单峰函数中，函数（F4）上算法的收敛如图 3-3 所示，从图中可以观察到，所提出的 IMPEDE 比其他 DE 算法获得了更好的性能。在多峰函数中，函数（F6）上算法的收敛如图 3-6 所示，所提出的 IMPEDE 能够跳出局部最小值并达到最佳性能。在混合组合函数中，函数（F22）上算法的收敛如图 3-15 所示，从图中表明所提出的 IMPEDE 达到了显著的效果。

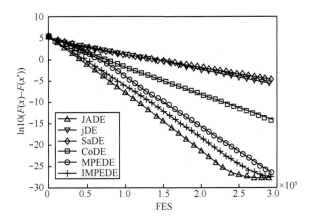

图 3-1　F2 的测试结果

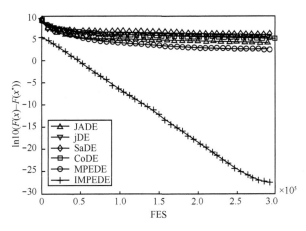

图 3-2　F3 的测试结果

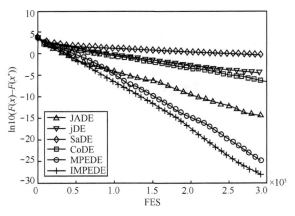

图 3-3　F4 的测试结果

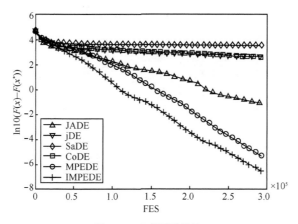

图 3-4　F5 的测试结果

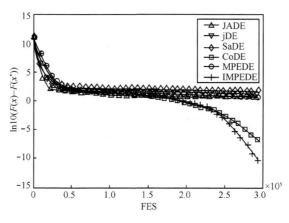

图 3-5　F6 的测试结果

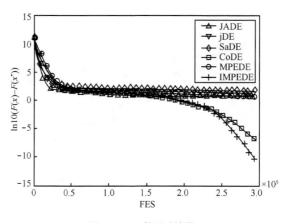

图 3-6　F7 的测试结果

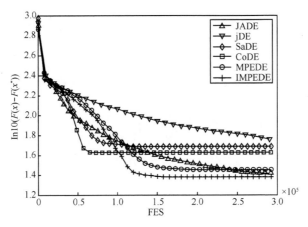

图 3-7　F10 的测试结果

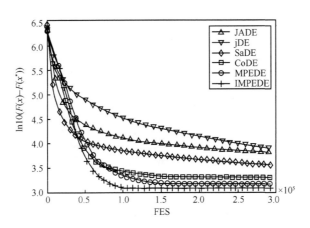

图 3-8　F12 的测试结果

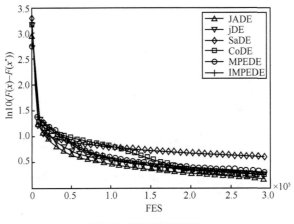

图 3-9　F13 的测试结果

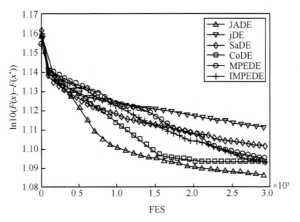

图 3-10　F14 的测试结果

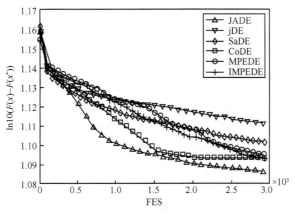

图 3-11　F15 的测试结果

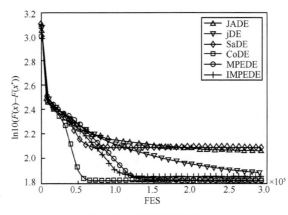

图 3-12　F16 的测试结果

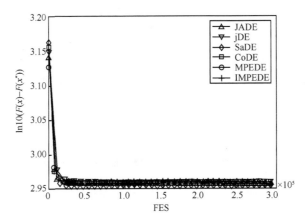

图 3-13　F20 的测试结果

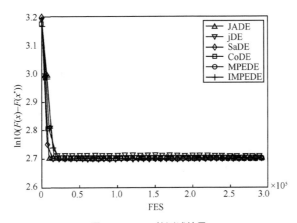

图 3-14　F21 的测试结果

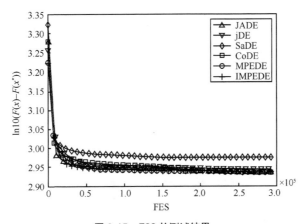

图 3-15　F22 的测试结果

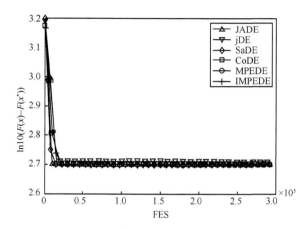

图 3-16　F23 的测试结果

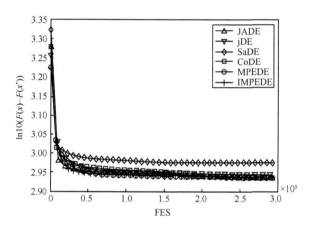

图 3-17　F24 的测试结果

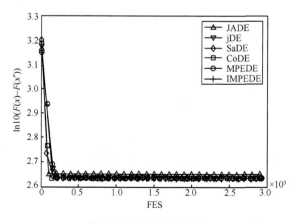

图 3-18　F25 的测试结果

从表 3-4 和图 3-1～图 3-18 可以看出，与其他代表性算法比较，IMPEDE 的性能更好，这是由于在 IMPEDE 中做出了改进，同时也证明了 IMPEDE 可以达到获得全局最优解和加快收敛速度的目的。

3.4.4　在 10 维和 50 维 IEEE CEC2017 系列测试函数上的结果比较分析

在本节中，IMPEDE 算法对于每个测试问题都要独立运行 51 次，其中函数评估次数等于 10 000×D。在表 3-5 和表 3-7 中，IMPEDE 给出了在 51 次运行中算法发现的最佳适应度函数值与理想最优函数值之间的函数误差值最好（Best）、最差（Worst）、中值（Median）、平均值（Mean）和标准偏差（Std）结果。此外，将 IMPEDE 与 JADE、jDE、SaDE、CoDE、MPEDE 这 5 种算法进行对比，以 IEEE CEC 2017 大会上 10 维和 50 维的 30 个测试函数来验证算法的性能。根据表 3-6 和表 3-8 给出的函数误差值的平均值和标准差，使用 Wilcoxon 秩和检验来判断结果的显著性。这些表格中"−""+"和"≈"分别表示相应的算法的性能比 IMPEDE 更差、更好和相似。

表 3-5 显示在 10 维的情况下 IMPEDE 能够成功在 6 个测试函数（F1～F4、F6、F9）上获得最优解。从表 3-6 给出的数据中，可以做出如下分析。首先，对于单峰函数（F1～F3），IMPEDE 获得明显好的结果，并与所有其他 5 种竞争方法类似，但是，除了函数 F1 上的 MPEDE，所有方法都可以寻求最优解。其次，考虑在多峰函数（F4～F10）上，IMPEDE 分别在 1 个测试函数（F10）上优于 JADE，在 5 个测试函数（F4～F5、F7～F8、F10）上优于 jDE，在 2 个测试函数（F4 和 F10）上优于 SaDE，在 2 个测试函数（F7、F8）上优于 CoDE，在 6 个测试函数（F4～F8、F10）上优于 MPEDE。再次，关于混合函数（F11～F20），IMPEDE、SaDE 和 CoDE 表现出比其他算法更好的性能。IMPEDE 分别在 5 个测试函数（F11～F14、F18）上优于 SaDE，在 3 个测试函数（F11、F14～F15）上优于 CoDE，而在 4 个测试函数（F16、F17、F19、F20）上劣于 SaDE，在 5 个测试函数（F16～F20）上劣于 CoDE。尽管 JADE、jDE 和 MPEDE 分别在一个测试函数（F17）、2 个测试函数（F19、F20）和一个测试函数（F12）上性能优于 IMPEDE，但 IMPEDE 的性能分别在 8 个测试函数（F11～F16、F18、F20）上优于 JADE，在 7 个测试函数（F11～F17）上

优于 jDE，在 9 个测试函数（F11、F13～F20）上优于 MPEDE。最后，考虑在组合函数（F21～F30）上，CoDE 显示最好的性能。虽然 CoDE 在测试函数（F22、F28～F30）上优于 IMPEDE，但 IMPEDE 进一步能够以少量函数评估次数为代价找到函数的最优解。其实 IMPEDE 也非常有竞争力，IMPEDE 在测试函数（F24、F27）上优于 CoDE。另外，IMPEDE 分别在 4 个测试函数（F22～F23、F27、F29）上优于 JADE，在 3 个测试函数（F22～F23、F29）上优于 jDE，在 4 个测试函数（F22、F25、F27、F29）上优于 SaDE，在 5 个（F22～F23、F26～F27、F29）上优于 MPEDE。

表 3-5 IMPEDE 在 10 维 CEC2017 系列测试函数上独立运行 51 次统计结果

函数	Best	Worst	Median	Mean	Std
F1	0.00×10^0	0.00×10^0	0.00×10^0	0.00×10^0	0.00×10^0
F2	0.00×10^0	0.00×10^0	0.00×10^0	0.00×10^0	0.00×10^0
F3	0.00×10^0	0.00×10^0	0.00×10^0	0.00×10^0	0.00×10^0
F4	0.00×10^0	0.00×10^0	0.00×10^0	0.00×10^0	0.00×10^0
F5	0.00×10^0	5.15×10^0	2.98×10^0	2.88×10^0	1.32×10^0
F6	0.00×10^0	0.00×10^0	0.00×10^0	0.00×10^0	0.00×10^0
F7	1.15×10^1	1.57×10^1	1.33×10^1	1.33×10^1	9.71×10^{-1}
F8	9.95×10^{-1}	7.96×10^0	3.03×10^0	3.34×10^0	1.42×10^0
F9	0.00×10^0	0.00×10^0	0.00×10^0	0.00×10^0	0.00×10^0
F10	4.87×10^0	2.44×10^2	2.88×10^1	7.20×10^1	7.28×10^1
F11	0.00×10^0	9.95×10^{-1}	0.00×10^0	3.90×10^{-2}	1.95×10^1
F12	0.00×10^0	1.31×10^2	4.16×10^{-1}	1.50×10^1	3.95×10^1
F13	0.00×10^0	6.89×10^0	9.95×10^{-1}	1.89×10^0	2.37×10^0
F14	0.00×10^0	1.99×10^0	1.50×10^{-3}	1.82×10^{-1}	4.11×10^{-1}
F15	9.89×10^{-4}	4.96×10^{-1}	1.29×10^{-2}	9.19×10^{-2}	1.66×10^{-1}
F16	1.29×10^{-1}	1.24×10^0	6.07×10^{-1}	6.18×10^{-1}	2.53×10^{-1}
F17	3.33×10^2	2.69×10^0	5.33×10^{-1}	7.78×10^{-1}	6.04×10^{-1}
F18	1.18×10^{-3}	5.00×10^{-1}	5.72×10^{-2}	1.38×10^{-1}	1.71×10^{-1}
F19	2.14×10^{-3}	3.66×10^{-1}	4.08×10^{-2}	6.70×10^{-2}	7.05×10^{-2}
F20	0.00×10^0	3.12×10^{-1}	5.77×10^{-8}	3.06×10^{-2}	9.38×10^{-2}
F21	1.00×10^2	2.10×10^2	2.03×10^2	1.60×10^2	5.26×10^1
F22	0.00×10^0	1.00×10^2	1.00×10^2	8.85×10^1	3.19×10^1
F23	3.00×10^2	3.08×10^2	3.05×10^2	3.04×10^2	2.13×10^1
F24	1.00×10^2	3.38×10^2	3.32×10^2	2.87×10^2	9.35×10^1
F25	3.98×10^2	4.46×10^2	3.98×10^2	4.09×10^2	1.99×10^1

（续表）

函数	Best	Worst	Median	Mean	Std
F26	$3.00×10^2$	$3.00×10^2$	$3.00×10^2$	$3.00×10^2$	$0.00×10^0$
F27	$3.89×10^2$	$3.90×10^2$	$3.90×10^2$	$3.89×10^2$	$2.02×10^{-1}$
F28	$3.00×10^2$	$6.12×10^2$	$3.00×10^2$	$3.72×10^2$	$1.31×10^2$
F29	$2.30×10^2$	$2.46×10^2$	$2.38×10^2$	$2.38×10^2$	$4.33×10^0$
F30	$3.95×10^2$	$8.18×10^5$	$3.95×10^2$	$3.24×10^4$	$1.60×10^5$

　　总之，由表 3-6 中 Wilcoxon 秩和检验的最后一行结果可知，IMPEDE 分别在 13 个测试函数上优于 JADE，在 15 个测试函数上优于 jDE，在 11 个测试函数上优于 SaDE，在 7 个测试函数上优于 CoDE，在 20 个测试函数上优于 MPEDE。IMPEDE 分别在一个测试函数上劣于 JADE，在 3 个测试函数上劣于 jDE，在 7 个测试函数上劣于 SaDE，在 9 个测试函数上劣于 CoDE，在 3 个测试函数上劣于 MPEDE；并分别在 16 个测试函数与 JADE 类似，在 12 个测试函数与 jDE 类似，在 12 个测试函数上与 SaDE 类似，在 14 个测试函数上与 CoDE 类似，在 7 个测试函数上与 MPEDE 类似。实际上，与其他 4 个竞争算法（即 JADE、jDE、SaDE 和 MPEDE（CoDE 除外））相比，IMPEDE 在 10 维的测试函数上表现最佳。尽管 CoDE 比 IMPEDE 略好，但 IMPEDE 也非常具有竞争力。

表 3-6　10 维 CEC2017 系列测试函数比较结果

函数	JADE	jDE	SaDE	CoDE	MPEDE	IMPEDE
F1	$0.00×10^0$	$0.00×10^0$	$0.00×10^0$	$0.00×10^0$	$1.33×10^{-9}$	$0.00×10^0$
	$(0.00×10^0)≈$	$(0.00×10^0)≈$	$(0.00×10^0)≈$	$(0.00×10^0)≈$	$(5.49×10^{-9})≈$	$0.00×10^0$
F2	$0.00×10^0$	$0.00×10^0$	$0.00×10^0$	$0.00×10^0$	$0.00×10^0$	$0.00×10^0$
	$(0.00×10^0)≈$	$(0.00×10^0)≈$	$(0.00×10^0)≈$	$(0.00×10^0)≈$	$(0.00×10^0)≈$	$0.00×10^0$
F3	$0.00×10^0$	$0.00×10^0$	$0.00×10^0$	$0.00×10^0$	$0.00×10^0$	$0.00×10^0$
	$(0.00×10^0)≈$	$(0.00×10^0)≈$	$(0.00×10^0)≈$	$(0.00×10^0)≈$	$(0.00×10^0)≈$	$0.00×10^0$
F4	$0.00×10^0$	$1.97×10^{-2}$	$1.04×10^0$	$0.00×10^0$	$1.46×10^{-8}$	$0.00×10^0$
	$(0.00×10^0)≈$	$(3.63×10^{-2})-$	$(7.38×10^{-1})-$	$(0.00×10^0)≈$	$(4.37×10^{-8})-$	$0.00×10^0$
F5	$3.11×10^0$	$5.95×10^0$	$3.63×10^0$	$3.73×10^0$	$6.16×10^0$	$2.88×10^0$
	$(7.71×10^{-1})≈$	$(1.23×10^0)-$	$(1.37v)≈$	$(1.17×10^0)-$	$(1.59×10^0)-$	$1.32×10^0$
F6	$0.00×10^0$	$0.00×10^0$	$0.00×10^0$	$0.00×10^0$	$2.24×10^{-5}$	$0.00×10^0$
	$(0.00×10^0)≈$	$(0.00×10^0)≈$	$(0.00×10^0)≈$	$(0.00×10^0)≈$	$(6.82×10^{-6})-$	$0.00×10^0$

（续表）

函数	JADE	jDE	SaDE	CoDE	MPEDE	IMPEDE
F7	$1.34×10^1$	$1.76×10^1$	$1.38×10^1$	$1.38×10^1$	$1.79×10^1$	$1.33×10^1$
	$(7.37×10^{-1})≈$	$(1.70×10^0)-$	$(1.86×10^0)≈$	$(1.98×10^0)-$	$(1.70×10^0)-$	$9.71×10^{-1}$
F8	$3.55×10^0$	$6.77×10^0$	$3.25×10^0$	$4.53×10^0$	$6.10×10^0$	$3.34×10^0$
	$(6.79×10^{-1})≈$	$(1.36×10^0)-$	$(1.55×10^0)≈$	$(1.86×10^0)-$	$(1.85×10^0)-$	$1.42×10^0$
F9	$0.00×10^0$	$0.00×10^0$	$0.00×10^0$	$0.00×10^0$	$0.00×10^0$	$0.00×10^0$
	$(0.00×10^0)≈$	$(0.00×10^0)≈$	$(0.00×10^0)≈$	$(0.00×10^0)≈$	$(0.00×10^0)≈$	$0.00×10^0$
F10	$8.92×10^1$	$2.82×10^2$	$2.00×10^2$	$1.12×10^2$	$2.72×10^2$	$7.20×10^1$
	$(6.26×10^1)-$	$(8.78×10^1)-$	$(1.50×10^2)-$	$(8.95×10^1)≈$	$(1.30×10^2)-$	$7.28×10^1$
F11	$2.37×10^0$	$1.99×10^0$	$5.48×10^{-1}$	$3.51×10^{-1}$	$2.33×10^0$	$3.90×10^{-2}$
	$(7.43×10^{-1})-$	$(1.00×10^0)-$	$(6.06×10^{-1})-$	$(5.91×10^{-1})-$	$(3.82×10^{-1})-$	$1.95×10^{-1}$
F12	$6.33×10^1$	$4.89×10^1$	$1.63×10^{-2}$	$5.21×10^{-1}$	$1.21×10^1$	$1.50×10^1$
	$(7.00×10^1)-$	$(6.13×10^1)-$	$(1.34×10^2)-$	$(1.56×10^0)≈$	$(1.09×10^1)+$	$3.95×10^1$
F13	$3.80×10^0$	$4.94×10^0$	$4.13×10^0$	$2.38×10^0$	$5.25×10^0$	$1.89×10^0$
	$(2.67×10^0)-$	$(2.20×10^0)-$	$(2.95×10^0)-$	$(2.17×10^0)≈$	$(2.13×10^0)-$	$2.37×10^0$
F14	$7.31×10^{-1}$	$5.10×10^{-1}$	$3.12×10^{-1}$	$2.73×10^{-1}$	$4.65×10^0$	$1.82×10^{-1}$
	$(4.76×10^{-1})-$	$(3.99×10^{-1})-$	$(4.66×10^{-1})-$	$(4.91×10^{-1})-$	$(1.32×10^0)-$	$4.11×10^{-1}$
F15	$4.52×10^{-1}$	$1.79×10^{-1}$	$3.97×10^{-1}$	$9.83×10^{-2}$	$7.04×10^{-1}$	$9.19×10^{-2}$
	$(1.68×10^{-1})-$	$(2.10×10^{-1})-$	$(5.25×10^{-1})≈$	$(2.81×10^{-1})-$	$(2.11×10^{-1})-$	$1.66×10^{-1}$
F16	$1.32×10^0$	$7.56×10^{-1}$	$4.8×10^{-1}$	$2.07×10^{-1}$	$2.41×10^0$	$6.18×10^{-1}$
	$(6.41×10^{-1})-$	$(2.87×10^{-1})-$	$(2.55×10^{-1})+$	$(1.91×10^{-1})+$	$(7.60×10^{-1})-$	$2.53×10^{-1}$
F17	$4.92×10^{-1}$	$1.06×10^0$	$4.90×10^{-1}$	$1.15×10^{-1}$	$7.57×10^0$	$7.78×10^{-1}$
	$(3.14×10^{-1})+$	$(4.65×10^{-1})-$	$(4.93×10^{-1})+$	$(2.18×10^{-1})+$	$(2.81×10^0)-$	$6.04×10^{-1}$
F18	$4.19×10^{-1}$	$5.49×10^{-2}$	$7.18×10^{-1}$	$7.01×10^{-2}$	$2.70×10^0$	$1.38×10^{-1}$
	$(4.83×10^{-1})-$	$(8.96×10^{-2})≈$	$(7.06×10^{-1})-$	$(1.76×10^{-1})+$	$(1.38×10^0)-$	$1.71×10^{-1}$
F19	$4.60×10^{-2}$	$2.76×10^{-2}$	$2.97×10^{-3}$	$1.79×10^{-3}$	$5.74×10^{-1}$	$6.70×10^{-2}$
	$(1.97×10^{-2})≈$	$(1.94×10^{-2})+$	$(7.36×10^{-3})+$	$(5.35×10^{-3})+$	$(1.82×10^{-1})-$	$7.05×10^{-2}$
F20	$1.22×10^{-2}$	$6.12×10^{-3}$	$0.00×10^0$	$6.12×10^{-3}$	$1.02×10^0$	$3.06×10^{-2}$
	$(6.12×10^{-2})-$	$(4.37×10^{-2})+$	$(0.00×10^0)+$	$(4.37×10^{-2})+$	$(7.08×10^{-1})-$	$9.38×10^{-2}$
F21	$1.63×10^2$	$1.21×10^2$	$1.39×10^2$	$1.55×10^2$	$1.17×10^2$	$1.60×10^2$
	$(4.87×10^1)≈$	$(4.36×10^1)≈$	$(5.14×10^1)≈$	$(5.46×10^1)≈$	$(3.96×10^1)≈$	$5.26×10^1$

（续表）

函数	JADE	jDE	SaDE	CoDE	MPEDE	IMPEDE
F22	$9.91×10^1$	$9.88×10^1$	$9.83×10^1$	$8.32×10^1$	$9.02×10^1$	$8.85×10^1$
	$(6.7×10^0)-$	$(8.44×10^0)-$	$(1.24×10^1)-$	$(3.77×10^1)+$	$(3.00×10^1)-$	$3.19×10^1$
F23	$3.05×10^2$	$3.07×10^2$	$3.04×10^2$	$3.05×10^2$	$3.06×10^2$	$3.04×10^2$
	$(1.32×10^0)-$	$(1.49×10^0)-$	$(2.46×10^0)≈$	$(2.26×10^0)≈$	$(1.90×10^0)-$	$2.13×10^0$
F24	$2.97×10^2$	$2.13×10^2$	$2.41×10^2$	$3.03×10^2$	$2.47×10^2$	$2.87×10^2$
	$(7.75×10^1)≈$	$(1.21×10^2)≈$	$(1.14×10^2)+$	$(8.18×10^1)-$	$(1.14×10^2)≈$	$9.35×10^1$
F25	$4.17×10^2$	$4.08×10^2$	$4.14×10^2$	$4.05×10^2$	$4.05×10^2$	$4.09×10^2$
	$(2.29×10^1)≈$	$(1.90×10^1)≈$	$(2.16×10^1)-$	$(1.71×10^1)≈$	$(1.67×10^1)≈$	$1.99×10^1$
F26	$3.00×10^2$	$3.00×10^2$	$3.00×10^2$	$3.00×10^2$	$3.00×10^2$	$3.00×10^2$
	$(0.00×10^0)≈$	$(0.00×10^0)≈$	$(0.00×10^0)≈$	$(0.00×10^0)≈$	$(1.79×10^{-8})-$	$0.00×10^0$
F27	$3.89×10^2$	$3.90×10^2$	$3.94×10^2$	$3.89×10^2$	$3.89×10^2$	$3.89×10^2$
	$(5.85×10^{-1})-$	$(1.53×10^0)≈$	$(1.66×10^0)-$	$(1.49×10^0)-$	$(2.43×10^{-1})-$	$2.02×10^{-1}$
F28	$3.84×10^2$	$3.46×10^2$	$3.17×10^2$	$3.11×10^2$	$3.12×10^2$	$3.72×10^2$
	$(1.32×10^2)≈$	$(1.08×10^2)≈$	$(6.74×10^1)+$	$(5.56×10^1)+$	$(6.11×10^1)+$	$1.31×10^2$
F29	$2.43×10^2$	$2.54×10^2$	$2.42×10^2$	$2.31×10^2$	$2.50×10^2$	$2.38×10^2$
	$(5.58×10^0)-$	$(6.13×10^0)-$	$(7.87×10^0)-$	$(2.57×10^0)+$	$(5.07×10^0)-$	$4.33×10^0$
F30	$2.00E×10^4$	$4.28×10^2$	$8.70×10^2$	$4.01×10^2$	$3.95×10^2$	$3.24×10^4$
	$(1.16×10^5)≈$	$(4.54×10^1)+$	$(1.19×10^3)+$	$(1.67×10^1)+$	$(8.72×10^{-1})+$	$1.60×10^5$
+/-/≈	1/13/16	3/15/12	7/11/12	9/7/14	3/20/7	

在 50 维的情况下，从表 3-7 可以看出，当维数增加时，获得最优解非常困难，IMPEDE 能够在 F1 测试函数上得到最优解。表 3-8 给出了在 50 维测试函数上 DE 算法的比较结果。对于单峰函数，IMPEDE 和 MPEDE 拥有最佳性能。IMPEDE 在测试函数（F2）上优于 MPEDE，而在测试函数（F3）上劣于 MPEDE。与 JADE、jDE、SaDE 和 CoDE 相比，IMPEDE 分别在 2 个测试函数（F2～F3）、3 个测试函数（F1～F3）、3 个测试函数（F1～F3）和 2 个测试函数（F1～F2）上展现最好结果。对于多峰函数，JADE 和 MPEDE 显示最佳性能。IMPEDE 也非常具有竞争力，分别在 2 个测试函数（F8～F9）上优于 JADE，在 2 个测试函数（F7、F9）上好于 MPEDE。此外，IMPEDE 分别在 2 个测试函数（F5、F7）上与 MPEDE 相当，在 2 个测试函数（F5、F8）上与 MPEDE 相当。jDE、SaDE 和 CoDE 分别在 3 个测

试函数（F5、F7～F8）、7 个测试函数（F4～F10）和 4 个测试函数（F5、F7～F9）上比 IMPEDE 差。对于混合函数，IMPEDE 的整体性能优于所比较的 DE 算法。实际上，IMPEDE 在 8 个测试函数（F11～F15、F17～F19）上优于 JADE，在 8 个测试函数（F12～F18、F20）上优于 jDE，在 7 个测试函数（F11～F15、F18～F19）上优于 SaDE，在 8 个测试函数（F12～F18、F20）上优于 CoDE，在 7 个测试函数（F11～F15、F18～F19）上优于 MPEDE。相比之下，IMPEDE 分别在 2 个测试函数（F11、F19）上劣于 jDE，在一个测试函数（F20）上劣于 SaDE，在 2 个测试函数（F11、F19）上劣于 CoDE。对于组合功能，IMPEDE 展现出最佳性能。事实上，IMPEDE 在 5 个测试函数（F22、F24～F25、F28～F29）上优于 JADE，在 8 个测试函数（F21～F26、F28～F29）上优于 jDE，在 9 个测试函数（F21、F23～F30）上优于 SaDE，在 7 个测试函数（F21～F26、F29）上优于 CoDE，在 3 个测试函数（F25、F28～F29）上优于 MPEDE。

表 3-7　IMPEDE 在 50 维 CEC2017 系列测试函数上独立运行 51 次统计结果

函数	Best	Worst	Median	Mean	Std
F1	0.00×10^0	0.00×10^0	0.00×10^0	0.00×10^0	0.00×10^0
F2	0.00×10^0	6.00×10^0	0.00×10^0	6.08×10^{-1}	1.08×10^0
F3	0.00×10^0	2.22×10^{-1}	0.00×10^0	4.73×10^{-3}	3.11×10^{-2}
F4	0.00×10^0	1.44×10^2	6.68×10^1	6.59×10^1	4.60×10^1
F5	2.49×10^1	8.06×10^1	4.97×10^1	5.20×10^1	1.32×10^1
F6	2.23×10^{-6}	1.20×10^{-2}	3.64×10^{-5}	8.47×10^{-4}	2.23×10^{-3}
F7	8.00×10^1	1.31×10^2	1.03×10^2	1.03×10^2	1.24×10^1
F8	2.29×10^1	9.25×10^1	4.88×10^1	5.15×10^1	1.33×10^1
F9	0.00×10^0	1.36×10^0	8.95×10^{-2}	3.36×10^{-1}	4.12×10^{-1}
F10	3.71×10^3	6.48×10^3	5.37×10^3	5.32×10^3	6.50×10^2
F11	4.97×10^1	1.17×10^2	7.90×10^1	7.99×10^1	1.58×10^1
F12	1.11×10^3	9.33×10^3	2.32×10^3	3.00×10^3	1.83×10^3
F13	8.95×10^0	2.04×10^2	6.75×10^1	7.43×10^1	3.79×10^1
F14	2.86×10^1	8.10×10^1	4.62×10^1	4.75×10^1	9.72×10^0
F15	1.43×10^1	8.57×10^1	4.70×10^1	4.84×10^1	1.52×10^1
F16	1.42×10^2	1.57×10^3	8.04×10^2	7.94×10^2	3.27×10^2
F17	8.23×10^1	8.04×10^2	4.98×10^2	5.10×10^2	1.69×10^2
F18	2.91×10^1	1.88×10^2	4.16×10^1	5.35×10^1	3.18×10^1
F19	1.68×10^1	7.26×10^1	3.45×10^1	3.54×10^1	1.15×10^1
F20	4.07×10^1	7.10×10^2	4.11×10^2	4.18×10^2	1.73×10^2

（续表）

函数	Best	Worst	Median	Mean	Std
F21	$2.25×10^2$	$2.72×10^2$	$2.51×10^2$	$2.51×10^2$	$1.10×10^1$
F22	$1.00×10^2$	$7.07×10^3$	$1.00×10^2$	$2.35×10^3$	$2.86×10^3$
F23	$4.56×10^2$	$5.21×10^2$	$4.74×10^2$	$4.77×10^2$	$1.34×10^1$
F24	$5.10×10^2$	$5.76×10^2$	$5.34×10^2$	$5.36×10^2$	$1.33×10^1$
F25	$4.61×10^2$	$5.65×10^2$	$4.92×10^2$	$5.05×10^2$	$2.97×10^1$
F26	$1.25×10^3$	$1.91×10^3$	$1.55×10^3$	$1.58×10^3$	$1.55×10^2$
F27	$5.20×10^2$	$6.33×10^2$	$5.42×10^2$	$5.53×10^2$	$2.95×10^1$
F28	$4.59×10^2$	$5.08×10^2$	$4.99×10^2$	$4.83×10^2$	$2.44×10^1$
F29	$2.99×10^2$	$7.19×10^2$	$3.58×10^2$	$3.95×10^2$	$9.99×10^1$
F30	$5.79×10^5$	$9.60×10^5$	$6.86×10^5$	$6.94×10^5$	$8.54×10^4$

表 3-8　50 维 CEC2017 系列测试函数比较结果

函数	JADE	jDE	SaDE	CoDE	MPEDE	IMPEDE
F1	$0.00×10^0$	$3.58×10^{-8}$	$2.79×10^3$	$7.78×10^1$	$0.00×10^0$	$0.00×10^0$
	$(0.00×10^0)≈$	$(9.11×10^{-8})−$	$(2.95×10^3)−$	$(1.63×10^2)−$	$(0.00×10^0)≈$	$(0.00×10^0)$
F2	$2.30×10^{14}$	$8.80×10^{10}$	$1.02×10^2$	$2.22×10^2$	$3.63×10^8$	$6.08×10^{-1}$
	$(1.60×10^{15})−$	$(6.27×10^{11})−$	$(4.22×10^1)−$	$(7.08×10^2)−$	$(1.70×10^9)−$	$(1.08×10^0)$
F3	$2.73×10^4$	$8.75×10^0$	$1.46×10^2$	$1.12×10^{-9}$	$3.93×10^{-4}$	$4.73×10^{-3}$
	$(4.37×10^4)−$	$(5.49×10^1)−$	$(2.71×10^2)−$	$(4.69×10^{-9})≈$	$(1.25×10^{-3})+$	$(3.11×10^{-2})$
F4	$4.03×10^1$	$6.08×10^1$	$9.90×10^1$	$4.60×10^1$	$4.30×10^1$	$6.59×10^1$
	$(4.63×10^1)+$	$(4.71×10^1)≈$	$(4.25×10^1)−$	$(4.32×10^1)+$	$(4.74×10^1)+$	$(4.60×10^1)$
F5	$5.46×10^1$	$9.48×10^1$	$9.50×10^1$	$7.81×10^1$	$5.60×10^1$	$5.20×10^1$
	$(8.73×10^0)≈$	$(1.20×10^1)−$	$(1.51×10^1)−$	$(2.01×10^1)−$	$(1.23×10^1)≈$	$(1.32×10^1)$
F6	$0.00×10^0$	$0.00×10^0$	$6.18×10^{-3}$	$3.48×10^{-7}$	$8.01×10^{-4}$	$8.47×10^{-4}$
	$(0.00×10^0)+$	$(0.00×10^0)+$	$(1.60×10^{-2})−$	$(2.43×10^{-6})+$	$(2.33×10^{-3})+$	$(2.23×10^{-3})$
F7	$1.01×10^2$	$1.49×10^2$	$1.45×10^2$	$1.32×10^2$	$1.10×10^2$	$1.03×10^2$
	$(7.04×10^0)≈$	$(1.05×10^1)−$	$(1.77×10^1)−$	$(1.94×10^1)−$	$(1.08×10^1)−$	$(1.24×10^1)$
F8	$5.40×10^1$	$9.49×10^1$	$9.60×10^1$	$8.37×10^1$	$5.30×10^1$	$5.15×10^1$
	$(7.74×10^0)−$	$(1.05×10^1)−$	$(2.01×10^1)−$	$(2.15×10^1)−$	$(1.21×10^1)≈$	$(1.33×10^1)$
F9	$9.61×10^{-1}$	$5.14×10^{-2}$	$5.53×10^1$	$1.05×10^1$	$8.78×10^{-1}$	$3.36×10^{-1}$
	$(1.16×10^0)−$	$(1.32×10^{-1})+$	$(8.19×10^1)−$	$(1.43×10^1)−$	$(8.18×10^{-1})−$	$(4.12×10^{-1})$
F10	$3.71×10^3$	$5.17×10^3$	$6.36×10^3$	$4.21×10^3$	$4.94×10^3$	$5.32×10^3$
	$(3.48×10^2)+$	$(3.56×10^2)≈$	$(1.41×10^3)−$	$(7.32×10^2)+$	$(8.14×10^2)+$	$(6.50×10^2)$
F11	$1.31×10^2$	$5.44×10^1$	$1.14×10^2$	$5.61×10^1$	$9.69×10^1$	$7.99×10^1$
	$(3.72×10^1)−$	$(1.70×10^1)+$	$(2.88×10^1)−$	$(1.76×10^1)+$	$(2.21×10^1)−$	$(1.58×10^1)$

（续表）

函数	JADE	jDE	SaDE	CoDE	MPEDE	IMPEDE
F12	5.19×10^3	4.51×10^4	1.19×10^5	3.67×10^4	8.78×10^3	3.00×10^3
	$(3.26\times10^3)-$	$(3.64\times10^4)-$	$(7.56\times10^4)-$	$(2.29\times10^4)-$	$(7.55\times10^3)-$	(1.83×10^3)
F13	2.80×10^2	1.59×10^3	1.54×10^3	3.04×10^3	9.16×10^1	7.43×10^1
	$(2.13\times10^2)-$	$(1.88\times10^3)-$	$(1.48\times10^3)-$	$(4.16\times10^3)-$	$(3.64\times10^1)-$	(3.79×10^1)
F14	1.46×10^4	6.15×10^1	2.18×10^3	5.82×10^1	6.26×10^1	4.75×10^1
	$(4.28\times10^4)-$	$(2.06\times10^1)-$	$(3.15\times10^3)-$	$(1.67\times10^1)-$	$(1.70\times10^1)-$	(9.72×10^0)
F15	3.23×10^2	8.53×10^1	3.38×10^3	1.67×10^2	7.42×10^1	4.84×10^1
	$(1.42\times10^2)-$	$(9.81\times10^1)-$	$(2.70\times10^3)-$	$(2.72\times10^2)-$	$(3.24\times10^1)-$	(1.52×10^1)
F16	8.25×10^2	9.37×10^2	8.20×10^2	1.04×10^3	8.22×10^2	7.94×10^2
	$(1.67\times10^2)\approx$	$(1.97\times10^2)-$	$(2.24\times10^2)\approx$	$(2.84\times10^2)-$	$(3.38\times10^2)\approx$	(3.27×10^2)
F17	6.07×10^2	7.11×10^2	4.88×10^2	7.53×10^2	5.87×10^2	5.10×10^2
	$(1.54\times10^2)-$	$(1.36\times10^2)-$	$(1.71\times10^2)\approx$	$(2.48\times10^2)-$	$(1.70\times10^2)\approx$	(1.69×10^2)
F18	2.41×10^4	2.12×103	3.52×10^4	3.66×103	1.14×10^2	5.35×10^1
	$(1.71\times10^5)-$	$(2.30\times103)-$	$(2.61\times10^4)-$	$(4.88\times103)-$	$(9.61\times10^1)-$	(3.18×10^1)
F19	6.15×10^2	3.12×10^1	1.47×10^4	3.13×10^1	4.63×10^1	3.54×10^1
	$(2.03\times10^3)-$	$(1.38\times10^1)+$	$(5.68\times10^3)-$	$(2.00\times10^1)+$	$(2.40\times10^1)-$	(1.15×10^1)
F20	4.75×10^2	5.68×10^2	3.57×10^2	5.28×10^2	3.66×10^2	4.18×10^2
	$(1.31\times10^2)\approx$	$(1.06\times10^2)-$	$(1.31\times10^2)+$	$(2.09\times10^2)-$	$(1.76\times10^2)\approx$	(1.73×10^2)
F21	2.52×10^2	2.94×10^2	2.84×10^2	2.75×10^2	2.51×10^2	2.51×10^2
	$(8.89\times10^0)\approx$	$(1.01\times10^1)-$	$(1.85\times10^1)-$	$(1.48\times10^1)-$	$(1.22\times10^1)\approx$	(1.10×10^1)
F22	3.42×10^3	4.43×10^3	3.89×10^3	4.92×10^3	3.03×10^3	2.35×10^3
	$(1.76\times10^3)-$	$(2.45\times10^3)-$	$(3.21\times10^3)\approx$	$(8.53\times10^2)-$	$(2.73\times10^3)\approx$	(2.86×10^3)
F23	4.80×10^2	5.14×10^2	5.20×10^2	5.06×10^2	4.81×10^2	4.77×10^2
	$(1.08\times10^1)\approx$	$(1.34\times10^1)-$	$(2.22\times10^1)-$	$(1.61\times10^1)-$	$(1.38\times10^1)\approx$	(1.34×10^1)
F24	5.40×10^2	5.77×10^2	5.92×10^2	5.73×10^2	5.40×10^2	5.36×10^2
	$(9.74\times100)-$	$(1.05\times10^1)-$	$(2.55\times10^1)-$	$(1.76\times10^1)-$	$(1.29\times10^1)\approx$	(1.33×10^1)
F25	5.23×10^2	5.21×10^2	5.51×10^2	5.25×10^2	5.22×10^2	5.05×10^2
	$(3.18\times10^1)-$	$(4.03\times10^1)-$	$(3.81\times10^1)-$	$(3.41\times10^1)-$	$(3.73\times10^1)-$	(2.97×10^1)
F26	1.62×10^3	1.97×10^3	2.55×10^3	1.97×10^3	1.61×10^3	1.58×10^3
	$(1.12\times10^2)\approx$	$(1.22\times10^2)-$	$(2.82\times10^2)-$	$(1.91\times10^2)-$	$(1.60\times10^2)\approx$	(1.55×10^2)
F27	5.56×10^2	5.35×10^2	7.24×10^2	5.50×10^2	5.45×10^2	5.53×10^2
	$(3.15\times10^1)\approx$	$(1.79\times10^1)+$	$(6.10\times10^1)-$	$(2.75\times10^1)\approx$	$(2.50\times10^1)\approx$	(2.95×10^1)
F28	4.91×10^2	4.85×10^2	5.04×10^2	4.86×10^2	4.89×10^2	4.83×10^2
	$(2.22\times10^1)-$	$(2.34\times10^1)-$	$(1.74\times10^1)-$	$(2.23\times10^1)\approx$	$(2.40\times10^1)-$	(2.44×10^1)

（续表）

函数	JADE	jDE	SaDE	CoDE	MPEDE	IMPEDE
F29	$4.72×10^2$	$5.13×10^2$	$5.15×10^2$	$5.30×10^2$	$4.40×10^2$	$3.95×10^2$
	$(7.24×10^1)-$	$(6.56×10^1)-$	$(1.24×102)-$	$(1.63×102)-$	$(1.14×102)-$	$(9.99×10^1)$
F30	$6.66×10^5$	$5.99×10^5$	$8.01×10^5$	$5.95×10^5$	$6.68×10^5$	$6.94×10^5$
	$(9.74×10^4)+$	$(2.80×10^4)+$	$(9.27×10^4)-$	$(2.06×10^4)+$	$(7.79×10^4)≈$	$(8.54×10^4)$
+/−/≈	4/17/9	6/22/2	1/26/3	6/21/3	4/13/13	

总之，表 3-8 中 Wilcoxon 秩和检验的最后一行结果表明，IMPEDE 分别在 F17、F22、F26、F21 和 13 个函数上优于 JADE、jDE、SaDE、CoDE 和 MPEDE，分别在 F4、F6、F1、F6 和 4 个函数不如 JADE、jDE、SaDE、CoDE 和 MPEDE，而 6 种函数分别在 F9、F2、F3 和 F13 4 个函数上类似。当测试函数中的决策变量数量增加到 50 时，IMPEDE 对其他比较算法的优越性更加明显。值得注意的是，IMPEDE 的整体性能在实验中是最好的。

下面分析参数 NP（种群规模）对 IMPEDE 性能的影响，分别尝试了不同的 NP 值来研究 IMPEDE 的性能对这个参数敏感性。在 IEEE CEC2017 提供的 10 维和 50 维的 30 个测试函数中比较了 IMPEDE 和其他不同参数值的 IMPEDE，并且函数误差值的平均值用于判断结果的好坏。"−""+"和"≈"分别表示其他不同参数值的 IMPEDE 性能比默认的 IMPEDE 更差、更好和相似。参数 NP 的影响分析结果见表 3-9 和表 3-10。

根据表 3-9 和表 3-10 中参数 NP 的分析结果，可以发现参数 NP 对 IMPEDE 的性能影响很大。表 3-9 显示 NP = 125 的 IMPEDE 获得总体最佳性能。在 10 维函数中，默认 IMPEDE 中 NP = 125，可知优于 NP = 50、NP = 100、NP = 200 和 NP = 250 时的性能。随着维度增加到 50 维，表 3-10 显示 NP = 400 的 IMPEDE 获得总体最佳性能。在 50 维函数中，默认 IMPEDE 的 NP = 400，可知优于 NP = 50、NP = 100、NP = 200 和 NP = 250 时的性能。

表 3-9　IMPEDE 在 10 维函数上不同种群规模的计算结果

函数	NP=50	NP=100	NP=200	NP=250	NP=125(标准)
F1	$(0.00×10^0)≈$	$(0.00×10^0)≈$	$(0.00×10^0)≈$	$(0.00×10^0)≈$	$0.00×10^0$
F2	$(0.00×10^0)≈$	$(0.00×10^0)≈$	$(0.00×10^0)≈$	$(0.00×10^0)≈$	$0.00×10^0$
F3	$(0.00×10^0)≈$	$(0.00×10^0)≈$	$(0.00×10^0)≈$	$(0.00×10^0)≈$	$0.00×10^0$

（续表）

函数	NP=50	NP=100	NP=200	NP=250	NP=125(标准)
F4	$(0.00×10^0)≈$	$(0.00×10^0)≈$	$(0.00×10^0)≈$	$(0.00×10^0)≈$	$0.00×10^0$
F5	$(5.91×10^0)-$	$(3.29×10^0)-$	$(4.39×10^0)-$	$(5.37×10^0)-$	$2.88×10^0$
F6	$(2.79×10^{-8})-$	$(0.00×10^0)≈$	$(8.41×10^{-7})-$	$(2.35×10^{-5})-$	$0.00×10^0$
F7	$(1.55×10^1)-$	$(1.31×10^1)+$	$(1.61×10^1)-$	$(1.66×10^1)-$	$1.33×10^1$
F8	$(5.89×10^0)-$	$(3.75×10^0)-$	$(4.20×10^0)-$	$(5.57×10^0)-$	$3.34×10^0$
F9	$(0.00×10^0)≈$	$(0.00×10^0)≈$	$(0.00×10^0)≈$	$(0.00×10^0)≈$	$0.00×10^0$
F10	$(2.01×10^2)-$	$(7.40×10^1)-$	$(1.50×10^2)-$	$(2.17×10^2)-$	$7.20×10^1$
F11	$(1.29×10^0)-$	$(1.56×10^{-1})-$	$(5.91×10^{-1})-$	$(1.96×10^0)-$	$3.90×10^{-2}$
F12	$(1.51×10^2)-$	$(1.53×10^1)-$	$(4.45×10^0)+$	$(1.20×10^1)+$	$1.50×10^1$
F13	$(3.60×10^0)-$	$(2.11×10^0)-$	$(3.90×10^0)-$	$(5.36×10^0)-$	$1.89×10^0$
F14	$(2.81×10^0)-$	$(2.17×10^{-1})-$	$(3.26×10^0)-$	$(5.93×10^0)-$	$1.82×10^1$
F15	$(3.10×10^{-1})-$	$(8.35×10^{-2})+$	$(1.93×10^1)-$	$(6.08×10^{-1})-$	$9.19×10^{-2}$
F16	$(1.21×10^1)-$	$(5.07×10^{-1})+$	$(1.65×10^0)-$	$(2.58×10^0)-$	$6.18×10^{-1}$
F17	$(2.35×10^0)-$	$(3.75×10^{-1})+$	$(5.45×10)-$	$(9.99×10^0)-$	$7.78×10^{-1}$
F18	$(3.72×10^0)-$	$(2.19×10^{-1})-$	$(3.88×10^{-1})-$	$(2.39×10^0)-$	$1.38×10^{-1}$
F19	$(8.76×10^{-2})-$	$(2.42×10^{-2}(+$	$(5.45×10^{-1})-$	$(9.58×10^{-1})-$	$6.70×10^{-2}$
F20	$(6.78×10^{-1})-$	$(2.45×10^{-2}(+$	$(8.89×10^{-1})-$	$(4.16×10^0)-$	$3.06×10^{-2}$
F21	$(1.86×10^2)-$	$(1.64×10^2)-$	$(1.35×10^2)+$	$(1.33×10^2)+$	$1.60×10^2$
F22	$(9.85×10^1)-$	$(9.61×10^1)-$	$(9.02×10^1)-$	$(9.61×10^1)-$	$8.85×10^1$
F23	$(3.07×10^2)-$	$(3.05×10^2)-$	$(3.05×10^2)-$	$(3.00×10^2)+$	$3.04×10^2$
F24	$(3.19×10^2)-$	$(3.16×10^2)-$	$(3.00×10^2)+$	$(2.80×10^2)+$	$2.87×10^2$
F25	$(4.21×10^2)-$	$(4.18×10^2)-$	$(4.03×10^2)+$	$(4.05×10^2)+$	$4.09×10^2$
F26	$(3.19×10^2)-$	$(3.00×10^2)≈$	$(3.00×10^2)≈$	$(3.00×10^2)≈$	$3.00×10^2$
F27	$(3.90×10^2)≈$	$(3.89×10^2)≈$	$(3.89×10^2)≈$	$(3.89×10^2)≈$	$3.89×10^2$
F28	$(4.18×10^2)-$	$(3.97×10^2)-$	$(3.27×10^2)+$	$(3.18×10^2)+$	$3.72×10^2$
F29	$(2.41×10^2)-$	$(2.37×10^2)+$	$(2.46×10^2)-$	$(2.47×10^2)-$	$2.38×10^2$
F30	$(1.46×10^5)-$	$(1.64×10^4)+$	$(3.95×10^2)+$	$(3.95×10^2)+$	$3.24×10^4$
+/−/≈	0/25/5	8/14/8	5/18/7	7/16/7	

表 3-10　IMPEDE 在 50 维函数上不同种群规模的计算结果

函数	NP=50	NP=100	NP=200	NP=250	NP=400(标准)
F1	$(0.00\times10^0)\approx$	$(0.00\times10^0)\approx$	$(0.00\times10^0)\approx$	$(0.00\times10^0)\approx$	0.00×10^0
F2	$(2.55\times10^{29})-$	$(5.03\times10^{21})-$	$(3.04\times10^6)-$	$(3.24\times10^{10})-$	6.08×10^{-1}
F3	$(4.35\times10^{-7})+$	$(4.67\times10^{-4})+$	$(1.08\times10^{-3})+$	$(2.63\times10^{-3})+$	4.73×10^{-3}
F4	$(5.26\times10^1)+$	$(4.05\times10^1)+$	$(6.10\times10^1)+$	$(4.84\times10^1)+$	6.59×10^1
F5	$(1.09\times10^2)-$	$(7.18\times10^1)-$	$(5.36\times10^1)-$	$(5.72\times10^1)-$	5.20×10^1
F6	$(1.43\times10^0)-$	$(1.46\times10^{-1})-$	$(1.09\times10^{-2})-$	$(6.82\times10^{-3})-$	8.47×10^{-4}
F7	$(2.08\times10^2)-$	$(1.41\times10^2)-$	$(1.16\times10^2)-$	$(1.09\times10^2)-$	1.03×10^2
F8	$(1.06\times10^2)-$	$(7.12\times10^1)-$	$(5.91\times10^1)-$	$(5.59\times10^1)-$	5.15×10^1
F9	$(4.88\times10^2)-$	$(3.63\times10^1)-$	$(3.93\times10^0)-$	$(2.06\times10^0)-$	3.36×10^{-1}
F10	$(4.95\times10^3)+$	$(4.57\times10^3)+$	$(4.10\times10^3)+$	$(4.31\times10^3)+$	5.32×10^3
F11	$(2.08\times10^2)-$	$(1.58\times10^2)-$	$(1.17\times10^2)-$	$(1.09\times10^2)-$	7.99×10^1
F12	$(9.01\times10^3)-$	$(9.86\times10^3)-$	$(1.14\times10^4)-$	$(1.11\times10^4)-$	3.00×10^3
F13	$(9.27\times10^2)-$	$(3.22\times10^2)-$	$(1.29\times10^2)-$	$(9.60\times10^1)-$	7.43×10^1
F14	$(2.77\times10^2)-$	$(1.69\times10^2)-$	$(7.67\times10^1)-$	$(6.31\times10^1)-$	4.75×10^1
F15	$(5.39\times10^2)-$	$(2.93\times10^2)-$	$(1.11\times10^2)-$	$(7.69\times10^1)-$	4.84×10^1
F16	$(1.21\times10^3)-$	$(1.05\times10^3)-$	$(9.37\times10^2)-$	$(8.81\times10^2)-$	7.94×10^2
F17	$(1.00\times10^3)-$	$(7.32\times10^2)\approx$	$(5.82\times10^2)\approx$	$(5.57\times10^2)-$	5.10×10^2
F18	$(1.03\times10^3)-$	$(2.33\times10^2)-$	$(1.81\times10^2)-$	$(1.37\times10^2)-$	5.35×10^1
F19	$(1.68\times10^2)-$	$(1.41\times10^2)-$	$(8.41\times10^1)-$	$(5.57\times10^1)-$	3.54×10^1
F20	$(7.57\times10^2)-$	$(5.29\times10^2)-$	$(4.44\times10^2)-$	$(3.77\times10^2)+$	4.18×10^2
F21	$(2.91\times10^2)-$	$(2.64\times10^2)-$	$(2.60\times10^2)-$	$(2.54\times10^2)-$	2.51×10^2
F22	$(5.16\times10^3)-$	$(4.45\times10^3)-$	$(3.45\times10^3)-$	$(3.95\times10^3)-$	2.35×10^3
F23	$(5.40\times10^2)-$	$(5.02\times10^2)-$	$(4.86\times10^2)-$	$(4.83\times10^2)-$	4.77×10^2
F24	$(5.90\times10^2)-$	$(5.62\times10^2)-$	$(5.44\times10^2)-$	$(5.41\times10^2)-$	5.36×10^2
F25	$(5.35\times10^2)-$	$(5.26\times10^2)-$	$(5.15\times10^2)-$	$(5.09\times10^2)-$	5.05×10^2
F26	$(2.36\times10^3)-$	$(1.85\times10^3)-$	$(1.65\times10^3)-$	$(1.61\times10^3)-$	1.58×10^3
F27	$(6.94\times10^2)-$	$(6.15\times10^2)-$	$(5.64\times10^2)-$	$(5.51\times10^2)+$	5.53×10^2
F28	$(4.86\times10^2)-$	$(4.93\times10^2)-$	$(4.89\times10^2)-$	$(4.83\times10^2)\approx$	4.83×10^2
F29	$(1.17\times10^3)-$	$(8.08\times10^2)-$	$(5.47\times10^2)-$	$(4.52\times10^2)-$	3.95×10^2
F30	$(7.73\times10^5)-$	$(7.72\times10^5)-$	$(7.40\times10^5)-$	$(7.19\times10^5)-$	6.94×10^5
+/−/≈	3/26/1	3/26/1	3/26/1	5/23/2	

| 3.5 讨论 |

本节在来自 IEEE CEC2017 的 10 维测试函数（F1~F10）上进行附加实验。对于所有的实验执行 51 次运行，并且将最大函数评估次数（FES）设置为 100 000。对于这些表中的每个函数，"–""+"和"≈"分别表示相应方法的性能分别比 IMPEDE 更差、更好和相似。

表 3-11 呈现了每个测试函数平均函数评估的对照结果。IMPEDE 优于 JADE、jDE、CoDE 和 MPEDE，但劣于 SaDE。此外，每个测试函数的每种算法的平均计算时间见表 3-12，JADE 和 jDE 显示最短的平均计算时间，但是 IMPEDE 也具有竞争力。IMPEDE 优于 SaDE、CoDE 和 MPEDE。然而，为了进一步测试 IMPEDE 的性能，给定的函数评估中可以解决问题的百分比更值得被关注，因此使用数据配置文件（Data Profiles）[45]来分析此问题，问题的百分比描述如式（3-19）所示。

$$d_s(\alpha) = \frac{1}{|P|}\text{size}\{p \in P; t_{p,s} \leqslant \alpha\} \tag{3-19}$$

其中，$d_s(\alpha)$是求解算法 s 在 α 函数评估值下可以求解问题的百分比，而$|P|$表示测试问题集合 P 的基数，$t_{p,s}$是算法 s 在问题 p 上寻求最优值所需的函数评估次数，$\text{size}\{\}$表示求集合元素的个数。在图 3-19 中，X 轴代表函数评估次数（FES），Y 轴代表问题百分比。随着 FES 的增加，IMPEDE 显示出强大的可扩展性。图 3-19 显示 IMPEDE 展现出比 JADE、jDE、SaDE、CoDE 和 MPEDE 更好的性能。总体而言，IMPEDE 在平均函数评估、平均计算时间和问题的百分比方面显示出更好的性能。

表 3-11 在 10 个 Benchmark 函数上的平均函数评估结果

函数	JADE	jDE	SaDE	CoDE	MPEDE	IMPEDE
F1	$(3.69\times10^4)+$	$(7.39\times10^4)-$	$(3.03\times10^4)+$	$(4.17\times10^4)-$	$(9.12\times10^4)-$	4.15×10^4
F2	$(1.59\times10^4)-$	$(2.30\times10^4)-$	$(9.14\times10^5)+$	$(1.25\times10^4)+$	$(3.26\times10^4)-$	1.42×10^4
F3	$(2.72\times10^4)+$	$(5.88\times10^4)-$	$(2.29\times10^4)+$	$(3.45\times10^4)-$	$(7.10\times10^4)-$	3.25×10^4
F4	$(3.68\times10^4)+$	$(1.00\times10^5)-$	$(1.00\times10^5)-$	$(4.57\times10^4)-$	$(9.47\times10^4)-$	3.87×10^4
F5	$(1.00\times10^5)-$	$(1.00\times10^5)-$	$(1.00\times10^5)-$	$(1.00\times10^5)-$	$(1.00\times10^5)-$	9.99×10^4
F6	$(7.02\times10^4)-$	$(4.75\times10^4)+$	$(2.57\times10^4)+$	$(4.95\times10^4)+$	$(1.00\times10^5)-$	6.96×10^4

（续表）

函数	JADE	jDE	SaDE	CoDE	MPEDE	IMPEDE
F7	$(1.00\times10^5)\approx$	$(1.00\times10^5)\approx$	$(1.00\times10^5)\approx$	$(1.00\times10^5)\approx$	$(1.00\times10^5)\approx$	1.00×10^5
F8	$(1.00\times10^5)\approx$	$(1.00\times10^5)\approx$	$(9.94\times10^4)+$	$(1.00\times10^5)\approx$	$(1.00\times10^5)\approx$	1.00×10^5
F9	$(3.26\times10^4)-$	$(3.49\times10^4)-$	$(1.39\times10^4)+$	$(2.90\times10^4)+$	$(6.93\times10^4)-$	3.01×10^4
F10	$(1.00\times10^5)\approx$	$(1.00\times10^5)\approx$	$(1.00\times10^5)\approx$	$(1.00\times10^5)\approx$	$(1.00\times10^5)\approx$	1.00×10^5
+/–/≈	3/4/3	1/6/3	6/2/2	3/4/3	0/7/3	—

表 3-12 在 10 个 Benchmark 函数上的平均计算时间结果

函数	JADE	jDE	SaDE	CoDE	MPEDE	IMPEDE
F1	$(1.47\times10^{-1})+$	$(2.91\times10^{-1})-$	$(2.03\times10^{0})-$	$(8.73\times10^{-1})-$	$3.36\times10^{-1})-$	2.67×10^{-1}
F2	$(7.23\times10^{-1})+$	$(9.40\times10^{-2})+$	$(5.94\times10^{-1})-$	$(3.06\times10^{-1})-$	$(1.40\times10^{-1})-$	9.57×10^{-2}
F3	$(1.07\times10^{-1})+$	$(2.33\times10^{-1})-$	$(1.59\times10^{0})-$	$(7.22\times10^{-1})-$	$(2.69\times10^{-1})-$	2.04×10^{-1}
F4	$(1.47\times10^{-1})+$	$(3.62\times10^{-1})-$	$6.98\times10^{0})-$	$(9.55\times10^{-1})-$	$(3.56\times10^{-1})-$	2.35×10^{-1}
F5	$(4.30\times10^{-1})+$	$(4.35\times10^{-1})-$	$(6.96\times10^{0})-$	$(2.27\times10^{0})-$	$(4.40\times10^{-1})+$	6.55×10^{-1}
F6	$(3.98\times10^{-1})+$	$(2.67\times10^{-1})+$	$(1.67\times10^{0})-$	$(1.11\times10^{0})-$	$(5.56\times10^{-1})-$	5.36×10^{-1}
F7	$(4.43\times10^{-1})+$	$(4.17\times10^{-1})+$	$(6.49\times10^{0})-$	$(2.11\times10^{0})-$	$(4.23\times10^{-1})+$	6.47×10^{-1}
F8	$(4.37\times10^{-1})+$	$(4.21\times10^{-1})+$	$(6.93\times10^{0})-$	$(2.22\times10^{0})-$	$(4.18\times10^{-1})+$	6.44×10^{-1}
F9	$(1.54\times10^{-1})+$	$(1.58\times10^{-1})+$	$(8.80\times10^{-1})-$	$(6.37\times10^{-1})-$	$(2.93\times10^{-1})-$	2.09×10^{-1}
F10	$(4.87\times10^{-1})+$	$(4.70\times10^{-1})+$	$(6.58\times10^{0})-$	$(2.42\times10^{0})-$	$(4.60\times10^{-1})+$	7.23×10^{-1}
+/–/≈	10/0/0	7/3/0	0/10/0	0/10/0	4/6/0	—

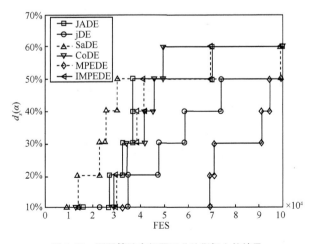

图 3-19 不同算法在问题百分比指标上的结果

　　另外，对改进的基于多种群的变异策略集成方法和改进的参数适应方法的效率也进行了测试。本章实现了 IMPEDE 的变体（称为 IMPEDE(M)），其中改进的基于多种群的变异策略集成方法被利用。我们还考虑 IMPEDE 的另一个变体，称之为 IMPEDE(P)，变体中仅改进了参数自适应方法。表 3-13 中给出了 MPEDE、IMPEDE(M)、IMPEDE(P)和 IMPEDE 在 Benchmark 函数的测试结果，从获得的函数误差值平均值来看，IMPEDE 表现比 MPEDE、IMPEDE(M)和 IMPEDE(P)更好。由此可以得出，改进的基于多种群的变异策略集成方法和改进的参数适应方法在 IMPEDE 中起着至关重要的作用。

表 3-13　IMPEDE 变体在 10 个 Benchmark 函数上测试结果

函数	MPEDE	IMPEDE(M)	IMPEDE(P)	IMPEDE
F1	$(1.33\times10^{-9})-$	$(3.37\times10^{-9})-$	$(0.00\times10^{0})\approx$	0.00×10^{0}
F2	$(0.00\times10^{0})\approx$	$(0.00\times10^{0})\approx$	$(0.00\times10^{0})\approx$	0.00×10^{0}
F3	$(0.00\times10^{0})\approx$	$(0.00\times10^{0})\approx$	$(0.00\times10^{0})\approx$	0.00×10^{0}
F4	$(1.46\times10^{-8})-$	$(1.87\times10^{-5})-$	$(0.00\times10^{0})\approx$	0.00×10^{0}
F5	$(6.16\times10^{0})-$	$(6.08\times10^{0})-$	$(5.81\times10^{0})-$	2.88×10^{0}
F6	$(2.24\times10^{-5})-$	$(2.89\times10^{-5})-$	$(2.05\times10^{-5})-$	0.00×10^{0}
F7	$(1.79\times10^{1})-$	$(1.75\times10^{1})-$	$(1.71\times10^{1})-$	1.33×10^{1}
F8	$(6.10\times10^{0})-$	$(6.27\times10^{0})-$	$(5.48\times10^{0})-$	3.34×10^{0}
F9	$(0.00\times10^{0})\approx$	$(0.00\times10^{0})\approx$	$(0.00\times10^{0})\approx$	0.00×10^{0}
F10	$(2.72\times10^{2})-$	$(2.41\times10^{2})-$	$(2.15\times10^{2})-$	7.20×10^{1}
+/−/≈	0/7/3	0/7/3	0/5/5	

3.6　应用 IMPEDE 解决 Hydrothermal 调度问题

　　为了测试 MPEDE 处理实际优化问题的效率，将 IMPEDE 应用于 CEC2011 测试函数中的 Hydrothermal 调度问题[46]。

　　一般来说，在 Hydrothermal 调度问题中最小化的目标函数是在给定的短期内热单位的整体燃料成本，为了满足调度期间的负载需求，热系统运行的总燃料成本由 F 给出。目标函数表示为

$$\text{Minimize } F = \sum_{i=1}^{m} f_i(P_{T_i}) \tag{3-20}$$

其中，f_i 是对应于第 i 个间隔的等效热单元能量产生 P_{Ti} 的成本函数，m 是短期调度间隔的总数。成本函数 f_i 被表述为

$$f_i(P_{T_i}) = a_i P_{T_i}^2 + b_i P_{T_i} + c_i + |e_i \sin(f_i(P_{T_i}^{\min} - P_{T_i}))| \tag{3-21}$$

其中，a_i、b_i、c_i、e_i 和 f_i 是成本系数。此外生产实际中还需要满足文献[46]中提供的各种系统约束条件。

IMPEDE 分别解决了 3 个 Hydrothermal 调度实例。把 IMPEDE 的计算结果与文献的算法进行对照。基于多文化杂交的遗传算法 GA-MPC[47]是 CEC2011 比赛的冠军算法，基于策略的多目标差分进化算法 SAMODE[48]也是 CEC2011 比赛的竞争算法。伴随基础学习的粒子群和人工蜂群相结合的激发式搜索机制（Combined PSo and ABC Inspired Search Mechanism Along with Basic Learner Phase）、伴随基础学习的人工蜂群激发式搜索机制（ABC Inspired Search Mechanism Along with the Basic Learner Phase）和基于教学的优化算法（Teaching-Learning Based Optimization）是文献[49]提出的几种优化方法。比较结果见表 3-14～表 3-16，其中，"NA" 表示相关数据未在参考文献中列出。从这些表中，IMPEDE 能够找到 Hydrothermal 调度实例的最佳结果。从中可以指出，IMPEDE 是解决 Hydrothermal 调度问题一种很好的替代方法，并且在处理其他现实世界优化问题方面有很大的潜力。

表 3-14　Hydrothermal 调度实例 1 的优化结果比较

算法	Best	Worst	Median	Mean	标准差
IMPEDE	9.31×10^5	9.40×10^5	9.35×10^5	9.35×10^5	2.08×10^3
GA-MPC[47]	9.50×10^5	9.95×10^5	9.70×10^5	9.71×10^5	1.04×10^4
SAMODE[48]	9.43×10^5	9.57×10^5	9.49×10^5	9.49×10^5	3.91×10^3
PAL[49]	9.39×10^5	NA	NA	9.40×10^5	1.66×10^3
AL[49]	9.42×10^5	NA	NA	1.08×10^6	2.75×10^5
TLBO[49]	9.42×10^5	NA	NA	1.28×10^6	1.28×10^6

表 3-15 Hydrothermal 调度实例 2 的优化结果比较

算法	Best	Worst	Median	Mean	标准差
IMPEDE	**$9.39×10^5$**	**$9.50×10^5$**	**$9.43×10^5$**	**$9.43×10^5$**	**$2.93×10^3$**
GA-MPC[47]	$9.72×10^5$	$1.21×10^6$	$1.05×10^6$	$1.06×10^6$	$5.70×10^4$
SAMODE[48]	$1.01×10^6$	$1.38×10^6$	$1.18×10^6$	$1.21×10^6$	$9.95×10^4$
PAL[49]	$1.01×10^6$	NA	NA	$1.08×10^6$	$6.52×10^4$
AL[49]	$1.09×10^6$	NA	NA	$1.66×10^6$	$4.02×10^5$
TLBO[49]	$1.01×10^6$	NA	NA	$1.54×10^6$	$7.93×10^5$

表 3-16 Hydrothermal 调度实例 3 的优化结果比较

算法	Best	Worst	Median	Mean	标准差
IMPEDE	**$9.31×10^5$**	**$9.41×10^5$**	**$9.36×10^5$**	**$9.36×10^5$**	**$2.64×10^3$**
GA-MPC[47]	$9.47×10^5$	$9.95×10^5$	$9.76×10^5$	$9.75×10^5$	$1.18×10^4$
SAMODE[48]	$9.48×10^6$	$9.70×10^5$	$9.56×10^5$	$9.59×10^5$	$5.99×10^3$
PAL[49]	$9.41×10^5$	NA	NA	$9.46×10^5$	$2.44×10^3$
AL[49]	$9.42×10^5$	NA	NA	$1.08×10^6$	$2.75×10^5$
TLBO[49]	$9.42×10^5$	NA	NA	$1.28×10^6$	$8.49×10^5$

| 3.7　小结 |

本章提出了改进的多种群集成差分进化算法（IMPEDE）。与之前的工作相比，IMPEDE 已经显示出跳出局部最优化并加速收敛速度的强大能力。因为具有存档的"DE/current-to-pbest/1"和"DE/current-to-pbest/1"是 MPEDE 中解决优化问题的关键策略，所以 IMPEDE 将这两种策略与新的变异策略"DE/pbad-to-pbest/1"结合起来，被称为改进的基于多种群的变异策略集合方法，并使用 MPEDE 框架来搜索全局最优解。同时提出了一种新的变异策略"DE/pbad-to-pbest/1"，该策略不仅利用良好的解决方案信息（pbest），而且还利用不良解决方案（pbad）向好的解决方案的信息来平衡勘探和开发。一方面，在勘探过程中，新的变异策略充分利用了良好解决方案的信息来加速收敛速度；另一方面，它将应用不良解决方案向良好解决方案的信息，以提高多样性并增加在开发过程中找到全局最优和跳出局部最优的概率。

此外，为了解决在"DE/current-to-pbest/1"的控制参数中应用算术平均值导致的早熟收敛问题，IMPEDE 采用改进的参数适应方法对"DE/current-to-pbest/1"策略进行轻微的修改，通过在控制参数的自适应上增加加权 Lehmer 均值策略。最后进行了仿真实验，并通过 CEC2005 系列和 CEC2017 系列测试函数对所提出的算法进行测试。实验结果表现，IMPEDE 优于其他算法，并且达到了获得全局最优解和加快收敛速度的目标。

┃ 参考文献 ┃

[1] TONG L Y, DONG M G, JING C. An improved multi-population ensemble differential evolution[J]. Neurocomputing, 2018, 290(5): 130-147.

[2] STORN R, PRICE K. Differential evolution: a simple and efficient adaptive scheme for global optimization over continuous spaces[M]. CA: International Computer Science Institute, 1995.

[3] STORN R, PRICE K. Differential evolution: a simple and efficient heuristic for global optimization over continuous spaces[J]. Journal of Global Optimization, 1997, 11(4): 341-359.

[4] GONG W, CAI Z, LIANG D. Adaptive ranking mutation operator based differential evolution for constrained optimization[J]. IEEE Transactions on Cybernetics, 2015, 45(4): 716-727.

[5] WANG Y, CAI Z. Combining multiobjective optimization with differential evolution to solve constrained optimization problems[J]. IEEE Transactions on Evolutionary Computation, 2012, 16(1): 117-134.

[6] QIU X, XU J X, TAN K C, et al. Adaptive cross-generation differential evolution operators for multiobjective optimization[J]. IEEE Transactions on Evolutionary Computation, 2016, 20(2): 232-244.

[7] WANG J, ZHANG W, ZHANG J. Cooperative differential evolution with multiple populations for multiobjective optimization[J]. IEEE Transactions on Cybernetics, 2016, 46(12): 2848-2861.

[8] DAS S, MANDAL A, MUKHERJEE R. An adaptive differential evolution algorithm for global optimization in dynamic environments[J]. IEEE Transactions on Cybernetics, 2014, 44(6): 966-978.

[9] TSAI J T. Improved differential evolution algorithm for nonlinear programming and engineering design problems[J]. Neurocomputing, 2015(148): 628-640.

[10] TONG L, WONG W K, KWONG C K. Differential evolution-based optimal Gabor filter model for fabric inspection[J]. Neurocomputing, 2016(173): 1386-1401.

[11] ZHENG Y J, XU X L, LING H F, et al. A hybrid fireworks optimization method with differential evolution operators[J]. Neurocomputing, 2015(148): 75-82.

[12] XIANG W L, ZHU N, MA S F, et al. A dynamic shuffled differential evolution algorithm for data clustering[J]. Neurocomputing, 2015(158): 144-154.

[13] YU W J, SHEN M, CHEN W N, et al. Differential evolution with two-level parameter adaptation[J]. IEEE Transactions on Cybernetics, 2014, 44(7): 1080-1099.

[14] DAS S, SUGANTHAN P N. Differential evolution: a survey of the state-of-the-art[J]. IEEE Transactions on Evolutionary Computation, 2011, 15(1): 4-31.

[15] DAS S, MULLICK S S, SUGANTHAN P N. Recent advances in differential evolution-an updated survey[J]. Swarm and Evolutionary Computation, 2016(27): 1-30.

[16] DAS S, ABRAHAM A, CHAKRABORTY U K, et al. Differential evolution using a neighborhood-based mutation operator[J]. IEEE Transactions on Evolutionary Computation, 2009, 13(3): 526-553.

[17] RAHNAMAYAN S, TIZHOOSH H R, SALAMA M M A. Opposition-based differential evolution[J]. IEEE Transactions on Evolutionary Computation, 2008, 12(1): 64-79.

[18] QIN A K, HUANG V L, SUGANTHAN P N. Differential evolution algorithm with strategy adaptation for global numerical optimization[J]. IEEE Transactions on Evolutionary Computation, 2009, 13(2): 398-417.

[19] RONKKONEN J, KUKKONEN S, PRICE K V. Real-parameter optimization with differential evolution[C]//2005 IEEE Congress on Evolutionary Computation, September 2-5, 2005, Edinburgh, UK. Piscataway: IEEE Press, 2005.

[20] ZHANG J, SANDERSON A C. JADE: adaptive differential evolution with optional external archive[J]. IEEE Transactions on Evolutionary Computation, 2009, 13(5): 945-958.

[21] WU G, MALLIPEDDI R, SUGANTHAN P N, et al. Differential evolution with multi-population based ensemble of mutation strategies[J]. Information Sciences, 2016(329): 329-345.

[22] GONG W, CAI Z. Differential evolution with ranking-based mutation operators[J]. IEEE Transactions on Cybernetics, 2013, 43(6): 2066-2081.

[23] NOMAN N, IBA H. Accelerating differential evolution using an adaptive local search[J]. IEEE Transactions on Evolutionary Computation, 2008, 12(1): 107-125.

[24] TANABE R, FUKUNAGA A. Success-history based parameter adaptation for differential evolution[C]//2013 IEEE Congress on Evolutionary Computation, June 20-23, 2013, Cancun, Mexico. Piscataway: IEEE Press, 2013.

[25] FEI P, TANG K, GUOLIANG C, et al. Multi-start JADE with knowledge transfer for numerical optimization[C]//2009 IEEE Congress on Evolutionary Computation, May 18-21, 2009, Trondheim, Norway. Piscataway: IEEE Press, 2009.

[26] MALLIPEDDI R, SUGANTHAN P N, PAN Q K, et al. Differential evolution algorithm with ensemble of parameters and mutation strategies[J]. Applied Soft Computing, 2011, 11(2): 1679-1696.

[27] ISLAM S M, DAS S, GHOSH S, et al. An adaptive differential evolution algorithm with novel

mutation and crossover strategies for global numerical optimization[J]. IEEE Transactions on Systems, Man, and Cybernetics, 2012, 42(2): 482-500.

[28] ZOU D, WU J, GAO L, et al. A modified differential evolution algorithm for unconstrained optimization problems[J]. Neurocomputing, 2013(120): 469-481.

[29] IORIO A W, LI X. Solving rotated multi-objective optimization problems using differential evolution[C]//The 17th Australian Joint Conference on Advances in Artificial Intelligence, December 4-6, 2004, Cairns, Australia. Heidelberg: Springer-Verlag, 2004: 861-872.

[30] WU G, QIU D, YU Y, et al. Superior solution guided particle swarm optimization combined with local search techniques[J]. Expert Systems with Applications, 2014, 41(16): 7536-7548.

[31] EIBEN A E, SCHIPPERS C A. On evolutionary exploration and exploitation[J]. Fundamenta Informaticae, 1998, 35(1-4): 35-50.

[32] ČREPINŠEK M, LIU S H, MERNIK M. Exploration and exploitation in evolutionary algorithms: a survey[J]. ACM Computing Surveys, 2013, 45(3): 1-33.

[33] LYNN N, SUGANTHAN P N. Heterogeneous comprehensive learning particle swarm optimization with enhanced exploration and exploitation[J]. Swarm and Evolutionary Computation, 2015(24): 11-24.

[34] BREST J, GREINER S, BOSKOVIC B, et al. Self-adapting control parameters in differential evolution: a comparative study on numerical benchmark problems[J]. IEEE Transactions on Evolutionary Computation, 2006, 10(6): 646-657.

[35] WANG Y, CAI Z, ZHANG Q. Differential evolution with composite trial vector generation strategies and control parameters[J]. IEEE Transactions on Evolutionary Computation, 2011, 15(1): 55-66.

[36] ALI M, PANT M, ABRAHAM A. Improved differential evolution algorithm with decentralisation of population[J]. Int J Bio-Inspired Comput, 2011, 3(1): 17-30.

[37] LI Y L, ZHANG J. A new differential evolution algorithm with dynamic population partition and local restart[C]// The 13th Annual Conference on Genetic and Evolutionary Computation, July 12-16, 2011, Dublin, Ireland. New York: ACM Press, 2011.

[38] NOVOA-HERNANDEZ P, CORONA C C, PELTA D A. Self-adaptive, multipopulation differential evolution in dynamic environments[J]. Soft Computing, 2013, 17(10): 1861-1881.

[39] YU W J, ZHANG J. Multi-population differential evolution with adaptive parameter control for global optimization[C]// The 13th Annual Conference on Genetic and Evolutionary Computation, Dublin, Ireland. New York: ACM Press, 2011.

[40] ZHANG J, DING X. A multi-swarm self-adaptive and cooperative particle swarm optimization[J]. Engineering Applications of Artificial Intelligence, 2011, 24(6): 958-967.

[41] ZHAO S Z, SUGANTHAN P N, PAN Q K, et al. Dynamic multi-swarm particle swarm optimizer with harmony search[J]. Expert Systems with Applications, 2011, 38(4): 3735-3742.

[42] ZHANG J, SANDERSON A C. Adaptive differential evolution: a robust approach to multimodal problem optimization[M]. Berlin Heidelberg: Springer Publishing Company, Incorpo-

rated, 2009.

[43] SUGANTHAN P N, HANSEN N, LIANG J J, et al. Problem definitions and evaluation crite-ria for the CEC 2005 special session on real-parameter optimization[R]. Singapore: Nanyang Technological University, 2005.

[44] AWAD N, ALI M, LIANG J, et al. Problem definitions and evaluation criteria for the CEC 2017 special session and competition on single objective bound constrained real-parameter numerical optimization[R]. Singapore: Nanyang Technological University, 2016.

[45] MORÉ J J, WILD S M. Benchmarking derivative-free optimization algorithms[J]. Siam Jour-nal on Optimization, 2009, 20(1): 172-191.

[46] DAS S, SUGANTHAN P N. Problem definitions and evaluation criteria for CEC 2011 com-petition on testing evolutionary algorithms on real world optimization problems[R]. Singapore: Nanyang Technological University, 2011.

[47] ELSAYED S M, SARKER R A, ESSAM D L. GA with a new multi-parent crossover for solving IEEE-CEC2011 competition problems[C]// IEEE Congress of Evolutionary Computa-tion (CEC), June 5-8, 2011, New Orleans, USA. Piscataway: IEEE Press, 2011.

[48] ELSAYED S M, SARKER R A, ESSAM D L. Differential evolution with multiple strategies for solving CEC2011 real-world numerical optimization problems[C]// IEEE Congress of Evolutionary Computation. June 5-8, 2011, New Orleans, USA. Piscataway: IEEE Press, 2011.

[49] PATEL J, SAVSANI V, PATEL V, et al. Layout optimization of a wind farm to maximize the power output using enhanced teaching learning based optimization technique[J]. Journal of Cleaner Production, 2017(158): 81-94.

第 4 章

面向约束优化的自适应差分进化算法

在差分进化和约束处理方法新的研究成果基础上，提出了一种基于改进 Oracle 罚函数方法的组合差分进化 MOCoDE 算法。该算法首先对原始的 Oracle 罚函数方法进行了改进，以使其符合求解约束优化问题的常用标准，然后将改进后的 Oracle 罚函数方法与 CoDE 算法结合，提出了一种求解约束优化问题（Constrained Optimization Problem，COP）的新算法——MOCoDE。此外，将一种通用离散变量处理方法引入 MOCoDE 以求解带有混合整数变量的 COP[1]。最后利用 11 个测试函数和 7 个实际问题对 MOCoDE 算法的性能进行了评估，实验结果表明，与最近其他约束优化方法相比，MOCoDE 获得了极具竞争力的结果。

| 4.1 引言 |

现实生活中的大多数优化问题需要找到一个解，此解不仅要满足最优性，而且要满足一个或多个约束条件，这统称为约束优化问题。通常来说，大多数约束优化问题是具有挑战性的，难以求解，如何有效求解约束优化问题被认为是计算机科学、运筹学和优化理论中极具挑战性的研究课题之一，约束进化算法是求解此类问题的常用方法之一。本质上，约束进化算法可以看成约束处理和进化算法的结合。因此，在设计求解 COP 的新方法时，将一种高效的进化算法与一种有效的约束处理方法相结合，有利于获得更好的优化性能。最近，Schluter 和 Gerdts[2]提出了一种新的高效自适应约束处理方法——Oracle 罚函数方法，并将该方法与蚁群优化（Ant Colony Optimization，ACO）方法结合，用于求解复杂的混合整数非线性规划问题（Mixed Integer Nonlinear Programming Problem，MINLP）[3-4]。结果证明，Oracle 罚函数是一种有效的约束处理方法，该方法具有良好的稳定性、易实现性和易控制性，在发现全局最优解方面具有较高的潜力[2-4]。最近，一种组合多种矢量产生策略和控制参数的新型 DE 方法——CoDE 已在无约束连续优化领域显示出优异的性能[5]。

尽管 Oracle 罚函数方法与 ACO 结合的方法求解 MINLP 已经被研究过了，但据知，还没有见到有关 Oracle 罚函数方法用于 DE 的文献。考虑到 CoDE 在连续优化问题领域的良好表现，本章对 CoDE 进行扩展，使其能求解 COP。为了达到这个目标，在 Oracle 罚函数方法和 CoDE 的基础上，提出了一种 MOCoDE 算法。该算法对原始的 Oracle 罚函数方法进行了改进，使 Oracle 罚函数方法符合求解 COP 的通用标准，并用来处理各种约束问题；为了求解带有离散、整数和二进制变量的问题，引入了一种通用的离散变量处理方法。将一个带有混合变量的 COP 转换为只含有连续变量的无约束优化问题，然后利用 CoDE 进行求解。为了检验 MOCoDE 算法的有效性，选择了 11 个测试函数和 7 个典型的工程约束优化问题。实验结果显示，将 CoDE 与改进的 Oracle 罚函数方法相结合的 MOCoDE 算法是十分有效的，与当前约束进化优化领域的其他几种代表性的方法相比，极具竞争力。

4.2　进化约束处理方法

4.2.1　进化计算约束处理方法概述

根据进化计算中约束处理方法的研究进展，约束处理方法主要分为 3 类：罚函数方法、可行规则方法和多目标方法[6]。因原理简单和易于实现，罚函数方法是目前应用广泛的约束处理方法之一。罚函数方法是在目标函数中加入一个惩罚函数，将约束问题转换成一个无约束问题，该方法的难点在于罚函数的选择。常用的罚函数方法主要有 3 种：死罚函数方法、静态罚函数方法和自适应罚函数方法[2]。可行规则方法建立在可行解要优于不可行解的偏好基础上，3 条比较规则为：可行解要优于不可行解；当两个都是可行解时，选择目标函数值小的解；当两个都是不可行解时，选择违反约束小的解[7]。最近几年，多目标概念已经越来越多地用于进化计算中的约束处理问题，其思想是将约束转换成一个或多个目标。根据处理约束的不同原则，有两类多目标方法：一类是有两个目标的，如源目标函数和所有约束违反程函数；另一类是将每个约束看成一个目标。因此，对于有 m 个约束的约束问题来说，总共有 $m+1$ 个目标函数[8]。

4.2.2　Oracle 罚函数方法

Oracle 罚函数方法[2]属于一类自适应罚函数方法，该方法的主要思想是将目标函数转换成一个附加的等式约束 $g_0(\vec{x}) = f(\vec{x}) - \Omega = 0$，参数 Ω 称为 Oracle。在基于 Oracle 罚函数方法的描述中，目标函数是多余的，可以声明成一个恒等于 0 的函数 $\tilde{f}(\vec{x}) \equiv 0$。新的约束优化问题可表示成如式（4-1）所示的形式。

$$\min \tilde{f}(\vec{x}) \equiv 0$$

约束条件为

$$
\begin{cases}
g_0(\vec{x}) = f(\vec{x}) - \Omega = 0 \\
g_j(\vec{x}) = 0, & j = 1, 2, \cdots, me \\
g_j(\vec{x}) \geqslant 0, & j = me+1, \cdots, m
\end{cases}
\tag{4-1}
$$

其中，me 和 m 分别为等式约束和不等式约束的个数。在这种新的描述下，Oracle 罚函数中的目标函数和罚函数的剩余函数可以自适应地调整，其中，罚函数 $p(\vec{x})$ 的定义如式（4-2）所示。

$$
p(\vec{x}) =
\begin{cases}
\alpha\,|f(\vec{x}) - \Omega| + (1-\alpha)\mathrm{res}(\vec{x}) & , \quad f(\vec{x}) > \Omega \text{或} \mathrm{res}(\vec{x}) > 0 \\
-|f(\vec{x}) - \Omega| & , \quad f(\vec{x}) \leqslant \Omega \text{和} \mathrm{res}(\vec{x}) = 0
\end{cases}
\tag{4-2}
$$

其中，$f(\vec{x})$ 是目标函数，$\mathrm{res}(\vec{x})$ 是剩余函数，Ω 是 Oracle 参数，α 是自适应系数，具体定义如下：

$$
\alpha =
\begin{cases}
\dfrac{|f(x) - \Omega|\,(6\sqrt{3} - 2)\big/ 6\sqrt{3} - \mathrm{res}(\vec{x})}{|f(x) - \Omega| - \mathrm{res}(\vec{x})} & , \quad f(\vec{x}) > \Omega \text{和} \mathrm{res}(\vec{x}) < \dfrac{|f(\vec{x}) - \Omega|}{3} \\[4mm]
1 - \dfrac{1}{2\sqrt{\dfrac{|f(\vec{x}) - \Omega|}{\mathrm{res}(\vec{x})}}} & , \quad f(\vec{x}) > \Omega \text{和} \dfrac{|f(\vec{x}) - \Omega|}{3} \leqslant \mathrm{res}(\vec{x}) \leqslant |f(\vec{x}) - \Omega| \\[4mm]
\dfrac{1}{2}\sqrt{\dfrac{|f(\vec{x}) - \Omega|}{\mathrm{res}(\vec{x})}} & , \quad f(\vec{x}) > \Omega \text{和} \mathrm{res}(\vec{x}) > |f(\vec{x}) - \Omega| \\[4mm]
0 & , \quad f(\vec{x}) \leqslant \Omega
\end{cases}
\tag{4-3}
$$

使用以下几种范数 l_1、l_2 和 l_∞，如式（4-4）~式（4-6）所示。

$$l_1: \quad \mathrm{res}(\vec{x}) = \sum_{i=1}^{me} |g_i(\vec{x})| - \sum_{i=me+1}^{m} \min\{0, g_i(\vec{x})\} \tag{4-4}$$

$$l_2: \quad \text{res}(\vec{x}) = \sqrt{\sum_{i=1}^{me} |g_i(\vec{x})|^2 + \sum_{i=me+1}^{m} \min\{0, g_i(\vec{x})\}^2} \qquad (4\text{-}5)$$

$$l_\infty: \quad \text{res}(\vec{x}) = \max\{|g_i(\vec{x})|_{i=1,\cdots,me}, \quad |\min\{0, g_i(\vec{x})\}_{i=me+1,\cdots,m}|\} \qquad (4\text{-}6)$$

该方法对 Ω 参数具有稳健性，Schlüter 和 Gerdts[2]推荐其初值可以设置为 10^9 或 10^6。此外，文献[7]中还提出了一种简单而有效的 Oracle 参数更新规则，如式（4-7）所示。

$$\Omega^i = \begin{cases} f^{i-1}, & f^{i-1} < \Omega^{i-1} \quad \text{和} \quad \text{res}^{i-1} = 0 \\ \Omega^{i-1}, & \text{其他} \end{cases} \qquad (4\text{-}7)$$

更多有关 Oracle 罚函数的信息请见文献[2]。文献[2-4]的结果显示，Oracle 罚函数方法具有如下优点：仅有一个需要用户调节的参数；对 Oracle 参数具有稳健性；与传统方法相比，Oracle 罚函数方法显示出更好的性能。这种方法是独立于进化算法的，具有通用性，因而，可以很容易地应用于进化计算算法中。

| 4.3   自适应约束差分进化算法 |

4.3.1   改进的 Oracle 罚函数方法

根据进化计算国际会议上关于 COP 的报道[9]，如果 $|h_j(\vec{x})| - \varepsilon \leqslant 0$，$j = 1, 2, \cdots, me$，并且 $g_j(\vec{x}) \leqslant 0$，$j = me+1, \cdots, m$，则认为解 $\vec{x}$ 是可行的，其中 $h(\vec{x})$ 为等式约束，ε 为等式约束的违反容忍值，推荐采用 0.000 1[9]。尽管 Oracle 罚方法显示出比其他罚函数方法更好的性能，但却不能直接应用于 COP，这是因为不同的模型描述方式和约束违反容忍标准。具体而言，在 Oracle 罚方法中，对所有约束（包括等式与不等式）都应用约束违反容忍，然而在进化计算会议标准中约束违反容忍仅应用于等式约束。此外，在 Oracle 罚函数方法中要求所有约束 $g_j(\vec{x}) \geqslant 0$，而在通常的 COP 描述中要求 $g_j(\vec{x}) \leqslant 0$。因此，当对 COP 进行约束处理时，Oracle 罚函数方法必须要进行改进。本章定义了新的约束函数 $g'(\vec{x})$，如式（4-8）所示。

$$g_j'(\vec{x}) = \begin{cases} \varepsilon - |h_j(\vec{x})| & , j = 1, \cdots, \text{me} \\ \\ -g_j(\vec{x}) & , j = \text{me} + 1, \cdots, m \end{cases} \tag{4-8}$$

其中，me 和 m 分别代表等式约束和不等式约束的个数，$g(x)$ 代表约束函数，$h(x)$ 代表等式约束，$g'(x)$ 代表目标函数。基于上述 $g'(\vec{x})$ 函数的定义，可以得到如下定理。

定理 4.1 如果 $\vec{x}$ 是约束优化问题的一个可行解，那么 $g_j'(\vec{x}) \geq 0$，$j = 1, 2, \cdots, m$。

证明:如果 $\vec{x}$ 是可行的,这意味着 $|h_j(\vec{x})| - \varepsilon \leq 0$，$j = 1, 2, \cdots, \text{me}$，并且 $g_j(\vec{x}) \leq 0$，$j = \text{me} + 1, \cdots, m$。因此，对于所有的等式约束 $\varepsilon - |h_j(\vec{x})|$ 不小于 0，而对于所有不等式约束有 $-g_j(\vec{x}) \geq 0$。根据 $g_j'(\vec{x})$ 的定义，可以得到 $g_j'(\vec{x}) \geq 0$，$j = 1, 2, \cdots, m$。

由于 $g'(\vec{x})$ 的引入，所有的等式约束都转换成不等式约束，因而 COP 中所有的约束都转换成了不等式约束，因而用一阶范数 l_1、二阶范数 l_2 和无穷范数 l_∞ 表示的剩余函数可以简化为如式（4-9）所示的形式:

$$l_1 : \quad \text{res}(\vec{x}) = \sum_{i=1}^{m} \min\{0, g_i'(\vec{x})\} \tag{4-9}$$

$$l_2 : \quad \text{res}(\vec{x}) = \sqrt{\sum_{i=1}^{m} \min\{0, g_i'(\vec{x})\}^2} \tag{4-10}$$

$$l_\infty : \quad \text{res}(\vec{x}) = \max\{|\min\{0, g_i'(\vec{x})\}|\}, i = 1, \cdots, m \tag{4-11}$$

根据可行解的标准，所有不等式约束违反容忍值设置为 0。

简单来说，改进的 Oracle 罚函数方法可以进行如下描述。

- 使用式（4-8）将所有原始约束（包括等式和不等式约束）转换成大于 0 的不等式约束。
- 使用式（4-11）计算剩余函数值。
- 使用式（4-2）和式（4-3）评估候选解。

从上面描述中可以看出，与 Oracle 罚函数方法一样，改进的 Oracle 罚函数方法也是通用的，可以用于任何类型的优化算法中，易于整合到随机自然启发式算法中，如 CoDE。

4.3.2 通用的离散变量处理方法

文献[10]中将离散变量分为 4 类：二进制变量、等间隔的整数变量、等间隔的实数变量、在一定范围内的离散整数或实数变量。为了处理不同类型的离散变量，采用文献[10]提出的离散变量处理方法，将所有的离散变量表示为连续变量。然而，为了评估适应度函数和约束，这些连续变量又会转换成相应的离散值。通用的离散变量处理方法如下。

假设离散变量的可能取值属于离散集 $S = \{s_1, s_2, \cdots, s_n\}$，定义一个位置变量 p，其表示如式（4-12）所示。

$$p = \text{round}(x), \quad x \in [1, n] \tag{4-12}$$

其中，n 是集合 S 的大小；x 是 $1 \sim n$ 的连续变量；round 为取整操作，用于将 x 转换成一个整数值。根据式（4-13）得到离散变量 d，其中 S_p 为集合 S 的第 p 个元素。

$$d = S_p \tag{4-13}$$

4.3.3　MOCoDE 算法

由于 CoDE 是一种非常优秀的求解连续无约束优化问题的方法，改进的 Oracle 罚函数方法能有效地处理各种约束，通用的离散变量处理方法可以很容易地将离散变量转换成连续变量，这二者具有互补性，因此，提出了一种混合算法——基于改进 Oracle 罚函数方法的组合差分进化算法 MOCoDE，用于求解复杂的约束优化问题。该算法的步骤具体如下。

步骤 1：初始化控制参数库、终止条件、种群大小和 Oracle 参数 Ω。

步骤 2：判断是否存在离散变量，如果存在离散变量，采用第 4.3.2 节介绍的离散变量处理方法将离散变量表示为连续变量。

步骤 3：随机产生初始化种群，用第 4.3.1 节介绍的改进的 Oracle 罚函数方法计算罚函数值，并记录最好个体的信息，同时设置进化代数 $G = 0$。

步骤 4：对每个个体随机地从控制参数集中选择一组控制参数，调用个体产生策略集中的"rand/1/bin""rand/2/bin"和"current-to-rand/1"3 种新个体产生策略产生 3 个新向量。

步骤 5：计算 3 个新向量的罚函数值，将最优个体作为尝试向量 $\vec{u}$。

步骤 6：比较目标向量 $\vec{x}$ 和新向量 $\vec{u}$ 的罚函数值，若新向量 $\vec{u}$ 的罚函数值优于目标向量 $\vec{x}$ 的罚函数值，则用 $\vec{u}$ 来替换 $\vec{x}$，加入下一代种群中。

步骤 7：判断种群中所有的个体是否都执行完。若未执行完，转步骤 4 继续执行，否则，执行步骤 8。

步骤 8：找出种群中的最好个体，更新最好个体的信息，$G = G+1$。

步骤 9：判断是否满足终止条件，若满足，输出最好个体信息及对应的目标函数值，执行完成，否则，转步骤 4 继续执行。

MOCoDE 算法框架的伪代码如下。

输入：NP：种群大小；Max_FES: 最大函数评估数；Ω：Oracle 参数。

将原约束优化问题转换成 Oracle 罚方法的问题描述，进化代数 $G=0$；

初始化缩放系数 F 和交叉概率 R 的取值集合；

产生初始化种群 $P^0 \{X^0_1,\cdots,X^0_{NP}\}$；

计算衡量当前种群中每个个体的约束违反程度的剩余函数值 $res(X)$；

计算每个个体的 Oracle 罚函数值 $P(X)$；

设置函数评估数 FES＝NP；

while FES<Max_FES do

for i=1:NP do

随机从控制参数集中选择一组控制参数，调用个体产生策略集中的 "rand/1/bin" "rand/2/bin" 和 "current-to-rand/1" 3 种新个体产生策略产生相应的尝试矢量 X^G_i；

计算尝试矢量 X^G_i 的剩余函数值 $res(X^G_i)$；

计算尝试矢量 X^G_i 的 Oracle 罚函数值 $P(X^G_i)$；

选择当前个体与目标矢量中的优胜者加入到下一代种群 P^{G+1} 中；

FES=FES+1;

　　end for

　$G=G+1;$

end while

从最后的种群中选择具有最小的 Oracle 罚函数值的个体 X^b；

计算 X^b 所对应的目标函数值 $f(X^b)$；

输出：$f(X^b)$

需要注意的是 CoDE 和 Oracle 罚函数方法的参数大多数是自适应的，MOCoDE 仅有 3 个参数：种群规模 NP、最大函数评估次数 Max_FES 及 Oracle 参数 Ω，这 3 个参数都是用户比较容易掌控的。

| 4.4　实验的结果和讨论 |

采用 11 个广泛使用的测试函数和实际中 7 个典型的约束工程优化问题，对提出的 MOCoDE 算法的优化性能进行检验，并将其与其他自然启发式方法进行了比较。MOCoDE 采用 Matlab 7.5 仿真软件,运行于 Pentium Dual-Core 2.7 GHz CPU 及 2 GB 内存的 PC 上。根据相关文献,对于测试函数集来说,3 个参数 NP、MAX_FES 和 Ω 分别设置为 30、240 000 和 10^9。测试函数集中每个问题独立进行 50 次实验。对于约束工程优化问题,为了保证公平性,NP、MAX_FES 和 Ω 分别设置为 30、90 000 和 10^9,并且每个工程问题进行了 100 次独立实验。算法中的目标函数的最好值、平均值、最坏值和标准差都作为比较项。在所有情况下,都采用找到的最终可行解做比较,"—"表示该项值不可获得。

4.4.1　测试函数集

　　第一个实验是基于文献[9]提出的测试函数集,这些测试函数已经广泛用于测试各种算法的性能,有关这些函数的具体定义可以在对应的文献中找到。表 4-1 给出了这 11 个测试函数的基本情况,其中 n、LI、NI、LE 和 NE 分别表示决策变量、线性不等式、线性等式和非线性等式的个数,f^* 是已知的最优值。针对该测试函数集,表 4-2 和表 4-3 分别给出了 MOCoDE 和相关文献中提出的带有自适应约束处理技术的混合进化算法 HEA-ACT[8]、带有老鹰策略的差分进化算法 ES-DE[11]、带有自适应惩罚系数的差分进化算法 DUVDE+APM[12]、带有多操作的遗传算法 SAMO-GA[13]和带有多操作的差分进化算法 SAMO-DE[13]的计算结果,并统计结果中的最好值、最差值、平均值和标准差。有关各对比算法的具体实现请参见相关文献。

表 4-1　11 个测试函数的基本情况

测试函数	n	函数类型	LI	NI	LE	NE	$f^*(x)$
g1	13	二次型	9	0	0	0	−15.000 0
g2	20	非线性	0	2	0	0	−0.803 6
g3	10	多项式	0	0	0	1	−1.000 5
g4	5	二次型	0	6	0	0	−30 665.538 7
g5	4	三次型	2	0	0	3	5 126.4 967
g6	2	三次型	0	2	0	0	−6 961.813 9
g7	10	二次型	3	5	0	0	24.306 2
g8	2	非线性	0	2	0	0	−0.095 8
g9	7	多项式	0	4	0	0	680.630 1
g10	8	线性	3	3	0	0	7 049.248 0
g11	2	二次型	0	0	0	1	0.749 9

表 4-2　MOCoDE 和 3 种相关算法对比

测试函数	HEA-ACT[8]				ES-DE[11]			
	最差值	最好值	平均值	标准差	最差值	最好值	平均值	标准差
g1	−8.8	−15	−11.9	2.573 20	13.000 0	−15.000 0	14.851 1	5.02×10⁻¹
g2	−0.606 6	−0.803 6	−0.740 5	0.049 06	−0.530 496	−0.803 311	−0.738 181	−6.67×10⁻²
g3	0	−0.286 4	−0.016 9	0.063 82	−1.000 0	−1.000 0	−1.000 0	0
g4	−30 665.5	−30 665.5	−30 665.5	0	−30 665.54	−30 665.54	−30 665.54	2.20×10⁻¹¹
g5	5 126.496 5	5 126.496 5	5 126.496 5	0	5 129.420	5 126.500	5 127.290	1.17
g6	−6 961.8	−6 961.8	−6 961.8	0	−6 961.814	−6 961.814	−6 961.814	2.18×10⁻¹²
g7	29.059 1	24.306	25.048	1.371 64	24.307 7	24.306 2	24.306 5	3.97×10⁻⁴
g8	−0.095 82	−0.095 82	−0.095 82	0	−0.095 825	−0.095 825	−0.095 825	7.80×10⁻¹⁷
g9	680.63	680.63	680.63	0	680.630 1	680.630 1	680.630 1	4.46×10⁻¹³
g10	8 832.12	7 049.25	7 290.75	379.122 0	7 050.22	7 049.253	7 049.418	1.88×10⁻¹
g11	1	1	1	0	0.750 0	0.750 0	0.750 0	0

测试函数	DUVDE+APM[12]				MOCoDE			
	最差值	最好值	平均值	标准差	最差值	最好值	平均值	标准差
g1	−6	−15	−12.5	2.372 54	**−15**	**−15**	**−15**	4.168 9×10⁻⁸
g2	−0.670 9	−0.803 6	−0.768 8	0.035 68	**−0.798 18**	**−0.803 62**	**−0.803 51**	7.689 1×10⁻⁴
g3	0	−1.0	−0.201 5	0.345 08	−0.066 992	**−1.000 5**	−0.778 06	0.230 28
g4	−30 665.5	−30 665.5	−30 665.5	0	**−30 665.538 7**	**−30 665.538 7**	**−30 665.538 7**	1.690 9×10⁻⁸
g5	5 126.496 5	5 126.496 5	5 126.496 5	0	5 191.268 5	**5 126.496 7**	5 131.531 4	14.322
g6	−6 961.8	−6 961.8	−6 961.8	0	**−6 961.813 9**	**−6 961.813 9**	**−6 961.813 9**	1.729 9×10⁻⁸
g7	121.747	24.306	30.404	21.568 39	**24.306 2**	**24.306 2**	**24.306 2**	4.591 5×10⁻⁸
g8	−0.095 82	−0.095 82	−0.095 82	0	**−0.095 825**	**−0.095 825**	**−0.095 825**	7.112 6×10⁻⁹
g9	680.63	680.63	680.63	0.000 03	**680.630 1**	**680.630 1**	**680.630 1**	3.753 2×10⁻⁸
g10	8 332.12	7 049.25	7 351.17	525.624 3	**7 049.248**	**7 049.248**	**7 049.248**	3.663 4×10⁻⁷
g11	1	0.75	0.987 49	0.055 90	**0.749 9**	**0.749 9**	**0.749 9**	1.215 7×10⁻⁸

注：加黑字体表示好的结果。

表 4-3　基于 SAMO 的 GA 和 DE 的计算结果

测试函数	SAMO-GA[13]				SAMO-DE[13]			
	最差值	最好值	平均值	标准差	最差值	最好值	平均值	标准差
g1	—	−15.000 0	−15.000 0	0	—	−15.000 0	−15.000 0	0
g2	—	−0.803 590 52	−0.796 047 69	5.802 5×10⁻³	—	−0.803 619 1	−0.798 735 21	8.800 5×10⁻³
g3	—	−1.000 5	−1.000 5	0	—	−1.000 5	−1.000 5	0

（续表）

测试函数	SAMO-GA[13]				SAMO-DE[13]			
	最差值	最好值	平均值	标准差	最差值	最好值	平均值	标准差
g4	—	−30 665.538 6	−30 665.538 6	0	—	−30 665.538 6	−30 665.538 6	0
g5	—	5 126.497	5 127.976 432	1.116 6	—	5 126.497	5 126.497	0
g6	—	−6 961.813 87	−6 961.813 875	0	—	−6 961.813 87	−6 961.813 875	0
g7	—	24.306 2	24.411 3	$4.590\ 5×10^{-2}$	—	24.306 2	24.309 6	$1.588\ 8×10^{-3}$
g8	—	−0.095 825 04	−0.095 825 04	0	—	−0.095 825 04	−0.095 825 04	0
g9	—	680.630	680.634	$1.457\ 3×10^{-3}$	—	680.630	680.630	$1.156\ 7×10^{-5}$
g10	—	7 049.248	7 144.403 11	$6.786\ 0×10^{1}$	—	7 049.248 1	7 059.813 45	7.856
g11	—	0.749 9	0.749 9	0	—	0.749 9	0.749 9	0

从表 4-2 和表 4-3 可以看出，MOCoDE 对所有的测试函数都可以找到最优解，除了 g3 和 g5 这两个测试函数外，都显示出良好的统计性能。与 DUVDE+APM 方法相比，尽管 DUVDE+APM 对于 g5 测试函数显示更好的性能，但对于 g1、g2、g3、g7、g10 和 g11 这 6 个测试函数而言，MOCoDE 在最差和平均值指标方面都要优于 DUVDE+APM。另外，需要注意的是，DUVDE+APM 的最大函数评估次数是 350 000，而 MOCoDE 仅有 240 000。与 SAMO-GA 相比，对于 g2、g7、g9、g10 这 4 个测试函数而言，MOCoDE 获得了更好的平均值。此外，MOCoDE 可以找到 g2 的最优值，而 SAMO-GA 却不能。与 SAMO-DE 相比，两种方法都可以找到所有函数的最优值。尽管对于 g3 和 g5 这两个测试函数来说，MOCoDE 获得了差的平均值，但对于 g2、g7、g10 这 3 个函数来说，它却得到了比 SAMO-DE 更好的平均值。同时可以看出 MOCoDE 的标准差非常小，这意味着该方法对于这 11 个测试问题具有良好的稳定性。

上述比较结果说明，MOCoDE 的性能与当前的约束进化优化算法相比具有很强的竞争力，下面进一步研究 MOCoDE 在求解实际复杂问题时的性能。

4.4.2 工程约束优化问题

为了进一步研究 MOCoDE 在求解实际复杂问题时的性能，选择 7 个广泛研究的工程约束优化问题。这些问题包括 3 个难以求解的非凸优化问题、4 个具有连续和离散混合变量的约束优化问题。

（1）焊接梁的设计问题

焊接梁的设计问题[14]是一个典型的实际问题，经常用于测试各种优化算法的性能[14-16]。该问题的目标是最小化焊接梁的成本，要满足切应力、弯曲应力、折断载荷和末端偏转的约束，如图 4-1 所示，包括 4 个设计参数：梁的厚度 b、梁的宽度 t、焊接长度 l 及焊接度 h。其数学模型如式（4-14）所示。

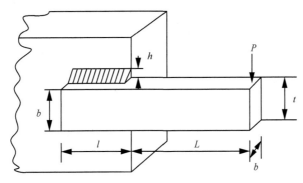

图 4-1　焊接梁的设计问题

$$\min f(\vec{x}) = 1.104\,71x_1^2 x_2 + 0.048\,11x_3 x_4 (14.0 + x_2)$$

约束条件为

$$
\begin{cases}
g_1(\vec{x}) = \tau(\vec{x}) - \tau_{\max} \leqslant 0 \\
g_2(\vec{x}) = \sigma(\vec{x}) - \sigma_{\max} \leqslant 0 \\
g_3(\vec{x}) = x_1 - x_4 \leqslant 0 \\
g_4(\vec{x}) = 0.104\,71x_1^2 + 0.048\,11x_3 x_4 (14.0 + x_2) - 5.0 \leqslant 0 \\
g_5(\vec{x}) = 0.125 - x_1 \leqslant 0 \\
g_6(\vec{x}) = \delta(\vec{x}) - \delta_{\max} \leqslant 0 \\
g_7(\vec{x}) = P - P_c(\vec{x}) \leqslant 0
\end{cases}
$$

$$\tau(\vec{x}) = \sqrt{(\tau')^2 + 2\tau'\tau''\frac{x_2}{2R} + (\tau'')^2}, \quad \tau' = \frac{P}{\sqrt{2}x_1 x_2}, \quad \tau'' = \frac{MR}{J}, \quad M = P\left(L + \frac{x_2}{2}\right)$$

$$R = \sqrt{\frac{x_2^2}{4} + \frac{(x_1 + x_3)^2}{4}}, \quad J = 2\left\{\sqrt{2}x_1 x_2 \left[\frac{x_2^2}{12} + \frac{(x_1 + x_3)^2}{4}\right]\right\}$$

$$\sigma(\vec{x}) = \frac{6PL}{x_4 x_3^2}, \quad \delta(\vec{x}) = \frac{4PL^3}{Ex_3^3 x_4}, \quad P_c(\vec{x}) = \frac{4.013E\sqrt{\dfrac{x_3^2 x_4^6}{36}}}{L^2}\left(1 - \frac{x_3}{2L}\sqrt{\frac{E}{4G}}\right)$$

$$P = 6\,000\,\text{lb}, \quad L = 14\,\text{in}, \quad E = 30 \times 10^6\,\text{psi}, \quad G = 12 \times 10^6\,\text{psi}$$

$$\tau_{\max} = 13\,600\,\text{psi}, \quad \sigma_{\max} = 30\,000\,\text{psi}, \quad \delta_{\max} = 0.25\,\text{in} \qquad (4\text{-}14)$$

$$x_1, x_4 \in [0.1, 2], \quad x_2, x_3 \in [0.1, 10]$$

注：1 lb=0.453 592 4 kg，1 in=2.54 cm，1 psi=6.451 6 cm^2

表 4-4 中给出了不同方法的计算结果，表 4-5 中给出了这几种算法的统计结果。

表 4-4　几种算法找到的焊接梁的设计问题的最优值

设计变量	Coello & Montes[14]	CPSO[15]	CDE[16]	MOCoDE
$x_1(h)$	0.205 986	0.202 369	0.203 137	0.205 729 639 198 702
$x_2(l)$	3.471 328	3.544 214	3.542 998	3.470 488 748 041 664
$x_3(t)$	9.020 224	9.048 210	9.033 498	9.036 623 927 483 428
$x_4(b)$	0.206 480	0.205 723	0.206 179	0.205 729 641 930 671
$g_1(x)$	−0.074 092	−12.839 796	−44.578 568	−0.000 238 821 934 545
$g_2(x)$	−0.266 227	−1.247 467	−44.663 534	−0.000 426 438 829 891
$g_3(x)$	−0.000 495	−0.001 498	−0.003 042	−0.000 000 002 731 969
$g_4(x)$	−3.430 043	−3.429 347	−3.423 726	−3.432 983 758 766 147
$g_5(x)$	−0.080 986	−0.079 381	−0.078 137	−0.080 729 639 198 702
$g_6(x)$	−0.235 514	−0.235 536	−0.235 557	−0.235 540 322 817 697
$g_7(x)$	−58.666 440	−11.681 355	−38.028 268	−0.000 195 113 635 527
$f(x)$	1.728 226	1.728 024	1.733 462	1.724 852 3

表 4-5　几种算法关于焊接梁的设计问题的统计结果

算法	最好值	平均值	最坏值	标准差
Coello&Montes[14]	1.728 226	1.792 654	1.993 408	—
CPSO[15]	1.728 024	1.748 831	1.782 143	0.012 926
CDE[16]	1.733 461	1.768 158	1.824 105	0.022 194
MOCoDE	1.724 9	1.724 9	1.724 9	$1.110\,6 \times 10^{-8}$

从表 4-4 中给出的结果可以看出 MOCoDE 找到的可行解要好于其他算法。从表 4-5 中可以发现 MOCoDE 的平均搜索质量在最好值、平均值、最坏值和标准差方面都要优于其他算法，既使是找到的最差解也优于其他几种比较的算法获得的最优

解。此外，MOCoDE 的标准差是这几种方法中最小的。

（2）伸缩弹簧设计问题

伸缩弹簧设计问题[14]要求最小化重量，需要满足偏转最小、切应力、颤动频率和外径限制约束，具有 3 个连续变量和 4 个非线性不等式约束。该问题如图 4-2 所示，其数学模型如式（4-15）所示。

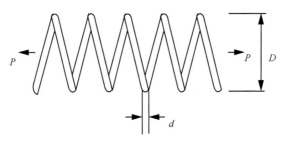

图 4-2　伸缩弹簧设计问题

$$\min f(\vec{x}) = (x_3 + 2)x_2 x_1^2$$

约束条件为

$$\begin{cases} g_1(\vec{x}) = 1 - \dfrac{x_2^3 x_3}{71\,785 x_1^4} \leqslant 0, \quad x_1 \in [0.05, 2], x_2 \in [0.25, 1.3], x_3 \in [2, 15] \\[3mm] g_2(\vec{x}) = \dfrac{4x_2^2 - x_1 x_2}{12\,566(x_2 x_1^3 - x_1^4)} + \dfrac{1}{5\,108 x_1^2} - 1 \leqslant 0 \\[3mm] g_3(\vec{x}) = 1 - \dfrac{140.45 x_1}{x_2^2 x_3} \leqslant 0 \\[3mm] g_4(\vec{x}) = \dfrac{x_2 + x_1}{1.5} - 1 \leqslant 0 \end{cases} \qquad (4\text{-}15)$$

这个问题最近也被 Zou 等[17]及 Gandomi 等[11]用 DE 方法研究过。表 4-6 和表 4-7 给出了 Coello&Montes[14]、CPSO[15]、CDE[16]、一种新修改的差分进化算法 NMDE[17]、带有老鹰策略的差分进化算法 ES-DE[11] 和 MOCoDE 算法的计算结果。

从表 4-6 和表 4-7 可以看出，对于伸缩弹簧设计问题，MOCoDE、NMDE 和 ES-DE 的表现要优于其他方法，并且每次都可以找到最优值，而 CDE 和 CPSO 两种算法仅能发现近似最优解。同时，MOCoDE、NMDE 和 ES-DE 的统计性能也非常相似。然而，需要注意的是 NMDE 和 ES-DE 的参数分别是 6 和 4，而 MOCoDE 仅有 3 个参数。

表 4-6　几种算法关于弹簧设计问题最优解的比较

设计变量	Coello& Montes[14]	CPSO[15]	CDE[16]	NMDE[17]	ES-DE[11]	MOCoDE
$x_1(d)$	0.051 989	0.051 728	0.051 609	0.051 689	—	0.051 718 175 810 237
$x_2(D)$	0.363 965	0.357 644	0.354 714	0.356 723	—	0.357 418 368 943 598
$x_3(P)$	10.890 522	11.244 543	11.410 831	11.288 649	—	11.248 015 806 467 105
$g_1(x)$	−0.000 013	−0.000 845	−0.000 039	-1.775×10^{-11}	—	−0.000 000 060 916 373
$g_2(x)$	−0.000 021	$-1.260 0 \times 10^{-5}$	−0.000 183	-7.6×10^{-13}	—	−0.000 000 447 510 206
$g_3(x)$	−4.061 338	−4.051 300	−4.048 627	−4.053 796	—	−4.055 164 429 852 527
$g_4(x)$	−0.722 698	−0.727 090	−0.729 118	−0.727 725	—	−0.727 242 303 497 443
$f(x)$	0.012 681 0	0.012 674 7	0.012 670 2	0.012 665	0.012 665	0.012 665 259 791 822

表 4-7　几种算法关于弹簧设计问题的统计性能对比

算法	最好值	平均值	最坏值	标准差
Coello&Montes[14]	0.012 681 0	0.012 742 0	0.012 973	$5.900 000 \times 10^{-5}$
CPSO[15]	0.012 674 7	0.012 730	0.012 924	$5.198 500 \times 10^{-5}$
CDE[16]	0.012 670 2	0.012 703	0.012 790	$2.700 0 \times 10^{-5}$
NMDE[17]	0.012 665	0.012 665	0.012 665	—
ES-DE[11]	0.012 665	0.012 665	0.012 665	3.58×10^{-9}
MOCoDE	0.012 665	0.012 665	0.012 665	$1.872 1 \times 10^{-8}$

（3）绝热连续搅拌釜反应器优化

绝热连续搅拌釜反应器优化（CSTR）[18]的反应过程描述如图 4-3 所示，在反应过程中，A 是进给材料，B 是临时的中间产物，C 是要求的产品，D 是不希望的产品。绝热连续搅拌釜反应器优化问题是指发现在反应过程中 C 产品的最好的反应温度。反应速率 k_i 如式（4-16）所示。

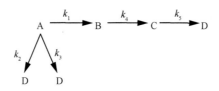

图 4-3　绝热连续搅拌釜反应器优化的反应过程

$$k_i = C_i \exp\left\{ \frac{-E_i}{\mathrm{R}} \left(\frac{1}{T} - \frac{1}{658} \right) \right\}, \quad i=1,2,\cdots,5 \tag{4-16}$$

其中，C_i 表示频率因子；E_i 是活化能，单位为 cal/mol；R 是气体常量，R= 1.987 2 cal/(mol·K)$^{-1}$，T 是绝对温度，单位为 K。5 个比例常数的 C_i 和 E_i 分别是 $C = (1.02, 0.93, 0.386, 3.28, 0.084)$ 和 $E = (160\ 00, 140\ 00, 150\ 00, 100\ 00, 150\ 00)$。

CSTR 反应过程的动力学方程为

$$\frac{\mathrm{d}x_1}{\mathrm{d}t} = -(k_1 + k_2 + k_3)x_1, \quad \frac{\mathrm{d}x_2}{\mathrm{d}t} = k_1 x_1 - k_4 x_2, \quad \frac{\mathrm{d}x_3}{\mathrm{d}t} = k_4 x_2 - k_5 x_3 \tag{4-17}$$

其中，x_1、x_2 和 x_3 分别是材料 A、B 和 C 的浓度。对于该问题，最好的产量 C (f)，$f = x_3 = 0.423\ 084$。更多信息可以参见文献[18]。算法的运行结果与最优值相比，如果误差值在 10^{-5} 以内，则认为该次运行是成功的。表 4-8 中列出了各算法的成功率 SR 和函数评估次数 NFE。

对于绝热连续搅拌釜反应器优化问题，DE、MDE 和 MOCoDE 每次都可以发现最优值，但 MOCoDE 的 NFE 可以大大减少函数评估次数。此外，尽管 DETL 具有较大的函数评估次数，但它的成功率却低于提出的 MOCoDE 方法。

（4）反应网络设计问题

反应网络设计问题[18]带有 4 个离散变量，系统的详细描述如图 4-4 所示。该问题涉及在连续反应 A—B—C 发生的情况下，安排两个 CSTR 反应器的顺序，其目标是最大化出口处产品 B（$x_4 = C_{B2}$）的浓度。反应网络设计问题是一个非常难的测试问题，其数学模型如式（4-18）所示。在全局最优值 $f = -0.388\ 812$ 附近包含了一些与全局最优值非常接近的局部最小值，其中的两个局部极值是 $f = -0.374\ 61$ 和 $f = -0.388\ 08$[18]。

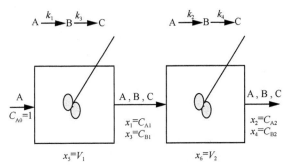

x_1：导线直径　　　x_2：线圈平均直径　　　x_3：有效线圈数

图 4-4　反应网络设计问题

$$\min \quad f(\vec{x}) = -x_4$$

约束条件为

$$\begin{cases} g_1(\vec{x}) = x_1 + k_1 x_1 x_5 - 1 = 0 \\ g_2(\vec{x}) = x_2 - x_1 + k_2 x_2 x_6 = 0 \\ g_3(\vec{x}) = x_3 + x_1 + k_3 x_3 x_5 - 1 = 0, x_i \in \{0,1\}, i = 1,2,3,4; x_i \in [10^{-5}, 16], i = 5,6 \\ g_4(\vec{x}) = x_4 - x_3 + x_2 - x_1 + k_4 x_4 x_6 = 0 \\ g_5(\vec{x}) = x_5^{0.5} + x_6^{0.5} - 4 \leqslant 0 \end{cases}$$

$$(4\text{-}18)$$

其中，k_i（$i=1,2,\cdots,5$）为反应速率，$k_1 = 0.097\,559\,88$，$k_2 = 0.99\,k_1$，$k_3 = 0.039\,190\,8$，$k_4 = 0.9\,k_3$。表 4-8 中列出了 DE[18]、MDE[18]、DETL[19] 及 MOCoDE 这 4 种 DE 算法的计算结果。从表 4-8 可以看出，对于反应网络设计问题，虽然 MOCoDE 的 NFE 比 DE、MDE 和 DETL 要大一些，但是是完全可以接受的，并且 100 次运行中 MOCoDE 的成功率为 100%，虽然 DETL 的成功率也很高，其高的成功率依赖于序列二次规划（Sequence Quadratic Program，SQP）局部搜索技术[19]。

表 4-8　4 种 DE 算法优化反应网络设计问题和 CSTR 问题的计算结果

问题	DE[18]		MDE[18]		DETL[19]		MOCoDE	
	SR*	NFE**	SR*	NFE**	SR	NFE***	SR	NFE
CSTR	100%(100%)	8 600(7 996)	100%(100%)	7 351(7 685)	77%	1 983+15	100%	1 245
RND	10%(57%)	1 605(1 468)	8%(44%)	1 289(1 253)	98%	1 468+25	100%	7 780

注：*括号外数值表示采用边界方法的成功率，括号内数值表示采用内部方法的成功率。

　　**括号外数值表示采用边界方法的函数评估次数，括号内数值表示采用内部方法的函数评估次数。

　　***表示两个数分别为 DETL 的函数评估次数+局部优化需要的函数评估次数。

（5）过程流程模拟问题

过程流程模拟问题的数学模型如式（4-19）所示。由于第一个约束和具有两个连续变量和一个二进制变量，因此，该问题是一个非凸问题。文献[10]中提出了两种混合差分进化算法用于求解该问题。

$$\min f(\vec{x}) = -0.7 x_3 + 5(x_1 - 0.5)^2 + 0.8$$

约束条件为

$$\begin{cases} g_1(\vec{x}) = -\exp(x_1 - 0.2) - x_2 \leqslant 0 \\ g_2(\vec{x}) = x_1 - 1.2x_3 - 0.2 \leqslant 0 \\ g_3(\vec{x}) = x_2 + 1.1x_3 + 1.0 \leqslant 0 \end{cases} \tag{4-19}$$

$$x_1 \in [0.2,1], x_2 \in [-2.225\,54, -1], x_3 \in \{0,1\}$$

将本章提出的 MOCoDE 算法用于求解该问题，并与文献[10]中 3 种 DE 算法的结果进行了对比，表 4-9、表 4-10 分别给出了 4 种算法的成功率 SR 和函数评估次数 NFE 的统计结果和优化结果。

表 4-9　4 种 DE 算法关于过程流程问题的结果统计

全局最优值	MDE′ [10]		MA-MDE′ [10]		MDE′-HIS[10]		MOCoDE	
	SR	NFE	SR	NFE	SR	NFE	SR	NFE
1.076 543	40	30 986	53.3	25 766	83.3	22 146	100	11 134

表 4.10　4 种 DE 算法关于过程流程问题的优化结果

算法	最好值	中间值	平均值	最坏值	标准差
MDE′ [10]	—	—	1.124 453	—	0.075 163
MA-MDE′ [10]	—	—	1.099 805	—	0.055 618
MDE′-HIS[10]	—	—	1.094 994	—	0.052 898
MOCoDE	1.076 543 09	1.076 543 128	1.076 543 128	1.076 543 152	1.47×10^{-8}

计算结果清楚地说明了 MOCoDE 的优势。从表 4-9 中可以看出，MOCoDE 每次都可以找到最优值，且在 SR 和 NFE 方面要优于 MDE′、MA-MDE′和 MDE′-HIS。从表 4-10 中的统计结果可以看出，MOCoDE 具有很小的标准差，每次都可以获得一致的结果，且即使是最坏结果也优于其他方法的平均结果。

（6）过程合成问题

本章选择一个典型的过程合成问题，该问题是一个具有非线性和混合变量的问题。此问题有 t 个变量和 9 个约束条件。Liao 等[10] 和 Zou 等[17]都对该问题进行了研究。过程合成问题的数学模型如式（4-20）所示。

$$\min f(\vec{x}) = (x_4 - 1)^2 + (x_5 - 1)^2 + (x_6 - 1)^2 - \ln(x_7 + 1) + (x_1 - 1)^2 + (x_2 - 2)^2 + (x_3 - 3)^2$$

约束条件为

$$\begin{cases} g_1(\vec{x}) = x_4 + x_5 + x_6 + x_1 + x_2 + x_3 - 5 \leqslant 0 \\ g_2(\vec{x}) = x_6^2 + x_1^2 + x_2^2 + x_3^2 - 5.5 \leqslant 0 \\ g_3(\vec{x}) = x_4 + x_1 - 1.2 \leqslant 0 \\ g_4(\vec{x}) = x_5 + x_2 - 1.8 \leqslant 0 \\ g_5(\vec{x}) = x_6 + x_3 - 2.5 \leqslant 0 \\ g_6(\vec{x}) = x_7 + x_1 - 1.2 \leqslant 0 \\ g_8(\vec{x}) = x_6^2 + x_3^2 - 4.25 \leqslant 0 \\ g_9(\vec{x}) = x_5^2 + x_3^2 - 4.64 \leqslant 0 \end{cases}, x_1 \in [0,1.2], x_2 \in [0,1.8], x_3 \in [0,2.5], x_4, x_5, x_6, x_7 \in \{0,1\}$$

$$(4\text{-}20)$$

其全局最优解为 $x = (0.2, 1.280\ 62, 1.954\ 482)$，$y = (1, 0, 0, 1)$，最优值为 $f=3.557\ 461$，具有几个局部极值。表 4-11 和表 4-12 给出了不同方法的计算结果。

表 4-11　几种 DE 算法关于过程合成问题的计算结果

全局最优解	MDE$^{\prime[10]}$		MA-MDE$^{\prime[10]}$		MDE$^{\prime}$-HIS[10]		MOCoDE	
	SR	NFE	SR	NFE	SR	NFE	SR	NFE
3.557 461	30	37 739	86.7	20 116	83.3	27 116	100	27 494

表 4-12　几种 DE 算法关于过程合成问题的计算方法

方法	最好值	中间值	平均值	最坏值	标准差
SADE[17]	3.557 461	3.557 461	3.594 041	4.63 273	—
ODE[17]	3.557 461	3.557 461	3.585 754	3.714 353	—
NMDE[17]	3.557 461	3.557 461	3.580 045	3.896 224	—
MDE$^{\prime[10]}$	—	—	3.599 903	—	0.059 012
MA-MDE$^{\prime[10]}$	—	—	3.564 912	—	0.029 017
MDE$^{\prime}$-HIS[10]	—	—	3.561 157	—	0.008 381
MOCoDE	3.557 461	3.557 461	3.557 461	3.557 461	$1.184\ 8 \times 10^{-8}$

从表 4-11 中可以看出，MOCoDE 获得了最好的 SR 且 NFE 不会大幅增加。此外，从表 4-12 中的计算结果可以看出，MOCoDE 在平均值、最坏值和标准差方面都得到了最好的结果。特别的是 MOCoDE 的最好值、中间值、平均值、最坏值都得到了同样的结果，且标准差非常小。

（7）压力罐设计问题

压力罐设计问题[14]如图 4-5 所示，其目标是最小化总成本，包括原材料的成本、成形和焊接。该问题是一个混合离散连续约束优化问题，共有 4 个设计变量：压力管道的厚度 $T_s(x_1)$，盖子的厚度 $T_h(x_2)$，管道的内径 R (x_3)，圆柱的长度 L (x_4)。T_s 和 T_h 是可以获得的热轧钢板的厚度，其值是 0.158 75 cm（0.062 5 in）的整数倍，R 和 L 都是连续变量。压力罐设计问题的数学模型如式（4-21）所示。

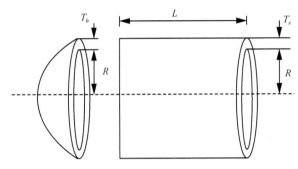

图 4-5　压力管道设计问题

$$\min f(\vec{x}) = 0.622\ 4x_1x_3x_4 + 1.778\ 1x_2x_3^2 + 3.166\ 1x_1^2x_4 + 19.84x_1^2x_3,$$
$$x_1, x_2 \in \{0.062\ 5, 0.125, \cdots, 5\}, x_3, x_4 \in [10, 200]$$

约束条件为

$$\begin{cases} g_1(\vec{x}) = -x_1 + 0.019\ 3x_3 \leqslant 0 \\ g_2(\vec{x}) = -x_2 + 0.009\ 54x_3 \leqslant 0 \\ g_3(\vec{x}) = -\pi x_3^2 x_4 - \dfrac{4}{3}\pi x_3^3 + 1\ 296\ 000 \leqslant 0 \\ g_4(\vec{x}) = x_4 - 240 \leqslant 0 \end{cases} \tag{4-21}$$

式（4-21）的最优值是 6 059.714 3。表 4-13 中列出了 CPSO[15]、CDE[16]、DUVDE+APM[12]、ES-DE[11] 及 MOCoDE 5 种进化计算方法得到的计算结果，相关的统计结果在表 4-14 中列出。

表 4-13　几种算法找到的压力管道设计问题的最好解

设计变量	CPSO[15]	CDE[16]	DUVDE+APM[12]	ES-DE[11]	MOCoDE
$x_1(T_s)$	0.812 500	0.812 500	0.812 50	—	0.812 500
$x_2(T_h)$	0.437 500	0.437 500	0.437 50	—	0.437 500
$x_3(R)$	42.091 266	42.098 411	42.098 44		42.098 445 595 85
$x_4(L)$	176.746 500	176.637 690	176.636 78		176.636 595 843 37
$g_1(x)$	−0.000 139	−6.677×10⁻⁷			−5.4×10⁻¹⁴

（续表）

设计变量	CPSO[15]	CDE[16]	DUVDE+APM[12]	ES-DE[11]	MOCoDE
$g_2(x)$	−0.035 949	−0.035 881	—	—	−0.035 880 829
$g_3(x)$	−116.382 700	−3.683 016	—	—	−0.000 004 978
$g_4(x)$	−63.253 500	−63.36 231	—	—	−63.363 404 156
$f(x)$	6 061.077 7	6 059.734 0	6 059.718 26	6 059.71	6 059.714 3

表 4-14 几种算法关于压力管道设计问题的统计结果

方法	最好值	平均值	最坏值	标准差
CPSO[15]	6 061.077 7	6 147.133 2	6 363.804 1	86.454 5
CDE[16]	6 059.734 0	6 085.230 3	6 371.045 5	43.013 0
DUVDE+APM[12]	6 059.718 26	6 059.718 26	6 059.718 26	0
ES-DE[11]	6 059.71	6 059.71	6 059.7 1	$9.77×10^{-12}$
MOCoDE	6 059.714 3	6 059.714 3	6 059.714 3	$1.944 4×10^{-8}$

从表 4-13 中的结果可以明显看出，MOCoDE 方法获得了最好的结果。表 4-14 中的统计结果表明 MOCoDE 方法可以有效求解具有离散−连续变量的约束问题，并得到了具有竞争力的统计结果。需要指出的是，由于精度的关系，ES-DE 的计算结果并不意味着它可以找到更好的结果。

基于上述仿真结果和比较，可以得出，对于约束优化问题，MOCoDE 具有良好搜索性能和稳定性。特别是 MOCoDE 几乎每次都可以得到同样的结果，且具有很小的标准差。具体来说，关于约束工程优化问题及带有混合变量的问题，MOCoDE 每次都找到了最优解，这是很有意义的。

MOCoDE 的有效性在于结合了 CoDE 和改进的 Oracle 罚函数的优点。具体而言，一方面，在改进的 Oracle 罚函数的帮助下，MOCoDE 可以快速找到可行性域。另一方面，得益于 CoDE 高效的搜索能力，MOCoDE 可以充分开发可行空间。此外，由于大多数参数是自适应的，MOCoDE 需要非常少的用户参数，使得其更适合于实际应用。因此，MOCoDE 是一个求解约束优化问题的一个好的可选方法。

4.5 小结

在 Oracle 罚函数方法的基础上，本章提出了一种新的面向约束优化的差分进化算法 MOCoDE。为了有效处理 COP 中的各种约束，给出一种改进的 Oracle 罚函数方法，并将其嵌入 CoDE 中，用于进行约束处理。此外，为了求解带有混合变量的 COP，将一种通用的离散变量处理方法引入 MOCoDE 中，用于将离散变量统一表示成连续变量。

对数值实验和工程优化问题的研究表明，MOCoDE 具有好的稳定性和较强的全局寻优能力，在求解 COP 时具有较大的潜力，并且其性能明显优于文献中提出的一些的方法。同时，需要指出的是，MOCoDE 需要用户调节的参数很少，这些特征对于该算法的实际应用具有重要意义。

┃ 参考文献 ┃

[1] DONG M G, WANG N, CHENG X H, et al. Composite differential evolution with modified oracle penalty method for constrained optimization problems[J]. Mathematical Problems in Engineering, 2014.

[2] SCHLÜTER M, GERDTS M. The oracle penalty method[J]. Journal of Global Optimization, 2010, 47(2): 293-325.

[3] SCHLÜTER M, EGEA J A, BANGA J R. Extended ant colony optimization for non-convex mixed integer nonlinear programming[J]. Computers & Operations Research, 2009, 36(7): 2217-2229.

[4] SCHLÜTER M, EGEA J A, ANTELO L T, et al. An extended ant colony optimization algorithm for integrated process and control system design[J]. Industrial & Engineering Chemistry Research, 2009, 48(4): 6723-6738.

[5] WANG Y, CAI Z, ZHANG Q. Differential evolution with composite trial vector generation strategies and control parameters [J]. IEEE Transactions on Evolutionary Computation, 2011, 15(1): 55-66.

[6] 王勇, 蔡自兴, 周育人, 等. 约束优化进化算法[J]. 软件学报, 2009, 20(1): 11-29.

[7] DEB K. An efficient constraint handling method for genetic algorithms[J]. Computer Methods in Applied Mechanics and Engineering, 2000, 186(2-4): 311-338.

[8] WANG Y, CAI Z X, ZHOU Y R, et al. Constrained optimization based on hybrid evolutionary algorithm and adaptive constraint-handling technique[J]. Structural and Multidisciplinary Optimization, 2009, 37(4): 395-413.

[9] LIANG J J, RUNARSSON T P, MEZURA-MONTES E, et al. Problem definitions and evaluation criteria for the CEC 2006 special session on constrained real-parameter optimization[R]. Singapore: Nanyang Technological University, 2006.

[10] LIAO T W. Two hybrid differential evolution algorithms for engineering design optimization[J]. Applied Soft Computing, 2010,10(4): 1188-1199.

[11] GANDOMI A H, YANG X S, TALATAHAR S, et al. Coupled eagle strategy and differential evolution for unconstrained and constrained global optimization[J]. Computers & Mathematics with Applications, 2012, 63(1): 191-200.

[12] SILVA E K, BARBOSA H J C, LEMONGE A C C. An adaptive constraint handling technique for differential evolution with dynamic use of variants in engineering optimization[J]. Optimization and Engineering, 2011, 12(1-2): 31-54.

[13] ELSAYED S M, SARKER R A, ESSAM D L. Multi-operator based evolutionary algorithms for solving constrained optimization problems[J]. Computers & Operations Research, 2011, 38(12): 1877-1896.

[14] COELLO C A C, MONTES E M. Constraint-handling in genetic algorithms through the use of dominance-based tournament selection[J]. Advanced Engineering Informatics, 2002, 16(3): 193-203.

[15] HE Q, WANG L. An effective co-evolutionary particle swarm optimization for constrained engineering design problems [J]. Engineering Applications of Artificial Intelligence, 2007, 20(1): 89-99.

[16] HUANG F, WANG L, HE Q. An effective co-evolutionary differential evolution for constrained optimization[J]. Applied Mathematics and Computation, 2007, 186(1): 340-356.

[17] ZOU D X, LIU H K, GAO L Q, et al. A novel modified differential evolution algorithm for constrained optimization problems[J]. Applied Mathematics and Computation, 2011, 61(6): 1608-1623.

[18] BABU B V, ANGIRA R. Modified differential evolution (MDE) for optimization of non-linear chemical processes[J]. Computers & Chemical Engineering, 2006, 30(6-7): 989-1002.

[19] SRINIVAS M, RANGAIAH G P. Differential evolution with tabu list for solving nonlinear and mixed-integer nonlinear programming problems[J]. Industrial & Engineering Chemistry Research, 2007, 46(22): 7126-7135.

第 5 章

基于替换和重置机制的多策略
变异约束差分进化算法

为了平衡约束条件和目标函数，本章提出了基于替换和重置机制的多策略变异约束差分进化（MCoDE）算法。由于该算法的约束处理技术是可行性规则，MCoDE运用多策略变异在约束处理技术的限定下考虑目标函数的影响，平衡达到约束条件和目标函数的关系，运用替换机制和重置机制来增加种群多样性，使种群跳出不可行区域的局部解，从而平衡约束条件和目标函数。从 CEC2010 的 18 个测试函数和其他几种约束优化方法的仿真结果可以看出，MCoDE 算法取得了比较有竞争力的结果。

| 5.1 引言 |

在进化计算领域，人们越来越关注应用进化算法（EA）来求解约束优化问题。由于约束条件的存在，许多约束处理技术早已被提及并与 EA 集成，因此设计了各种约束优化进化算法（Constrained Optimization Evolutionary Algorithm，COEA）。目前流行的 COEA 可以简单地分为 3 类，具体如下。

- 基于惩罚函数的算法：通过在目标函数中加入与约束违反成比例的惩罚项，构造出全新的适应度函数，然后使用该适应度函数比较个体。基于惩罚函数的方法有 $(u+\lambda)$-CDE[1] 和 CMAES[2]。
- 基于可行解偏好于不可行解的方法：在基于可行解偏好于不可行解的方法中，个体之间的比较是基于违反约束的程度或目标函数，但可行解总是被认为比不可行解更好。此类方法有 εDE[3] 和 εDEag[4]。
- 基于多目标优化的方法：在多目标优化的技术中，把约束优化问题转变为具有两个目标的多目标优化问题，经过转变后，通常采用 Pareto 支配比较个体。此类方法有动态混合框架（Dynamic Hybrid Framework，DyHF）[5] 和基于多目标优化的差分进化算法（Combining Multiobjective Optimization with Differential Evolution）[6]。

一般来说，COEA 需要实现两个目的：一是快速地进入可行域，二是在最终进化之后能够找到最优解。本章提出了基于重置策略的多策略变异约束差分进化算法（MCoDE），采用可行性规则作为约束处理技术，提出了多策略变异来平衡约束条件和目标函数的关系，并且应用替换机制和重置机制增加种群多样性，使种群跳出不可行区域的局部解，最后达到快速搜寻到可行域并找到最优解的目的。

|5.2 相关工作|

5.2.1 约束问题

一般的约束问题，以最小化形式为例，可表示为

$$\min f(\vec{x}), \vec{x} = (x_1, x_2, \cdots, x_D) \in S, L_i \leqslant x_i \leqslant U_i$$

约束条件为

$$g_j(\vec{x}) \leqslant 0, \ j = 1, 2, \cdots, l$$
$$h_j(\vec{x}) = 0, j = l+1, l+2, \cdots, m \tag{5-1}$$

其中，$\vec{x} = (x_1, \cdots, x_D) \in S$ 为决策向量，S 为决策空间，$f(\vec{x})$ 为目标函数，$g_j(\vec{x})$ 为第 j 个不等式约束条件，$h_j(\vec{x})$ 为第 $(j-l)$ 个等式约束条件，l 为不等式约束条件的数目，$(m-l)$ 为等式约束条件的数目，U_i、L_i 分别为决策空间的上界、下界。对于 COP，计算决策向量在第 j 个约束条件下约束违反的程度如式（5-2）所示：

$$G_j(\vec{x}) = \begin{cases} \max\{0, g_i(\vec{x})\}, 1 \leqslant j \leqslant l \\ \max\{0, |h_i(\vec{x}) - \delta|\}, l+1 \leqslant j \leqslant m \end{cases} \tag{5-2}$$

其中，δ 是在一定程度上放宽等式约束的正容差值。$\vec{x}$ 在所有约束条件下违背约束条件的程度如式（5-3）所示：

$$G(\vec{x}) = \sum_{j=1}^{m} G_j(\vec{x}) \tag{5-3}$$

如果 $G(\vec{x}) = 0$ ，则决策向量 $\vec{x}$ 为可行解，否则决策向量 $\vec{x}$ 为不可行解。

5.2.2　可行性规则

Deb[7]设计出可行性规则作为约束处理技术，该技术属于基于可行解偏好于不可行解的方式，其个体采取的比较方式具体如下。

- 在两个不可行的解决方案之间，违反约束程度较小的解决方案是首选。
- 如果一种解决方案是不可行的，另一种解决方案是可行的，则优选可行的解决方案。
- 若两解全都在可行域内，首选具备更好目标函数值的解。

| 5.3　改进的算法 |

5.3.1　多策略变异操作

本章主要采用可行性规则作为约束处理技术，在选择方面更偏向约束条件，往往忽视了目标函数值影响算法性能。MCoDE 采用多策略变异操作来弥补这一缺陷，平衡约束条件和目标函数的关系。多策略变异操作（1）采用 "DE/rand-to-pbest/1" 和 "DE/current-to-rand/1" 两种差分变异策略和改进的 BGA（The Breeder GA Muation Operator）带有的传代变异操作来搜索。在进化前期，个体基本都是不可行解，利用以上两种差分变异策略来搜索，提高了算法的全局搜索能力；进化后期有些个体从不可行解转化成可行解， "DE/rand-to-pbest/1" 更能指引可行解朝向目标函数值最优的解进一步靠近，而且 "DE/current-to-rand/1" 在解决旋转问题上十分有效。MCoDE 所采用的差分变异策略如式（5-4）和式（5-5）所示：

"DE/rand-to-pbest/1" ：

$$v_{i,G} = x_{r_1,G} + F(x_{\text{pbest},G} - x_{r_1,G}) + F(\tilde{x}_{r_2,G} - x_{r_3,G}) \tag{5-4}$$

"DE/current-to-rand/1" ：

$$v_{i,G} = x_{i,G} + \text{rand}(x_{r_1,G} - x_{i,G}) + F(x_{r_2,G} - x_{r_3,G}) \tag{5-5}$$

其中，$X_{pbest,G}$ 是在目前种群中最优 $100 \times p$ 的个体中随机选择的个体之一，p 的取值范围是 0~1，$\vec{x}_{r_2,G}$ 从当前种群和存档的合并集中随机选择，F 是[0,1]范围内均匀分布的随机数。多策略变异操作（1）最后还采用了改进的 BGA 变异操作增加了种群的多样性。其中，改进的 BGA 如下：

$$v_{i,j} = \begin{cases} v_{i,j} \pm \text{rand} \sum_{s=0}^{15} \alpha_s 2^{-s}, & \text{rand} < \dfrac{1}{n} \\ v_{i,j}, & \text{其他} \end{cases} \tag{5-6}$$

$$\text{randg}_i = \left(U_i - L_i\right)\left(1 - \frac{\text{gen}}{\text{total\_gen}}\right)^6 \tag{5-7}$$

其中，rand 是[0,1]范围内生成的随机数，randg_i 是变异的范围，gen 是当前进化代数，total_gen 是总进化代数，符号"+"和"−"被选择的概率是 0.5，α_s 的取值范围为 0~1，并且产生 1 的概率为 $P_r\left(\alpha_s=1\right)=\dfrac{1}{16}$。多策略变异操作（1）的伪代码如下。

if $\text{rand} \leqslant 0.5 + 0.3 \times \dfrac{\text{FES}}{\text{MaxFES}}$ /*rand 是[0,1]之间随机生成的随机数*/

$v_{i,G} = x_{r_1,G} + F(x_{pbest,G} - x_{r_1,G}) + F(\tilde{x}_{r_2,G} - x_{r_3,G})$ /*DE/rand-to-pbest/1*/

else

$v_{i,G} = x_{i,G} + \text{rand}(x_{r_1,G} - x_{i,G}) + F(x_{r_2,G} - x_{r_3,G})$ /*DE/current-to-rand/1*/

end if

变异策略"DE/rand-to-pbest/1"的个体进行二项式交叉。

根据式（5-6）和式（5-7）进行改进 BGA 变异操作。

为了进一步让陷入不可行解区域的种群找到可行解，采用多策略变异操作（2）增加找到可行解的概率。多策略变异操作（2）的伪代码如下。

if 所有的个体都是不可行解

从种群 P_{t+1} 随机选择一个个体 x_a，随机在某一维上产生一个随机值生成新个体 x'_a

计算新个体 x'_a 的违反约束的程度 G 和目标函数值 f

从种群 P_{t+1} 选择违反约束程度最大的个体 x_b

if $f(x'_a) < f(x'_b)$

在种群 P_{t+1} 中用新个体 x'_a 替换 x_b

end if

end if

5.3.2　替换机制和重置机制

为了减轻可行性规则偏向约束条件的贪婪特性，本节采用替换和重置机制来平衡和约束目标函数。采用替换机制，用存档 A 中违反约束程度最低且目标函数相对低的个体去替换部分种群中违反约束程度最高且目标函数相对较高的个体，这一方面增加了种群的多样性，另一方面从目标函数角度来看，为处在可行区域边界的目标函数较小的个体找到最优解提供了有效帮助。替换机制的伪代码如下。

按目标函数值的升序对种群 P_{t+1} 进行排序，并且平均分成 M 个部分

$i = 1$

while $|A| > 0$ 且 $i \leqslant M - 1$

从第 i 部分种群 P_{t+1} 选择违反约束程度最高的个体 x_c

从 A 中选择违反约束程度最低的个体 x_d

if $f(x_d) < f(x_c)$

在种群 P_{t+1} 中用新个体 X_d 替换 x_c

在 A 中删除个体 x_d

end if

$i = i+1$

end while

另外，为了解决复杂的约束条件，MCoDE 采用了重置机制。为了防止种群陷入不可行解区域的局部解，通过种群违反约束程度的标准差来判定种群是否陷入不可行解区域的局部解，如果种群中没有一个可行解且种群违反约束程度的标准差小于阈值 δ（一般 δ 设为 10^{-8}），则执行重置机制。重置机制的伪代码如下。

if std$(G)<\delta$ & isempty(find$(G == 0))$ /*rand 是[0,1]之间随机生成的随机数*/

$x_{i,j} = \text{rand}_j(0,1)(U_j - L_j) + L_j$ /*i 表示个体，j 表示变量维数，i、j 的范围根据具体问题来定*/

end if

5.3.3　MCoDE 算法

MCoDE 算法流程如下。

步骤 1：初始化种群。

步骤 2：采用第 5.3.2 节中方法判断种群是否满足重置条件，如果满足则执行重置操作。

步骤 3：采用第 5.3.1 节中方法多策略变异（1）产生下一代 P_{t+1}。

步骤 4：采用第 5.3.2 节中的替换操作。

步骤 5：采用第 5.3.1 节中的多策略变异操作（2）。

步骤 6：假如达到停止的情况，那么算法执行停止，输出最优解，反之返回到步骤 2 继续运行。

MCoDE 算法的伪代码如下。

```
随机初始化种群 Pₜ，设置种群数量 N 和最大评估次数 MAX_FES；
计算种群 Pₜ的违反约束的程度 G 和目标函数值 f
FES=N，Pₜ₊₁ = ∅和A = ∅

while FES<Max_FES do
判断是否满足重置条件，如果满足执行重置操作
for i= 1 to N do
采用第 5.3.1 节中的多策略变异操作(1)
计算种群 Pₜ中第 i 个个体违反约束的程度 G 和目标函数值 f
FES= FES+1
根据可行性规则比较 uᵢ和xᵢ，保存最好的个体进入下一代 Pₜ₊₁
    if uᵢ没有进入下一代 Pₜ₊₁ 且 f(uᵢ) < f(xᵢ)，then  A = A∪Uᵢ,G
end for
采用第 5.3.2 节中的替换操作
采用第 5.3.1 节中的多策略变异操作(2)且 FES= FES+1
t=t+1
end while
```

5.3.4 复杂度分析

经典 DE 算法运行时复杂度为 $O(G_{max}×NP×D)$，其中 G_{max} 是最大的代数，NP 是种群的数量，D 是问题的维数。MCoDE 在经典 DE 基础上增加了多策略变异操作，但算法时间复杂度并没有额外增加，另外增加的替换机制和重置机制并不会影响算法复杂度的数量级，故 MCoDE 与经典 DE 在时间复杂度上近似相等，不会在算法运行时，在时间复杂度上造成任何严重负担。

| 5.4　仿真实验及结果分析 |

5.4.1　测试函数和实验测试参数

本章采用国际进化计算大会 IEEE CEC2010[8]中的 18 个测试函数来测试 MCoDE 的有效性，并选取 4 种具有代表性的约束算法进行对比，分别是带有存档和梯度的 ε 约束的差分进化算法（ε Constrained DE with an Archive and Gradient-Based Muta-tion，εDEag）[4]、带有约束处理技术的集成差分进化算法（Differential Evolution with Ensemble of Constraint Handling Techniques，ECHT-DE）[9]、基于人工免疫系统的约束优化（Constrained Optimization via Artifical Immune System，AIS-IRP）[10]和 FROFI[11]。实验仿真环境为 Intel(R) Core(TM)i7-7700HQ CPU、16 GB 内存、2.8 GHz 主频，Windows10 64 位操作系统的计算机，实验软件环境为 Matlab R2016a。按 CEC2010 的要求，测试算法在每个测试函数上独立运行 25 次，最大函数评估次数 Max_FES 为 600 000。MCoDE 设置种群数目 NP 为 80，缩放因子池 $F_{pool} = [0.6, 0.8, 1.0]$，交叉概率 池 $CR_{pool} = [0.1, 0.2, 1.0]$。

5.4.2　实验结果分析

MCoDE 与 εDEag、ECHT-DE、AIS-IRP、FROFI 在 30 维 CEC2010 系列测试 函数上 25 次独立运行的平均值和标准差统计结果见表 5-1，本章采用平均值和标准 差进行对照突出算法之间差异，表中"+""−""≈"分别表示其他算法明显优于、 明显劣于和类似于 MCoDE，"*"则表示在 25 次独立运行中有些实验没有搜索到 可行解。

从表 5-1 中 30 维 CEC2010 系列测试函数的对比结果可知，本章的算法 MCoDE 在 15 个测试函数（C3～C8、C10～C18）上优于 εDEag，MCoDE 在 16 个测试函数 （C1～C15、C17）上优于在 ECHT-DE，MCoDE 在 14 个测试函数（C1、C3～C7、 C11～C18）上优于在 AIS-IRP，MCoDE 在 11 个测试函数（C1～C2、C4～C6、C8～ C10、C13、C15、C17）上优于在 FROFI。MCoDE 分别在一个测试函数（C16）上

近似于 ECHT-DE，在 3 个测试函数（C7、C14、C16）上近似于 FROFI。但是 MCoDE 分别在 3 个测试函数（C1～C2、C9）上劣于 εDEag，在一个测试函数（C18）上劣于 ECHT-DE，在 4 个测试函数（C2、C8～C10）上劣于 AIS-IRP，在 4 个测试函数（C3、C11～C12、C18）上劣于 FROFI。

表 5-1　各算法在 30 维 CEC2010 系列测试函数比较结果

测试函数	εDEag[4]	ECHT-DE[9]	AIS-IRP[10]	FROFI	MCoDE
C1	-8.21×10^{-1} $(7.10 \times 10^{-4})+$	-8.00×10^{-1} $(1.79 \times 10^{-2})-$	-8.20×10^{-1} $(3.25 \times 10^{-4})-$	-8.21×10^{-1} $(1.86 \times 10^{-3})-$	-8.21×10^{-1} (1.64×10^{-3})
C2	-2.15 $(1.20 \times 10^{-2})+$	-1.99 $(2.10 \times 10^{-1})-$	-2.21 $(2.84 \times 10^{-3})+$	-2.01 $(3.20 \times 10^{-2})-$	-2.05 (2.55×10^{-2})
C3	$2.88 \times 10^{+1}$ $(8.05 \times 10^{-1})-$	$9.89 \times 10^{+1}$ $(6.26 \times 10^{+1})-$	$6.68 \times 10^{+1}$ $(4.26 \times 10^{+2})-$	$2.64 \times 10^{+1}$ $(7.94)+$	$2.87 \times 10^{+1}$ (2.85×10^{-7})
C4	8.16×10^{-3} $(3.07 \times 10^{-3})-$	-1.03×10^{-6} $(9.01 \times 10^{-3})-$	1.98×10^{-3} $(1.61 \times 10^{-3})-$	-3.33×10^{-6} $(2.74 \times 10^{-10})-$	-3.33×10^{-6} (5.28×10^{-11})
C5	$-4.50 \times 10^{+2}$ $(2.90)-$	$-1.06 \times 10^{+2}$ $(1.67 \times 10^{+2})-$	$-4.36 \times 10^{+2}$ $(2.51 \times 10^{+1})-$	$-4.81 \times 10^{+2}$ $(1.77)-$	$-4.82 \times 10^{+2}$ (2.45)
C6	$-5.28 \times 10^{+2}$ $(4.75 \times 10^{-1})-$	$-1.38 \times 10^{+2}$ $(9.89 \times 10^{+1})-$	$-4.54 \times 10^{+2}$ $(4.79 \times 10^{+1})-$	$-5.28 \times 10^{+2}$ $(8.10 \times 10^{-1})-$	$-5.30 \times 10^{+2}$ (5.11×10^{-1})
C7	2.60×10^{-15} $(1.23 \times 10^{-15})-$	1.33×10^{-1} $(7.28 \times 10^{-1})-$	1.07 $(1.61)-$	0 $(0) \approx$	0 (0)
C8	7.83×10^{-14} $(4.86 \times 10^{-14})-$	$3.36 \times 10^{+1}$ $(1.11 \times 10^{+2})-$	1.65 $(6.41 \times 10^{-1})+$	$1.18 \times 10^{+1}$ $(3.28 \times 10+01)-$	3.67 $(1.84 \times 10^{+1})$
C9	$1.07 \times 10^{+1}$ $(2.82 \times 10^{+1})+$	$4.24 \times 10^{+1}$ $(1.38 \times 10^{+2})-$	1.57 $(1.96)+$	$3.53 \times 10^{+1}$ $(3.45 \times 10^{+1})-$	$3.17 \times 10^{+1}$ $(4.11 \times 10^{+1})$
C10	$3.33 \times 10^{+1}$ $(4.55 \times 10^{-1})-$	$5.34 \times 10^{+1}$ $(8.83 \times 10^{+1})-$	$1.78 \times 10^{+1}$ $(1.88 \times 10^{+1})+$	$5.46 \times 10^{+1}$ $(1.16 \times 10^{+2})-$	$3.13 \times 10^{+1}$ (4.21×10^{-3})
C11	-2.86×10^{-4} $(2.71 \times 10^{-5})-$	2.60×10^{-3} $(6.00 \times 10^{-3})*-$	-1.58×10^{-4} $(4.67 \times 10^{-5})-$	-3.92×10^{-4} $(5.04 \times 10^{-8})+$	-3.92×10^{-4} (2.37×10^{-6})
C12	$3.56 \times 10^{+2}$ $(2.89 \times 10^{+2})*-$	$-2.51 \times 10^{+1}$ $(1.37 \times 10^{+2})*-$	4.29×10^{-6} $(4.52 \times 10^{-4})-$	-1.99×10^{-1} $(1.32 \times 10^{-6})+$	-1.99×10^{-1} (5.66×10^{-6})
C13	$-6.54 \times 10^{+1}$ $(5.73 \times 10^{-1})-$	$-6.46 \times 10^{+1}$ $(1.67)-$	$-6.62 \times 10^{+1}$ $(2.27 \times 10^{-1})-$	$-6.83 \times 10^{+1}$ $(2.63 \times 10^{-1})-$	$-6.84 \times 10^{+1}$ (2.03×10^{-1})
C14	3.09×10^{-13} $(5.61 \times 10^{-13})-$	$1.24 \times 10^{+5}$ $(6.77 \times 10^{+5})-$	8.68×10^{-7} $(3.14 \times 10^{-7})-$	0 $(0) \approx$	0 (0)
C15	$2.16 \times 10^{+1}$ $(1.10 \times 10^{-4})-$	$1.94 \times 10^{+11}$ $(4.35 \times 10^{+11})-$	$3.41 \times 10^{+1}$ $(3.82 \times 10^{+1})-$	$2.16 \times 10^{+1}$ $(8.06 \times 10^{-5})-$	$2.16 \times 10^{+1}$ (7.64×10^{-5})
C16	2.17×10^{-21} $(1.06 \times 10^{-20})-$	0	8.21×10^{-2} $(1.12 \times 10^{-1})-$	0 $(0) \approx$	0 (0)
C17	6.33 $(4.99)-$	2.75×10^{-1} $(3.78 \times 10^{-1})-$	3.61 $(2.54)-$	4.25×10^{-1} $(6.62 \times 10^{-1})-$	1.95×10^{-1} (4.02×10^{-1})
C18	$8.75 \times 10^{+1}$ $(1.66 \times 10^{+2})-$	0 $(0)+$	$4.02 \times 10^{+1}$ $(1.80 \times 10^{+1})-$	1.35×10^{-1} $(6.75 \times 10^{-1})+$	4.14×10^{-1} (1.39)
+/−/≈	3/15/0	1/16/1	4/14/0	4/11/3	

本节绘制出盒图来直观地了解该算法的稳健性，图中，X 轴代表比较的算法，

Y轴代表函数的适应度值。图 5-1～图 5-18 呈现了 MCoDE 算法和 FRORI 在 CEC2010 系列测试函数上 25 次独立运行结果的盒图。从图中可以直观地看出 MCoDE 的稳健性在 C1～C2、C4～C6、C8～C10、C13、C15 和 C17 测试函数上优于 FROFI，尤其是在 C2、C4～C6、C9、C13、C15 和 C17 测试函数 MCoDE 上，效果更加明显。但 MCoDE 的稳健性在 C3、C11～C12 和 C18 测试函数上略劣于 FROFI，尤其 MCoDE 在 C3、C11 和 C18 测试函数上因微小的差距而劣于 FROFI。在 C7、C14 和 C16 测试函数上，MCoDE 和 FROFI 所得的函数值在最优解周围比较密集，且二者算法的稳健性近似。从图中可知，与 FROFI 相比，MCoDE 具有较强的稳健性，并且达到了在进入可行域的同时找到较优目标函数解的目的。

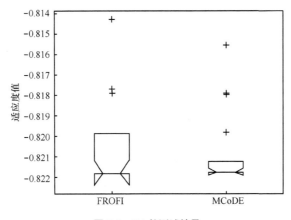

图 5-1　C1 的测试结果

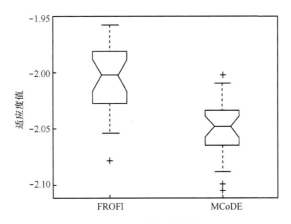

图 5-2　C2 的测试结果

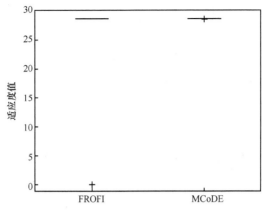

图 5-3　C3 的测试结果

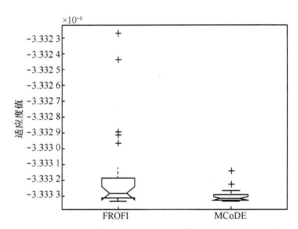

图 5-4　C4 的测试结果

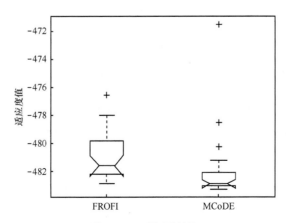

图 5-5　C5 的测试结果

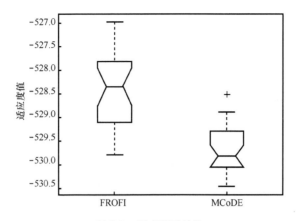

图 5-6　C6 的测试结果

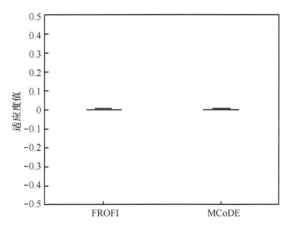

图 5-7　C7 的测试结果

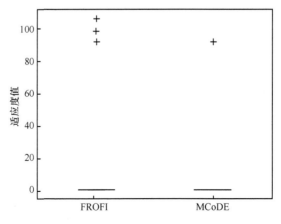

图 5-8　C8 的测试结果

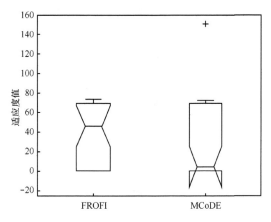

图 5-9　C9 的测试结果

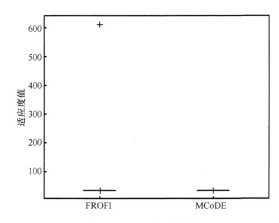

图 5-10　C10 的测试结果

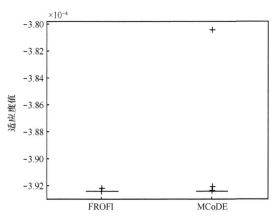

图 5-11　C11 的测试结果

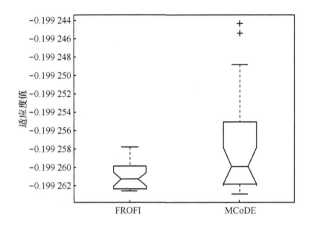

图 5-12　C12 的测试结果

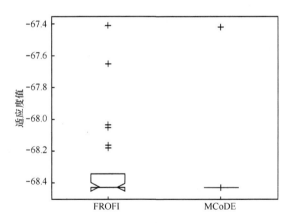

图 5-13　C13 的测试结果

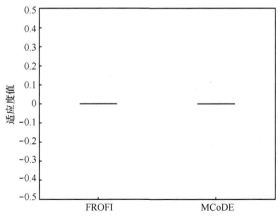

图 5-14　C14 的测试结果

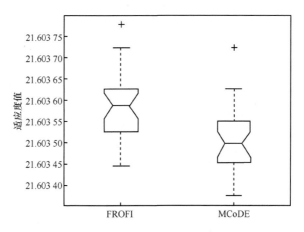

图 5-15　C15 的测试结果

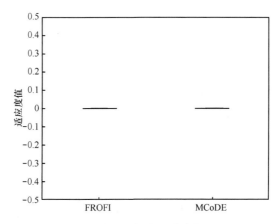

图 5-16　C16 的测试结果

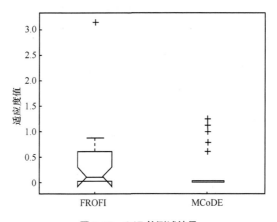

图 5-17　C17 的测试结果

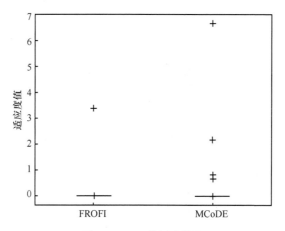

图 5-18　C18 的测试结果

通过实验分析而知，针对 30 维 CEC2010 系列测试函数，MCoDE 算法的实验结果大多优于 εDEag、ECHT-DE、AIS-IRP、FROFI。与这些约束优化进化算法相对比，MCoDE 算法的性能更具有优势。

5.5　小结

针对约束问题，本章提出了基于替换机制和重置机制的多策略变异约束差分进化算法（MCoDE）。该算法采用可行性规则作为约束处理技术，运用多策略变异，在约束处理技术的限制下考虑了目标函数的影响，平衡了约束条件和目标函数的关系；运用替换机制和重置机制增加种群多样性，使种群跳出不可行区域的局部解，进一步平衡了约束条件和目标函数。同时在 18 个 CEC2010 测试函数上与其他几种约束优化方法进行了比较，实验结果表明 MCoDE 的性能明显优于上述优化方法，并且在求解约束问题上表现出较大的潜力，具有比较有竞争力的结果。

参考文献

[1] WANG Y, CAI Z. Constrained evolutionary optimization by means of $(\mu + \lambda)$-differential evolution and improved adaptive trade-off model[J]. Evolutionary Computation, 2011, 19(2): 249-285.

[2] KUSAKCI A O, CAN M. An adaptive penalty based covariance matrix adaptation–evolution strategy[J]. Computers & Operations Research, 2013, 40(10): 2398-2417.

[3] TAKAHAMA T, SAKAI S. Efficient constrained optimization by the ε constrained adaptive differential evolution[C]// 2010 IEEE Congress on Evolutionary Computation(CEC), July 18-23, 2010, Barcelona, Spain. Piscataway: IEEE Press, 2010.

[4] TAKAHAMA T, SAKAI S. Constrained optimization by the ε constrained differential evolution with an archive and gradient-based mutation[C]// 2010 IEEE Congress on Evolutionary Computation(CEC), July18-23, 2010, Barcelona, Spain. Piscataway: IEEE Press, 2010.

[5] WANG Y, CAI Z. A dynamic hybrid framework for constrained evolutionary optimization[J]. IEEE Transactions on Systems, Man, and Cybernetics, 2012, 42(1): 203-217.

[6] WANG Y, CAI Z. Combining multiobjective optimization with differential evolution to solve constrained optimization problems[J]. IEEE Transactions on Evolutionary Computation, 2012, 16(1): 117-134.

[7] DEB K. An efficient constraint handling method for genetic algorithms[J]. Computer Methods in Applied Mechanics and Engineering, 2000, 186(2): 311-338.

[8] MALLIPEDDI R, SUGANTHAN P N. Problem definitions and evaluation criteria for the CEC 2010 competition on constrained real-parameter optimization[D]. Singapore: Nanyang Technological University, 2010.

[9] MALLIPEDDI R, SUGANTHAN P N. Differential evolution with ensemble of constraint handling techniques for solving CEC 2010 benchmark problems[C]//IEEE Congress on Evolutionary Computation, July 18-23, 2010, Barcelona, Spain. Piscataway: IEEE Press, 2010.

[10] ZHANG W, YEN G G, HE Z. Constrained optimization via artificial immune system[J]. IEEE Transactions on Cybernetics, 2014, 44(2): 185-198.

[11] WANG Y, WANG B C, LI H X, et al. Incorporating objective function information into the feasibility rule for constrained evolutionary optimization[J]. IEEE Transactions on Cybernetics, 2016, 46(12): 2938-2952.

第6章
基于分解和多策略变异的
多目标差分进化算法

　　差分进化是一种有效的优化技术，已成功应用于多目标优化问题。目前多目标差分进化算法存在收敛速度较慢、多样性欠佳等问题，针对上述不足，本章提出了一种基于分解和多策略变异的多目标差分进化算法（Multi-Objective Differential Evolution Algorithm Based on Decomposition and Multi-Strategy Mutation，MODE-DMSM）。该算法利用改进 Tchebycheff 分解的方法把多目标优化问题变为一组单目标优化的子问题；通过高效的非支配排序方法选择具有良好收敛性和多样性的解来指导差分进化过程；采用多策略变异方法来平衡进化过程中的收敛性和多样性。在 ZDT 和 DTLZ 等 10 个多目标测试函数上的实验结果表明，本章算法在 Parato 最优集合的收敛性和多样性方面都要优于其他 6 种代表性多目标优化算法。

| 6.1　引言 |

　　多目标优化问题（Multi-objective Optimization Problem，MOP）是需要同时在两个或者大于两个互相冲突目标上实现优化的问题[1]。MOP 中没有单个最优解，其最优解是一个 Pareto 解集。Pareto 解集的收敛性和多样性是权衡多目标算法的重要衡量标准。

　　多目标进化算法（Multi-objective Evolutionary Algorithms，MOEA）是基于种群模仿生物进化全局优化算法，已经广泛应用于处理多目标问题。当前 MOEA 主要可分为以下 3 种：

- 基于 Pareto 占优的 MOEA 采用 Pareto 支配来选择非支配解，如 NSGAII[2]和

SPEA2[3]；

- 基于评估指标的 MOEA 采用某种评估指标来选择非支配解，如 IBEA[4]和 HypE[5]；

- 基于分解技术的 MOEA 运用了多种数学上的分解方式将多目标问题转化成为一些单目标问题。如 Zhang 等[6]设计了一种基于分解的多目标进化算法（Multi-objective Evolutionary Algorithm Based on Decomposition，MOEA-D），该算法把多目标问题分解转化成多个单目标问题来求解，然后用基因遗传算法（Genetic Algorithm，GA）求解这些单目标问题。

差分进化算法（DE）[7]是简单高效的全局优化进化算法（GOEA），已经用来解决多目标问题。Zhong 等[8]引入了带有随机编码策略的自适应多目标差分进化算法（Adaptive Multi-Objective Differential Evolution with Stochastic Coding Strategy，AS-MODE），采取 DE 中一个简单的变异策略来生成新种群。Venske 等[9]设计出自适应的多目标差分进化算法（Adaptive Differential Evolution for Multi-Objective Problems Based on Decomposition，ADEMO-D）。Jiang 等[10]提出了一种基于两阶段策略和小生境指导方案的改进 MOEA-D，即带有两阶段策略（TP）和合适位置的引导方案的基于分解的多目标进化算法（MOEA/D with A Two-phase Strategy (TP) and A Niche-Guided Scheme，MOEA/D-TPN），该算法中 DE 作为基础优化算法。文献[11]介绍了基于分解的差分进化算法（MOEA/D-DE），使用 DE 代替 MOEA/D 中的 GA，通过分解的方法来更新种群。总体来看，多目标进化算法主要采取单一的变异策略，这导致 Pareto 解集的收敛性和多样性不够理想。

为了提高 Pareto 解集的收敛性和多样性，本章在 MOEADDE（MOEA-D based on Differential Evolutionary）的基础上提出了基于分解和多策略变异的多目标差分进化算法 MODE-DMSM。该算法采取改进 Tchebycheff 分解法将一个多目标问题分解转换成为一组单目标优化的子问题，同时生成一系列均匀分布的权重向量。为了达到兼顾收敛性和多样性的目的，MODE-DMSM 采用高效非支配排序对种群进行排序并保存了非支配解和一部分较好的解。MODE-DMSM 利用多策略变异差分进化算法来指引种群向真实的 Pareto 前沿收敛，同时使其分布均匀，结果表明实现收敛性和多样性的平衡。与其他典型的多目标优化算法采取仿真相比，MODE-DMSM 在求解多目标问题时在收敛性和多样性上具备一定的优势。

| 6.2　相关背景 |

6.2.1　多目标问题

普遍研究的 MOP 用最小值优化形式做参照，定义为 n 个决策变量和 M 个优化目标，可建模为

$$\min\ F(x) = (f_1(x), \cdots, f_m(x))$$
$$\text{约束条件为 } x \in \Omega \tag{6-1}$$

其中，$x = \{x_1, \cdots, x_n\} \in \Omega \subset \boldsymbol{R}^n$ 称为决策向量，$F(\boldsymbol{x}) = (f_1(\boldsymbol{x}), \cdots, f_m(\boldsymbol{x})) \in \boldsymbol{R}^m$ 称为目标向量，Ω 为决策空间。以下是 MOP 引出的几个有关定义和专业术语[12]。

定义 6.1　Pareto 支配。假设 $x, x^* \in \Omega$ 是多目标问题的可行解，并且 x^* 对 x 是 Pareto 支配的，定义为 $x^* \prec x$，当且仅当

$$f(x^*) \leqslant f(x) \wedge F(x^*) \neq F(x), i = 1, \cdots, m \tag{6-2}$$

定义 6.2　Pareto 最优解集[12]。Pareto 最优解集（Pareto Set，PS）是所有 Pareto 最优解的集合。

$$PS = \{x^* \mid \neg \exists x \in \Omega, x \prec x^*\} \tag{6-3}$$

定义 6.3　Pareto 最优前沿[12]。Pareto 最优前沿（Pareto Front，PF）是 PS 中的解对应其目标函数值组成的集合。

$$PF = \{F(x^*) \mid x^* \in PS\} \tag{6-4}$$

6.2.2　基于 Tchebycheff 多目标分解方法

分解的方式将多目标优化问题转变成单目标优化问题，给个体分配不一样的权重向量来缓解目标之间的冲突。常见的分解方式有切比雪夫分解法，其分解方式如式（6-5）所示：

$$\min g(x \mid \lambda, z^*) = \max_{1 \leqslant i \leqslant m} \{\lambda_i \left| f_i(x) - z_i^* \right|\}$$
$$\text{约束条件为 } x \in \Omega \tag{6-5}$$

其中，λ_i 为第 i 个权重向量，$z^* = (z_1^*, \cdots, z_m^*)$ 为更新过程中的理想点，$z_i = \min\{f_i(x) \mid x \in \Omega\}$。

| 6.3 改进的多目标差分进化算法 |

6.3.1 多目标分解方法

Tchebycheff 函数是在基于分解的 MOEA 中使用的最常见类型的聚合函数之一。在本章中采用了文献[13]中改进的 Tchebycheff 函数[13]，这种改进的 Tchebycheff 函数在原始函数上有两个优点。首先，均匀分布的权向量决定了在空间中分布均匀的搜索方向；其次，每个权重向量对应于位于 PF 上唯一的解[14]。这两个优点在一些情况下能缓解多样性保存的困难。改进的 Tchebycheff 计算式如下：

$$\text{minimize}: g(x \mid \lambda, z^*) = \max_{1 \leq i \leq m}\left\{\left|f_i(x) - z_i^*\right| / \lambda_i\right\}$$
$$\text{约束条件为 } x \in \Omega \tag{6-6}$$

其中，z^* 为理想点，λ_i 为第 i 个权重向量。$\lambda_i \geqslant 0$，如果 $\lambda_i = 0$，将设置 $\lambda_i = 10^{-6}$。Dennis 和 Das [15]提出的标准边界交叉（NBI）技术被广泛地应用在目标空间生成权重向量，其如式（6-7）所示：

$$\begin{cases} \lambda_i = (\lambda_i^1, \cdots, \lambda_i^M) \\ \lambda_i^j \in \left\{\dfrac{0}{H}, \cdots, \dfrac{H}{H}\right\}, \quad \sum_{j=1}^M \lambda_i^j = 1 \end{cases} \tag{6-7}$$

其中，H 为每维目标均等分割的区间，M 为目标个数生成的权重向量的数量 $N = C_{H+M-1}^H$。假设将三维空间每维目标分割成两个相等的区间，则生成权重向量的个数 $N = C_{2+3-1}^2 = 6$，三维空间上生成权重向量如图 6-1 所示。

本章采用了上述的方法产生权重向量，首先，均匀分布的权重向量使得搜索方向在目标空间中是均匀分布的；其次，每个权重向量和理想点让每个个体趋向 PF。在一些特定的场景下，增加了种群的多样性和收敛性。

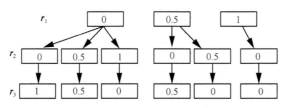

图 6-1　三维空间上权重向量

6.3.2　高效非支配排序

本章运用高效非支配排序（ENS）[16]来保存比较优的解，这种方法首先根据首个目标函数值对种群 P 中的 N 个解来采用升序排序，其中 N 是种群大小。假如两个解之间进行比较排序，其中首个目标函数值一样，则根据第二个目标函数值的情况来进行升序排序，依此类推直到种群中的所有个体都被排序。如果解在所有目标函数值中都相同，则它们的顺序可以是任意的。对于这个经过排序的种群 P，如果 $m<n$，解 p_m 将永远不会被解 p_n 支配，因为 p_m 内至少存在一个目标函数值，其值小于 p_n 内相同目标函数值，表明这两解之间的状态只有两种可能的情况：p_m 支配 p_n；p_m 和 p_n 互不支配。本章通过高效非支配排序把种群按目标函数值依次升序排序，选出前面 $\dfrac{N}{2}$ 个个体作为 NDbest 解集，既保留了非支配解集，又进一步保留了一些较好的解来增加 NDbest 解集的多样性。ENS 的伪代码具体如下。

F=empty；/*F 为前沿的集合*/
把种群 P 按照第一个目标函数值进行升序排序，如果两个解的第一个目标函数值相同，则按第二个目标函数值排序，一直持续到种群中的所有个体都被排序；
for all　$P[n] \in$ sorted P do
x=size(F)
k=1
while true do
从 $F[k]$ 的最后一个到第一个解，与 $P[n]$ 比较
　　if　$F[k]$ 中没有解支配 $P[n]$　then
把 $P[n]$ 添加到 $F[k]$
　　　　break
　　else
k++

```
            if k>x then
x+1
把 P[n] 添加到新的前沿
                break
        end if
    end if
end while
end for
return F
```

另外，本章的差分进化算法需要从 NDbest 解集中随机选择个体来引导进化过程，选择 NDbest 解集中的非支配解集来引导种群收敛，又同时考虑了 NDbest 解集中一些较好的解来增加种群的多样性。NDbest 解集将会用于多策略变异操作。

6.3.3 多策略变异操作

DE 算法中变异策略会影响整个种群更新，因此挑选适宜的变异策略是改善整个算法性能的关键环节。"DE/rand/1"变异策略针对种群的多样性有很好的效果，但是收敛性不足可能会导致不能推进收敛过程，而如果选择收敛性强的策略"DE/rand-to-best/1"，可能又会因为多样性差而引起种群早熟收敛。因此，在选择变异策略时，应尽可能同时考虑收敛性和多样性，从而有效地促进进化变异的过程。

本章提出了一种多策略变异。在进化初期，让"DE/rand/1"变异策略发挥其全局搜索能力来增加种群的多样性，随着进化过程的进行，本章提出了一种新的变异策略"DE/rand-to-NDbest/1"，通过上一代高效非支配排序选择出 NDbest 解集来指导进化过程进一步增强收敛性，从而达到了收敛性和多样性的平衡，最后运用二项式交叉和多项式变异。"DE/rand-to-NDbest/1"变异策略如式（6-8）所示。

$$v_{i,G} = x_{r_1,G} + \text{rand}(x_{\text{NDbest},G} - x_{r_1,G}) + F(x_{r_2,G} - x_{r_3,G}), \quad i = 1,2,\cdots,\text{NP} \quad (6\text{-}8)$$

其中，G 为当前进化代数，NDbest 表示当前种群高效非支配排序最优集中随机个体的下标，rand 表示[0,1]之间的随机数。二项式交叉如式（6-9）所示。

$$\overset{-j}{y_{i,G}} = \begin{cases} v_{i,G}^j, & \text{rand}_j(0,1) \leqslant \text{CR} \text{ 或者 } j = j_{\text{rand}}, \ i = 1,2,\cdots,\text{NP}, \ j = 1,2,\cdots,D \\ x_{i,G}^j, & \text{其他} \end{cases} \quad (6\text{-}9)$$

其中，CR 是交叉概率；j_{rand} 为[1, D]中随机产生的一个整数，以保证尝试向量 $\overline{y}$ 与当前个体 x 不相同。多项式变异计算如式（6-10）所示。

$$y_{i,G}^{j} = \begin{cases} \overline{y}_{i,G}^{j} + \sigma_i^j (b_i^j - a_i^j) & \text{，如果 } rand_j(0,1) \leqslant p_m \\ \overline{y}_{i,G}^{j} & \text{，其他} \end{cases} \quad i = 1,2,\cdots,NP, j = 1,2,\cdots,D$$

$$（6\text{-}10）$$

$$\sigma_i^j = \begin{cases} (2 + rand)^{\frac{1}{\eta+1}} - 1 & , \quad rand \leqslant 0.5 \\ 1 - (2 - 2rand)^{\frac{1}{\eta+1}} & , \quad \text{其他} \end{cases} \quad （6\text{-}11）$$

其中，p_m 为变异比率，b_i^j 和 a_i^j 分别是在第 i 个变量在第 j 维上决策范围的上下界，η 是分布指数。多策略变异的伪代码如下。

```
if  rand≤1 − (G / G_max)² /*rand 是 0 到 1 随机生成的随机数*/
v_{i,G} = x_{r_1,G} + F(x_{r_2,G} − x_{r_3,G}) /*DE/rand/1*/
else
v_{i,G} = x_{r_1,G} + rand(x_{NDbest,G} − x_{r_1,G}) + F(x_{r_2,G} − x_{r_3,G}) /*DE/rand-to-NDbest/1*/
end if
根据式（6-9）进行二项式交叉
根据式（6-10）和式（6-11）进行多项式变异
```

6.3.4　MODE–DMSM 算法

MODE-DMSM 算法的流程如下。

步骤 1　初始化种群。

步骤 2　采用 6.3.2 节中方法对种群进行高效的非支配排序，选出前 $\dfrac{N}{2}$ 个个体作为 NDbest 集。

步骤 3　采用 6.3.3 节中方法多策略变异产生子代 y。

步骤 4　采用 6.3.1 节中方法改进的 Tchebycheff 分解方法更新种群中的个体。

步骤 5　采用 6.3.2 节中方法对种群进行高效的非支配排序，选出前 $\dfrac{N}{2}$ 个个体作为 NDbest 集。

步骤 6　假如判断满足停止的情况，则算法立刻停止，并且输出 PF，反之返回到步骤 3 继续运行。

MODE-DMSM 算法的伪代码如下。

随机初始化种群 P，设置种群数量 N 和最大评估次数 MAX_FES，计算群体每个个体适应度值和每个目标最优适应度值 $z^* = (z_1^*, \cdots, z_m^*)$，随机生成 N 个权重向量 $\lambda = (\lambda_1, \cdots, \lambda_N)$。计算权重向量之间的欧氏距离，并且找出每个权重向量距离最近的 T 个权重向量 $\lambda^{i_1}, \cdots, \lambda^{i_T}$，其索引是 $B(i) = \{i_1, \cdots, i_T\}$。设置邻域个体选择概率 δ 为 0.9，子代替换父代的最大数量 n_r 为 2，FES=N。通过 6.3.2 节中方法 ENS 进行非支配排序选出个体作为 NDbest。

while FES<Max_FES do

for $i = 1$ to N do

随机产生[0,1]之间的随机数 rand 生成

$$A = \begin{cases} B(i) & , \quad \text{rand} < \delta \\ \{1, \cdots, N\} & , \quad \text{其他} \end{cases}$$

按 6.3.3 节中方法多策略变异 DE 更新种群生成新的解 y

如果 y 超出了边界的范围 Ω，在边界里随机生成新值代替 y

计算个体的适应度值，更新 $z^* = (z_1^*, \cdots, z_m^*)$

for $j = 1$ to m do

if $z_j^* > f_j(y)$ then

$z_j^* = f_j(y)$

end if

end for

更新种群的解，设置 c=0

while $(c == n_r \mid \text{isempty}(A))$ do

随机从 A 中取出索引 k

if $g(y \mid \lambda_k, z^*) \leqslant g(x_k \mid \lambda_k, z^*)$

$x_k = y$

c=c+1

end if

从 A 中清除索引 k

end while

FES=FES+N

end for

通过 6.3.2 节中方法 ENS 进行非支配排序，选出个体作为 NDbest

end while

6.3.5　时间复杂度分析

假设算法的种群大小为 N，目标数为 M，领域大小为 T。根据文献[17]可知，MOEADDE 的时间复杂度为 $O(MNT)$。由于 $T<N$ 且 T 与 N 相关，MOEADDE 的时间复杂度为 $O(MN^2)$。MOEADDE 在种群进化中始终采用单一的变异算子，而 MODE-DMSM 在 MOEADDE 基础上虽然增加了多策略变异算子，但没有额外增加算法的时间复杂度；另外，MODE-DMSM 运用了高效非支配排序，根据文献[16]可知，高效非支配排序所需要的最好情况的时间复杂度是 $O(MN\sqrt{N})$，最坏情况的时间复杂度是 $O(MN^2)$，故 MODE-DMSM 的时间复杂度为 $O(MN^2)$。

｜6.4　仿真实验及结果分析｜

为了测试 MODE-DMSM 的性能，选择了 6 种代表性多目标算法进行对比，分别是 MOEAD[6]、NSGAIII（A Reference-Point-Based Many-Objective Evolutionary Algorithm Following NSGA-II Framework）[18]、RVEA（Reference Vector Guided Evolutionary Algorithm）[19]、MOEADDE[11]、NSLS（Nondominated Sorting and Local Search）[20]和 MOEAIGDNS（Multi-objective Evolutionary Algorithm Based On an Enhanced Inverted Generational Distance Metric-Noncontributing Solution）[21]。所有的算法都是在多目标进化算法开源平台 PlatEMO[22]上运行的，实验仿真都是在 Intel(R) Core(TM) i7-7700HQ CPU、16 GB 内存、2.8 GHz 主频、Windows10 64 位操作系统的计算机上的 Matlab R2016a 软件。

6.4.1　测试函数及评价标准

本章采用文献[23]提出的 ZDT1~ZDT4、ZDT6[23]和文献[24]提出 DTLZ1~DTLZ5 的 10 个测试函数来测试算法 MODE-DMSM 的有效性，采用世代距离（Generation Distance，GD）[25]、反向世代距离（Inverted Generation Distance，IGD）[26]和超体积（Hypervolume，HV）[27]来评价解集收敛性和多样性的 3 个指标的计算式，如式（6-12）~式（6-14）所示。

$$GD(P, P^*) = \frac{\sum_{v \in p} d(v, P^*)}{|P|} \tag{6-12}$$

$$IGD(P^*, P) = \frac{\sum_{v \in p^*} d(v, P)}{|P^*|} \tag{6-13}$$

$$HV(P) = Vol\left(\bigcup_{x \in P}[f_1(x), z_1^*] \cdots [f_m(x), z_m^*]\right) \tag{6-14}$$

其中，P 为所得的 Pareto 前沿，P^* 为最优的 Pareto 前沿，$d(v, P^*)$ 表示目标空间上 v 与 P^* 中最近解间的欧氏距离，$Vol(\cdot)$ 为 Lebesgue 测度，$f_i(x)$ 为向量 $\boldsymbol{x}$ 在第 i 个目标函数上的值，z_i^* 为第 i 个目标函数上的最优值。

6.4.2 实验参数设置

对比算法在每个测试函数上均独立运行 30 次，设置种群规模 NP =100，最大函数评估次数 Max_FES=30 000，多项式变异 η=20、$p_m = 1/D$。MODE-DMSM 的缩放因子 F =0.5，交叉概率 CR=0.2；MOEADDE 的缩放因子 F =0.5，交叉概率 CR=1；MODE-DMSM 和 MOEADDE 中的邻域个体选择概率 δ =0.9，子代替换父代的最大数量 n_r =2；MOEAD、NSGAIII、RVEA、NSLS 和 MOEAIGDNS 中交叉率 $p_m = 1$、$\eta_c = 30$；RVEA 中惩罚因子变化率为 $\alpha = 2$，参考点调整频率 $f_r = 0.1$。

6.4.3 实验结果分析

MODE-DMSM 与 MOEAD、NSGAIII、RVEA、MOEADDE、NSLS、MOEAIGDNS 分别在 GD、IGD 和 HV 评价标准下的 30 次独立运行的平均值和标准差统计的实验结果见表 6-1～表 6-3，本章采用 Wilcoxon 秩和检验进行比较算法之间差异的显著性，显著性水平为 0.05，表中 "+" "−" "≈" 分别表示其他算法明显优于、明显劣于和近似于 MODE-DMSM，对比算法中最好的结果用黑体表示。

从表 6-1 中的数据在 GD 标准下可以看出，MODE-DMSM 分别在两个测试函数（ZDT6、DTLZ5）上近似于 MOEAD；在两个测试函数（ZDT3、ZDT6）上近似于 NSGAIII；在一个测试函数（ZDT6）上近似于 RVEA；在一个测试函数（ZDT6）

上近似于 MOEADDE，在两个测试函数（ZDT3、ZDT6）上近似于 MOEAIGDNS。在其余的测试函数下，MODE-DMSM 优于 MOEAD、NSGAIII、RVEA、MOEADDE、NSLS、MOEAIGDNS。总体上来看，MODE-DMSM 在 8 个测试函数（ZDT1～ZDT4、DTLZ1～DTLZ3、DTLZ5）上得到最好的结果。

　　从表 6-2 中的数据在 IGD 标准下可以看出，MODE-DMSM 在 8 个测试函数（ZDT1～ZDT4、ZDT6、DTLZ1、DTLZ3、DTLZ5）上优于 MOEAD；MODE-DMSM 在 5 个测试函数（ZDT1、ZDT3～ZDT4、DTLZ3～ZDT4）上优于 NSGAIII；MODE-DMSM 在 7 个测试函数（ZDT1～ZDT4、ZDT6、DTLZ3、DTLZ5）上优于 RVEA；MODE-DMSM 在 8 个测试函数（ZDT1～ZDT4、DTLZ1～ZDT4）上优于 MOEADDE；MODE-DMSM 在 8 个测试函数（ZDT1～ZDT4、ZDT6、DTLZ1、DTLZ3～ZDT4）上优于 NSLS，MODE-DMSM 在 6 个测试函数（ZDT1～ZDT2、ZDT4、ZDT6、DTLZ3～ZDT4）上优于 MOEAIGDNS。总体上，MODE-DMSM 在 5 个测试函数（ZDT1～ZDT4、DTLZ3）上得到最好的结果。

　　从表 6-3 中的数据在 HV 评价标准下可以看出，MODE-DMSM 在 8 个测试函数（ZDT1～ ZDT4、ZDT6、DTLZ1、DTLZ3、DTLZ5）上优于 MOEAD；MODE-DMSM 在 7 个测试函数（ZDT1～ ZDT4、DTLZ1、DTLZ3、DTLZ4）上优于 NSGAIII；MODE-DMSM 在 8 个测试函数（ZDT1～ ZDT4、ZDT6、DTLZ1、DTLZ3、DTLZ5）上优于 RVEA；MODE-DMSM 在 8 个测试函数（ZDT1～ ZDT4、DTLZ1～ ZDT4）上优于 MOEADDE；MODE-DMSM 在 9 个测试函数（ZDT1～ ZDT4、ZDT6、DTLZ1～ ZDT4）上优于 NSLS 和 MOEAIGDNS。总体上，MODE-DMSM 在 6 个测试函数（ZDT1～ ZDT4、DTLZ1、DTLZ3）上得到最好的结果。

表 6-1　测试函数在 GD 评价标准下实验统计结果

测试函数	目标数目	MOEAD	NSGAIII	RVEA	MOEADDE	NSLS	MOEAIGDNS	MODE-DMSM
ZDT1	2	4.165 2×10⁻⁴ (1.19×10⁻⁴)−	9.200 5×10⁻⁵ (3.45×10⁻⁵)−	3.230 2×10⁻³ (8.28×10⁻⁴)−	1.080 3×10⁻³ (6.49×10⁻⁴)−	5.142 3×10⁺⁰ (9.68×10⁻¹)−	7.308 4×10⁻⁵ (2.47×10⁻⁵)−	**1.212 5×10⁻⁵ (9.29×10⁻⁶)**
ZDT2	2	9.459 8×10⁻⁴ (6.22×10⁻⁴)−	6.305 8×10⁻⁵ (2.31×10⁻⁵)−	3.395 8×10⁻³ (1.44×10⁻³)−	9.575 8×10⁻⁴ (5.12×10⁻⁴)−	6.825 2×10⁺⁰ (1.37×10⁺⁰)−	4.604 4×10⁻⁵ (2.01×10⁻⁵)−	**7.837 5×10⁻⁶ (5.78×10⁻⁶)**
ZDT3	2	1.523 2×10⁻³ (1.94×10⁻³)−	6.674 8×10⁻⁵ (5.54×10⁻⁵)≈	3.395 2×10⁻³ (1.25×10⁻³)−	2.166 1×10⁻³ (2.21×10⁻³)−	6.013 6×10⁺⁰ (1.26×10⁺⁰)−	5.023 1×10⁻⁵ (1.33×10⁻⁵)≈	**4.946 6×10⁻⁵ (1.14×10⁻⁵)**
ZDT4	2	1.728 1×10⁻³ (1.04×10⁻³)−	2.924 7×10⁻⁴ (1.72×10⁻⁴)−	2.116 4×10⁻³ (8.00×10⁻⁴)−	2.803 9×10⁻² (1.71×10⁻²)−	3.669 6×10⁻¹ (9.17×10⁻²)−	3.708 3×10⁻⁴ (2.27×10⁻⁴)−	**4.488 8×10⁻⁵ (1.59×10⁻⁵)**

（续表）

测试函数	目标数目	MOEAD	NSGAIII	RVEA	MOEADDE	NSLS	MOEAIGDNS	MODE-DMSM
ZDT6	2	$8.194\,0\times10^{-4}$ $(2.2210^{-4})\approx$	$\mathbf{6.218\,7\times10^{-5}}$ $\mathbf{(6.02\times10^{-5})}\approx$	$3.805\,5\times10^{-3}$ $(1.37\times10^{-3})\approx$	$2.435\,6\times10^{-3}$ $(1.09\times10^{-2})\approx$	$7.554\,9\times10^{-2}$ $(6.84\times10^{-2})\approx$	$2.013\,3\times10^{-4}$ $(2.96\times10^{-4})\approx$	$1.664\,3\times10^{-2}$ (2.24×10^{-2})
DTLZ1	3	$3.322\,9\times10^{-4}$ (1.46×10^{-4})	$2.668\,4\times10^{-4}$ (1.14×10^{-4})	$2.893\,0\times10^{-4}$ (1.34×10^{-4})	$2.844\,8\times10^{-2}$ (1.28×10^{-1})	$5.129\,6\times10^{-2}$ (3.14×10^{-2})	$4.319\,7\times10^{-4}$ (1.95×10^{-4})	$\mathbf{1.828\,4\times10^{-4}}$ $\mathbf{(8.07\times10^{-5})}$
DTLZ2	3	$5.052\,4\times10^{-4}$ $(2.64\times10^{-6})-$	$5.032\,6\times10^{-4}$ $(5.7510^{-6})-$	$5.137\,9\times10^{-4}$ $(2.22\times10^{-5})-$	$8.183\,9\times10^{-4}$ $(6.15\times10^{-5})-$	$1.291\,9\times10^{-3}$ $(1.92\times10^{-4})-$	$6.863\,3\times10^{-4}$ $(4.44\times10^{-5})-$	$\mathbf{4.910\,7\times10^{-4}}$ $\mathbf{(1.71\times10^{-5})}$
DTLZ3	3	$1.730\,0\times10^{-1}$ (3.98×10^{-1})	$3.364\,3\times10^{-1}$ (8.69×10^{-1})	$1.829\,0\times10^{-1}$ (1.84×10^{-1})	$4.41\,69\times10^{-1}$ (8.35×10^{-1})	$5.606\,8\times10^{+0}$ $(1.01\times10^{+0})$	$1.866\,5\times10^{-1}$ (5.67×10^{-1})	$\mathbf{2.682\,3\times10^{-2}}$ $\mathbf{(6.84\times10^{-2})}$
DTLZ4	3	$\mathbf{3.748\,7\times10^{-4}}$ $\mathbf{(1.81\times10^{-4})}\approx$	$4.992\,3\times10^{-4}$ $(6.50\times10^{-5})-$	$5.101\,7\times10^{-4}$ $(6.98\times10^{-6})-$	$8.635\,6\times10^{-4}$ $(4.21\times10^{-4})-$	$5.298\,8\times10^{-3}$ $(4.00\times10^{-3})-$	$6.216\,6\times10^{-4}$ $(1.62\times10^{-4})-$	$4.777\,2\times10^{-4}$ (1.59×10^{-5})
DTLZ5	3	$1.600\,0\times10^{-5}$ $(3.16\times10^{-5})-$	$2.547\,0\times10^{-4}$ $(1.15\times10^{-4})-$	$4.237\,6\times10^{-2}$ $(1.54\times10^{-2})-$	$8.871\,3\times10^{-5}$ $(2.49\times10^{-5})-$	$2.677\,5\times10^{-4}$ $(5.77\times10^{-5})-$	$3.724\,1\times10^{-5}$ $(1.11\times10^{-5})-$	$\mathbf{6.569\,3\times10^{-6}}$ $\mathbf{(1.58\times10^{-6})}$
+/−/≈		0/8/2	0/8/2	0/9/1	0/9/1	0/10/0	0/8/2	—

表 6-2　测试函数在 IGD 评价标准下实验统计结果

测试函数	目标数目	MOEAD	NSGAIII	RVEA	MOEADDE	NSLS	MOEAIGDNS	MODE-DMSM
ZDT1	2	$1.660\,2\times10^{-2}$ $(2.12\times10^{-2})-$	$5.338\,4\times10^{-3}$ $(5.40\times10^{-3})-$	$3.246\,8\times10^{-2}$ $(2.01\times10^{-2})-$	$1.174\,5\times10^{-2}$ $(5.73\times10^{-3})-$	$7.189\,9\times10^{+0}$ $(2.06\times10^{+0})-$	$6.415\,9\times10^{-3}$ $(8.65\times10^{-3})-$	$\mathbf{3.965\,3\times10^{-3}}$ $\mathbf{(3.96\times10^{-5})}$
ZDT2	2	$4.874\,9\times10^{-2}$ $(7.15\times10^{-2})-$	$4.910\,6\times10^{-3}$ $(3.15\times10^{-3})\approx$	$4.429\,1\times10^{-2}$ $(5.38\times10^{-2})-$	$9.655\,4\times10^{-3}$ $(3.74\times10^{-3})-$	$8.517\,5\times10^{+0}$ $(1.79\times10^{+0})-$	$1.688\,5\times10^{-2}$ $(2.58\times10^{-2})-$	$\mathbf{3.960\,2\times10^{-3}}$ $\mathbf{(4.39\times10^{-5})}$
ZDT3	2	$2.849\,8\times10^{-2}$ $(2.75\times10^{-2})-$	$6.000\,5\times10^{-2}$ $(7.59\times10^{-2})-$	$8.232\,0\times10^{-2}$ $(5.14\times10^{-2})-$	$2.801\,4\times10^{-2}$ $(2.04\times10^{-2})-$	$7.628\,9\times10^{+0}$ $(1.93\times10^{+0})-$	$3.651\,6\times10^{-2}$ $(3.76\times10^{-2})\approx$	$\mathbf{1.157\,5\times10^{-2}}$ $\mathbf{(3.71\times10^{-4})}$
ZDT4	2	$2.137\,4\times10^{-2}$ $(1.26\times10^{-2})-$	$1.063\,0\times10^{-2}$ $(2.06\times10^{-2})-$	$4.652\,8\times10^{-2}$ $(4.93\times10^{-2})-$	$2.113\,6\times10^{-1}$ $(1.14\times10^{-1})-$	$8.333\,8\times10^{-1}$ $(1.97\times10^{-1})-$	$9.015\,6\times10^{-3}$ $(1.43\times10^{-2})-$	$\mathbf{4.158\,0\times10^{-3}}$ $\mathbf{(1.29\times10^{-4})}$
ZDT6	2	$7.347\,7\times10^{-3}$ $(1.46\times10^{-3})-$	$3.169\,6\times10^{-3}$ $(2.56\times10^{-4})+$	$2.722\,5\times10^{-2}$ $(7.75\times10^{-3})-$	$\mathbf{3.106\,4\times10^{-3}}$ $\mathbf{(9.11\times10^{-6})}+$	$6.523\,7\times10^{-3}$ $(1.77\times10^{-3})-$	$3.596\,3\times10^{-3}$ $(3.88\times10^{-4})-$	$3.296\,3\times10^{-3}$ (9.80×10^{-5})
DTLZ1	3	$2.098\,1\times10^{-2}$ $(4.36\times10^{-4})-$	$2.082\,5\times10^{-2}$ $(3.44\times10^{-4})\approx$	$2.120\,9\times10^{-2}$ $(2.23\times10^{-3})\approx$	$4.947\,5\times10^{-2}$ $(6.55\times10^{-2})-$	$2.832\,7\times10^{-1}$ $(1.96\times10^{-1})-$	$\mathbf{2.013\,8\times10^{-2}}$ $\mathbf{(7.85\times10^{-4})}+$	$2.075\,0\times10^{-2}$ (7.37×10^{-5})
DTLZ2	3	$5.446\,7\times10^{-2}$ $(1.43\times10^{-6})+$	$5.449\,7\times10^{-2}$ $(9.15\times10^{-5})+$	$5.450\,8\times10^{-2}$ $(1.25\times10^{-4})+$	$7.598\,8\times10^{-2}$ $(8.30\times10^{-4})-$	$5.635\,0\times10^{-2}$ $(7.54\times10^{-4})\approx$	$\mathbf{5.157\,0\times10^{-2}}$ $\mathbf{(5.61\times10^{-4})}+$	$5.660\,0\times10^{-2}$ (7.36×10^{-4})
DTLZ3	3	$1.282\,8\times10^{+0}$ $(2.71\times10^{+0})-$	$5.622\,6\times10^{-1}$ $(8.11\times10^{-1})-$	$8.705\,5\times10^{-1}$ $(9.05\times10^{-1})-$	$2.251\,2\times10^{+0}$ $(4.18\times10^{+0})-$	$1.743\,5\times10^{+1}$ $(3.85\times10^{+0})-$	$2.729\,7\times10^{-1}$ $(4.12\times10^{-1})-$	$\mathbf{2.580\,2\times10^{-1}}$ $\mathbf{(5.05\times10^{-1})}$
DTLZ4	3	$3.816\,4\times10^{-1}$ $(3.41\times10^{-1})\approx$	$1.681\,6\times10^{-1}$ $(2.10\times10^{-1})-$	$\mathbf{5.448\,7\times10^{-2}}$ $\mathbf{(4.54\times10^{-5})}+$	$1.533\,0\times10^{-1}$ $(8.37\times10^{-2})-$	$2.970\,0\times10^{-1}$ $(6.82\times10^{-2})-$	$1.658\,5\times10^{-1}$ $(2.10\times10^{-1})-$	$6.001\,7\times10^{-2}$ (1.63×10^{-3})
DTLZ5	3	$3.377\,8\times10^{-2}$ $(6.92\times10^{-5})-$	$1.334\,4\times10^{-2}$ $(1.68\times10^{-3})-$	$7.979\,6\times10^{-2}$ $(1.26\times10^{-2})-$	$1.437\,5\times10^{-2}$ $(9.07\times10^{-5})+$	$5.131\,4\times10^{-3}$ $(2.40\times10^{-4})+$	$\mathbf{4.179\,4\times10^{-3}}$ $\mathbf{(5.24\times10^{-5})}+$	$2.283\,1\times10^{-2}$ (8.29×10^{-5})
+/−/≈		1/8/1	3/5/2	2/7/1	2/8/0	1/8/1	3/6/1	—

表 6-3　测试函数在 HV 评价标准下实验统计结果

测试函数	目标数目	MOEAD	NSGAIII	RVEA	MOEADDE	NSLS	MOEAIGDNS	MODE-DMSM
ZDT1	2	$8.570\ 0\times10^{-1}$ $(1.601\ 0^{-2})-$	$8.690\ 4\times10^{-1}$ $(4.76\times10^{-3})-$	$8.265\ 5\times10^{-1}$ $(1.59\times10^{-2})-$	$8.558\ 0\times10^{-1}$ $(9.74\times10^{-3})-$	$0.000\ 0\times10^{+0}$ $(0.00\times10^{+0})-$	$8.683\ 4\times10^{-1}$ $(7.21\times10^{-3})-$	$\mathbf{8.714\ 3\times10^{-1}}$ $\mathbf{(9.01\times10^{-5})}$
ZDT2	2	$4.737\ 4\times10^{-1}$ $(7.90\times10^{-2})-$	$5.348\ 4\times10^{-1}$ $(7.60\times10^{-3})-$	$4.732\ 7\times10^{-1}$ $(5.53\times10^{-2})-$	$5.229\ 7\times10^{-1}$ $(8.25\times10^{-3})-$	$0.000\ 0\times10^{+0}$ $(0.00\times10^{+0})-$	$5.143\ 0\times10^{-1}$ $(3.73\times10^{-2})-$	$\mathbf{5.382\ 9\times10^{-1}}$ $\mathbf{(5.78\times10^{-5})}$
ZDT3	2	$9.847\ 6\times10^{-1}$ $(3.82\times10^{-2})-$	$9.542\ 2\times10^{-1}$ $(9.67\times10^{-2})-$	$9.063\ 6\times10^{-1}$ $(5.99\times10^{-2})-$	$9.704\ 5\times10^{-1}$ $(3.85\times10^{-2})-$	$0.000\ 0\times10^{+0}$ $(0.00\times10^{+0})-$	$9.819\ 6\times10^{-1}$ $(4.61\times10^{-2})-$	$\mathbf{1.020\ 1\times10^{+0}}$ $\mathbf{(1.83\times10^{-4})}$
ZDT4	2	$8.407\ 9\times10^{-1}$ $(1.60\times10^{-2})-$	$8.629\ 6\times10^{-1}$ $(1.58\times10^{-2})-$	$8.219\ 1\times10^{-1}$ $(3.77\times10^{-2})-$	$5.703\ 6\times10^{-1}$ $(1.52\times10^{-1})-$	$4.177\ 9\times10^{-2}$ $(4.70\times10^{-2})-$	$8.633\ 9\times10^{-1}$ $(1.07\times10^{-2})-$	$\mathbf{8.708\ 6\times10^{-1}}$ $\mathbf{(2.57\times10^{-4})}$
ZDT6	2	$4.247\ 0\times10^{-1}$ $(2.45\times10^{-3})-$	$4.327\ 7\times10^{-1}$ $(7.94\times10^{-4})\approx$	$3.955\ 0\times10^{-1}$ $(1.16\times10^{-2})-$	$\mathbf{4.334\ 2\times10^{-1}}$ $\mathbf{(2.18\times10^{-4})}+$	$4.300\ 3\times10^{-1}$ $(1.69\times10^{-3})-$	$4.311\ 9\times10^{-1}$ $(9.93\times10^{-4})-$	$4.329\ 7\times10^{-1}$ (4.24×10^{-4})
DTLZ1	3	$1.394\ 7\times10^{-1}$ $(4.29\times10^{-4})-$	$1.396\ 5\times10^{-1}$ $(3.23\times10^{-4})-$	$1.395\ 3\times10^{-1}$ $(8.34\times10^{-4})-$	$1.250\ 6\times10^{-1}$ $(2.44\times10^{-2})-$	$4.914\ 4\times10^{-2}$ $(5.26\times10^{-2})-$	$1.367\ 6\times10^{-1}$ $(8.88\times10^{-4})-$	$\mathbf{1.400\ 0\times10^{-1}}$ $\mathbf{(1.80\times10^{-5})}$
DTLZ2	3	$\mathbf{7.446\ 5\times10^{-1}}$ $\mathbf{(4.54\times10^{-5})}+$	$7.446\ 3\times10^{-1}$ $(9.42\times10^{-5})+$	$7.444\ 6\times10^{-1}$ $(2.90\times10^{-4})+$	$7.000\ 5\times10^{-1}$ $(1.84\times10^{-3})-$	$7.378\ 1\times10^{-1}$ $(1.87\times10^{-3})-$	$7.206\ 6\times10^{-1}$ $(4.67\times10^{-3})-$	$7.442\ 5\times10^{-1}$ (2.98×10^{-4})
DTLZ3	3	$3.218\ 5\times10^{-1}$ $(3.07\times10^{-1})-$	$3.604\ 0\times10^{-1}$ $(2.91\times10^{-1})-$	$2.377\ 7\times10^{-1}$ $(2.55\times10^{-1})-$	$3.378\ 7\times10^{-1}$ $(3.03\times10^{-1})-$	$0.000\ 0\times10^{+0}$ $(0.00\times10^{+0})-$	$5.120\ 4\times10^{-1}$ $(2.44\times10^{-1})-$	$\mathbf{6.147\ 5\times10^{-1}}$ $\mathbf{(2.71\times10^{-1})}$
DTLZ4	3	$5.342\ 6\times10^{-1}$ $(2.31\times10^{-1})\approx$	$6.761\ 3\times10^{-1}$ $(1.26\times10^{-1})-$	$\mathbf{7.445\ 1\times10^{-1}}$ $\mathbf{(1.18\times10^{-4})}+$	$6.779\ 8\times10^{-1}$ $(3.63\times10^{-2})-$	$5.358\ 0\times10^{-1}$ $(8.39\times10^{-2})-$	$6.633\ 7\times10^{-1}$ $(1.14\times10^{-1})-$	$7.437\ 8\times10^{-1}$ (4.70×10^{-4})
DTLZ5	3	$1.210\ 7\times10^{-1}$ $(2.07\times10^{-5})-$	$1.286\ 0\times10^{-1}$ $(8.25\times10^{-4})+$	$9.988\ 4\times10^{-2}$ $(5.94\times10^{-3})-$	$1.293\ 4\times10^{-1}$ $(5.40\times10^{-5})+$	$\mathbf{1.324\ 7\times10^{-1}}$ $\mathbf{(1.62\times10^{-4})}+$	$1.322\ 8\times10^{-1}$ $(6.28\times10^{-4})+$	$1.267\ 5\times10^{-1}$ (2.11×10^{-5})
+/-/≈		1/8/1	2/7/1	2/8/0	2/8/0	1/9/0	1/9/0	—

　　本章绘制了在 ZDT 和 DTLZ 测试函数上 Pareto 前沿分布图来直观地了解 MOEA-DMSM 的性能。图 6-2 展示了 MODE-DMSM 算法在测试函数上某次独立运行的 Pareto 前沿分布图，从图 6-2（a）～图 6-2（j）可以看出 MODE-DMSM 在 ZDT、DTLZ 系列测试函数上所得到的非支配解集能够较好地逼近真实的 PF 并且分布均匀。

　　综上所述，在 ZDT 和 DTLZ 测试函数上，MODE-DMSM 无论从 GD、IGD 还是 HV 标准下都比 MOEA/D、NSGAIII、RVEA、MOEADDE、NSLS、MOEAIGDNS 的收敛性和多样性要好，在处理多目标问题有比较好的性能，进一步体现了算法的有效性。

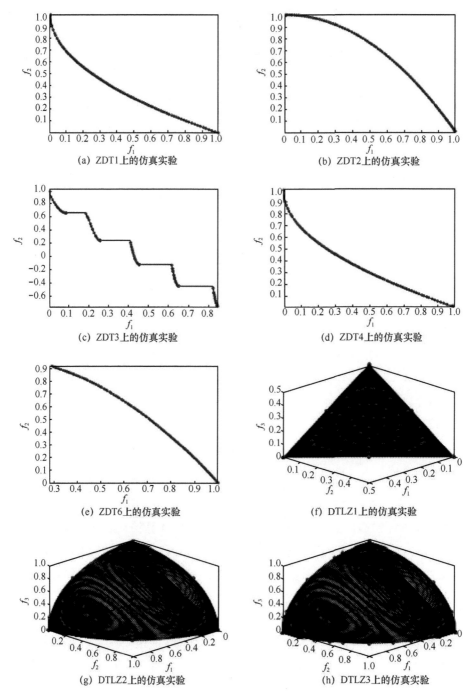

(a) ZDT1上的仿真实验

(b) ZDT2上的仿真实验

(c) ZDT3上的仿真实验

(d) ZDT4上的仿真实验

(e) ZDT6上的仿真实验

(f) DTLZ1上的仿真实验

(g) DTLZ2上的仿真实验

(h) DTLZ3上的仿真实验

图 6-2　MODE-DMSM 在 ZDT、DTLZ 测试函数集上的 Pareto 前沿分布图

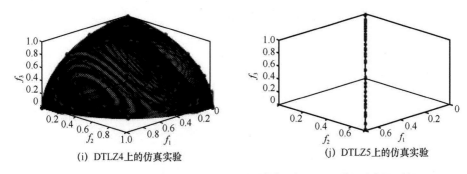

(i) DTLZ4上的仿真实验　　　　　　(j) DTLZ5上的仿真实验

图 6-2　MODE-DMSM 在 ZDT、DTLZ 测试函数集上的 Pareto 前沿分布图（续）

|6.5　小结|

　　针对多目标问题，本章提出了基于分解和多策略变异的多目标差分进化算法 MODE-DMSM。通过运用改进 Tchebycheff 分解方式把一个 MOP 分解为一组单目标优化子问题，通过标准边界交叉（NBI）技术生成一系列均匀分布的权重向量，并采用了高效非支配排序有效保存了非支配解和一部分较优的解，达到增加收敛性的同时增加其多样性的目的，同时，所提出的多策略在进化前期有效保持了种群的多样性，后期达到了收敛性和多样性的平衡。MODE-DMSM 在 ZDT 和 DTLZ 的 10 个多目标测试函数上进行了仿真实验，并与 MOEAD、NSGAIII、RVEA、MOEADDE、NSLS 和 MOEAIGDNS 算法进行了对比，结果表明所提出的算法在求解 2 个或 3 个目标的多目标问题时在收敛性和多样性上具备一定的优势。

|参考文献|

[1]　ZHOU A, QU B Y, LI H, et al. Multiobjective evolutionary algorithms: a survey of the state of the art[J]. Swarm and Evolutionary Computation, 2011, 1(1): 32-49.

[2]　DEB K, PRATAP A, AGARWAL S, et al. A fast and elitist multiobjective genetic algorithm: NSGA-II[J]. IEEE Transactions on Evolutionary Computation, 2002, 6(2): 182-197.

[3]　ZITZLER E, LAUMANNS M, THIELE L. SPEA2: improving the strength Pareto evolutionary algorithm[C]//Evolutionary Methods for Design, Optimization and Control with Applications to Industrial Problems, September 19-21, 2001, Athens, Greece. [S.l.:s.n.], 2001.

[4] ZITZLER E, KÜNZLI S. Indicator-based selection in multiobjective search[C]//The 8th International Conference on Parallel Problem Solving from Nature, September 18-22, 2004, Birmingham, UK. Heidelberg: Springer, 2004.

[5] BADER J, ZITZLER E. HypE: an algorithm for fast hypervolume-based many-objective optimization[J]. Evolutionary Computation, 2011, 19(1): 45-76.

[6] ZHANG Q, LI H. MOEA/D: a multiobjective evolutionary algorithm based on decomposition[J]. IEEE Transactions on Evolutionary Computation, 2007, 11(6): 712-731.

[7] DAS S, SUGANTHAN P N. Differential evolution: a survey of the state-of-the-art[J]. IEEE Transactions on Evolutionary Computation, 2011, 15(1): 4-31.

[8] ZHONG J H, ZHANG J. Adaptive multi-objective differential evolution with stochastic coding strategy[C]//The 13th annual conference on Genetic and Evolutionary Computation, July 12-16, 2011, Dublin, Ireland. New York: ACM Press, 2011: 665-672.

[9] VENSKE S M, GONÇALVES R A, DELGADO M R. ADEMO/D: multiobjective optimization by an adaptive differential evolution algorithm[J]. Neurocomputing, 2014(127): 65-77.

[10] JIANG S, YANG S. An improved multiobjective optimization evolutionary algorithm based on decomposition for complex pareto fronts[J]. IEEE Transactions on Cybernetics, 2016, 46(2): 421-437.

[11] LI H, ZHANG Q. Multiobjective optimization problems with complicated pareto sets, MOEA/D and NSGA-II[J]. IEEE Transactions on Evolutionary Computation, 2009, 13(2): 284-302.

[12] 周爱民, 张青富, 张桂戌. 一种基于混合高斯模型的多目标进化算法[J]. 软件学报, 2014(5): 913-928.

[13] YUAN Y, XU H, WANG B, et al. Balancing convergence and diversity in decomposition-based many-objective optimizers[J]. IEEE Transactions on Evolutionary Computation, 2016, 20(2): 180-198.

[14] ZHAO S Z, SUGANTHAN P N, ZHANG Q. Decomposition-based multiobjective evolutionary algorithm with an ensemble of neighborhood sizes[J]. IEEE Transactions on Evolutionary Computation, 2012, 16(3): 442-446.

[15] DAS I, DENNIS J E. Normal-boundary intersection: a new method for generating the Pareto surface in nonlinear multicriteria optimization problems[J]. SIAM Journal on Optimization, 1998, 8(3): 631-657.

[16] ZHANG X, TIAN Y, CHENG R, et al. An efficient approach to nondominated sorting for evolutionary multiobjective optimization[J]. IEEE Transactions on Evolutionary Computation, 2015, 19(2): 201-213.

[17] 王亚辉, 吴金妹, 贾晨辉. 基于动态种群多策略差分进化模型的多目标进化算法[J]. 电子学报, 2016(6): 1472-1480.

[18] DEB K, JAIN H. An evolutionary many-objective optimization algorithm using reference-point-based nondominated sorting approach, part I: solving problems with box con-

straints[J]. IEEE Transactions on Evolutionary Computation, 2014, 18(4): 577-601.

[19] CHENG R, JIN Y, OLHOFER M, et al. A reference vector guided evolutionary algorithm for many-objective optimization[J]. IEEE Transactions on Evolutionary Computation, 2016, 20(5): 773-791.

[20] CHEN B, ZENG W, LIN Y, et al. A new local search-based multiobjective optimization algorithm[J]. IEEE Transactions on Evolutionary Computation, 2015, 19(1): 50-73.

[21] TIAN Y, ZHANG X, CHENG R, et al. A multi-objective evolutionary algorithm based on an enhanced inverted generational distance metric[C]//2016 IEEE Congress on Evolutionary Computation (CEC), July 24-29, 2016, Vancouver, Canada. Piscataway: IEEE Press, 2016.

[22] TIAN Y, CHENG R, ZHANG X, et al. PlatEMO: a MATLAB platform for evolutionary multi-objective optimization[J]. IEEE Computational Intelligence Magazine, 2017, 12(4): 73-87.

[23] ZITZLER E, DEB K, THIELE L. Comparison of multiobjective evolutionary algorithms: empirical results[J]. Evolutionary Computation, 2000, 8(2): 173-195.

[24] DEB K, THIELE L, LAUMANNS M, et al. Scalable test problems for evolutionary multiobjective optimization[J]. Evolutionary Multiobjective Optimization Theoretical Advances and Applications, 2005: 105-145.

[25] VELDHUIZEN D A V, LAMONT G B. On measuring multiobjective evolutionary algorithm performance[C]//The 2000 Congress on Evolutionary Computation CEC00, July16-19, 2000, La Jolla, USA. Piscataway: IEEE Press, 2000.

[26] ZHANG Q, ZHOU A, JIN Y. RM-MEDA: a regularity model-based multiobjective estimation of distribution algorithm[J]. IEEE Transactions on Evolutionary Computation, 2008, 12(1): 41-63.

[27] YUAN Y, XU H, WANG B, et al. A new dominance relation-based evolutionary algorithm for many-objective optimization[J]. IEEE Transactions on Evolutionary Computation, 2016, 20(1): 16-37.

第 7 章

基于多策略排序变异的
多目标差分进化算法

本章结合 Pareto 占优概念，针对 DE 算法求解 MOP 时收敛速度慢和均匀性欠佳的不足，提出了一种基于多策略排序变异的多目标差分进化算法（Multi-Objective Differential Evolution Algorithm with Multi-Strategy and Ranking-Based Mutation，MODE-MSRM）[1]。考虑到排序变异算子能快速接近真实的 Pareto 最优解，多策略差分进化算子能有效保持算法的多样性和分布性，本章将排序变异和多策略差分进化算子相结合，提出了自适应的多策略排序变异的 DE 算子。为了更加准确地计算 Pareto 最优解集中的解与解间的拥挤距离，引入一种基于熵的拥挤距离计算方法。最后分别从理论和仿真实验结果这两个角度证明 MODE-MSRM 的有效性。

| 7.1 自适应的多策略 DE 算子 |

由第 1 章对 DE 变异模式的阐述可知 DE 算法中的变异模式既存在结构和进化方式的共同特征，又具有性能差异的特点，这种共性与差异使它们可以相互配合，在搜索过程中保留各自的优良特性并发挥出不同的作用，进行协作进化。鉴于多策略 DE 算子在求解全局优化问题时表现出的高效性和稳健性[2-3]，因此，引入多策略 DE 算子概念，在此基础上对其加以改进，提出一种自适应的多策略 DE 算子。利用 DE/rand/1、DE/best/1 和 DE/rand-to-best/1 这 3 种进化模式来实现个体变异。这种模式的协同进化作用下可产生新一代群体。具体定义如下。

当 rand $\geq 1-(t/T_{max})^2$ 时，使用如式（7-1）所示。当 rand $< 1-(t/T_{max})^2$，使用 DE/rand/1 模式。

$$v_{i,G} = \begin{cases} \text{DE}/\text{best}/1, \ \text{rand}_j(0,1) \leqslant \text{CR 或} \ j = j_{\text{rand}} \ \text{且} \ M = 1 \\ \text{DE}/\text{rand-to-best}/1, \ \text{rand}_j(0,1) \leqslant \text{CR 或} \ j = j_{\text{rand}} \ \text{且} \ M = 2 \end{cases} \quad (7\text{-}1)$$

其中，t 为当前进化代数（迭代次数），$T_{\max}$ 为指定的最大进化代数，$M=(i \bmod 2)+1$，mod 为取余操作。

自适应的多策略 DE 算子表明在种群进化前期使用 DE/rand/1 模式，有利于维持种群的多样性，从而提高算法的全局勘探性。随着种群的不断进化，如式（7-1）所示的进化模式将以逐渐增大的概率被使用，促使了算法局部开发性的提高，加快了算法的收敛速度。由此可见，自适应的多策略 DE 算子能够较好地平衡算法之间的全局勘探和开发性能，大大提高了算法的稳健性和收敛性。

在第 G 代，DE/best/1 和 DE/rand-to-best/1 这两种差分变异模式中均存在最优个体 $x_{\text{best},G}$。然而与单目标优化不同，多目标优化是由多个目标函数对应的多个 $x_{\text{best},G}$ 所构成的最优个体集合 $U(x_{\text{best},G})$，难以确定集合中的哪一个个体是最优的，从而不能将单目标优化问题中获得最优个体的处理方法直接用于 MOP 上，因此，在 MOP 中，如何从最优个体集合中选择最优个体作为最终变异操作中的最优个体显得至关重要。本节采用如下方法：首先分别找出目标函数 $f_1(x), f(x), \cdots, f_M(x)$（其中 M 为目标函数个数）最小时所对应的最优个体，记 $x^1_{\text{best},G}, x^2_{\text{best},G}, \cdots, x^M_{\text{best},G} \in$ 集合 $U(x_{\text{best},G})$；然后把 $U(x_{\text{best},G})$ 中的每个元素分别作为差分变异策略中的最优个体进行差分变异，从而得到所对应的变异个体，可分别记为 $v^1_{i,G}, v^2_{i,G}, \cdots, v^M_{i,G} \in$ 集合 $U(v_{i,G})$，对 $U(v_{i,G})$ 的每个元素进行多目标优化中的 Pareto 占优关系计算；最后将非支配个体作为算法中最终的差分变异个体。

在自适应的多策略 DE 算子中，每次迭代过程中无论是执行 DE/rand/1 模式还是执行如式（7-1）所示的进化模式，均仅有一步被执行，即时间复杂度为 $O(1)$。因此，自适应的多策略 DE 算子与一般的 DE 算法中的 DE 算子具有相同的时间复杂度，并不会增加额外的计算量。

| 7.2　基于多策略排序变异的 DE 算子 |

在算法设计时，将两个或两个以上算法的优点相结合是产生新算法的一种重要的技术。根据 DE 的进化模式知其在变异过程中被用来变异的基矢量和差分矢量均是从当前进化种群中随机获得的，这虽然有利于算法进行全局搜索，但是不利于收敛速率的提高[4]。鉴于此，考虑到较好的种群个体拥有优良信息，而且常被选择用于繁殖产生后代个体[5]，本章提出算法采用基于多策略排序变异算子来平衡算法的勘探和开采性，并加快收敛速率。通过偏序关系对种群进行排序，从而可以得到一个已经排好序的种群中，第 i 个个体的排序次序为（NP−i+1），其中 NP 表示种群规模大小。记第 i 个个体的选择概率为 p_i，具体表达如式（7-2）所示。

$$p_i = 0.5(1.0 - \cos\left(\frac{(NP - i + 1)\pi}{NP}\right), \quad i = 1, 2, \cdots, NP \qquad (7-2)$$

若差分矢量（$\boldsymbol{x}_{k,G} - \boldsymbol{x}_{k+1,G}$）中的 $\boldsymbol{x}_{k,G}$ 与 $\boldsymbol{x}_{k+1,G}$ 均根据各自的选择概率 p_k 和 p_{k+1} 进行选择，即 DE/rand/1 和 DE/best/1 中的 $\boldsymbol{x}_{r_1,G}$、$\boldsymbol{x}_{r_2,G}$ 和 $\boldsymbol{x}_{r_3,G}$ 及 DE/rand-to-best/1 中的 $\boldsymbol{x}_{r_1,G}$、$\boldsymbol{x}_{r_2,G}$ 同时采用式（7-2）进行选择，将会造成算法早熟收敛[5]，从而降低了算法的性能。因此，在多策略 DE 算子中，针对 DE/rand/1 和 DE/rand-to-best/1 两种进化模式则采用如图 7-1 的基于排序的变异算子的操作，而 DE/best/1 则采用如图 7-2 所示的基于排序变异算子的操作，从而得到基于多策略排序变异的 DE 算子。

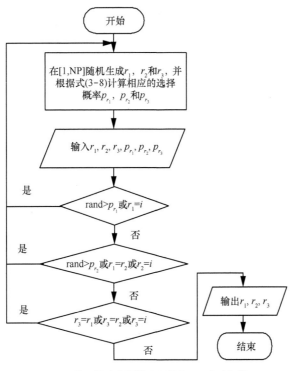

图 7-1　基于排序变异算子的操作（3 个随机数）

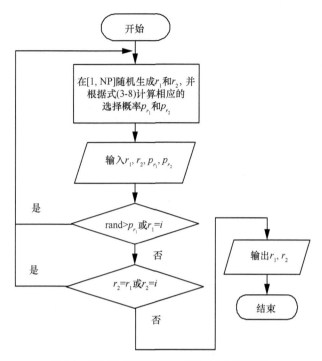

图 7-2　基于排序变异算子的操作（3 个随机数）

由图 7-1 和图 7-2 可知在基于多策略排序变异的 DE 算子中当前种群中最好的个体将获得最高的排序，即有较大的概率被选择作为基向量或差分向量，这显然有利于在保证对当前种群中个体的信息得到很好利用的前提之下，将种群中的良好信息传播给后代，有效地抑制种群进化过程中所出现的退化现象，进一步增强了算法的搜索能力，从而改善算法的性能。

7.3　基于拥挤熵的拥挤距离计算策略

文献[6]为了保持解种群的分布性和多样性，从宏观层面上刻画种群的多样性和分布性，引入了拥挤距离、拥挤密度等一系列概念，例如解种群中的个体间的拥挤距离越大，则个体间的拥挤密度越小。在初始化种群时，可将初始种群中每个个体的拥挤距离初始化为 0，然后根据子目标的函数值予以排序，将每个子目标排序后的首尾两个个体的拥挤距离值均设置为 ∞（∞ 表示无穷大），以保证首尾两个个体均能进入下一代进化中。通过计算某个个体中相邻的两个个体在每个子目标上的距离差的总和，可获得该个体的拥挤距离。

如图 7-3 所示，以双目标的 MOP 为例，设有两个子目标 f_1 和 f_2，依据拥挤距离的计算方法，个体 i 的拥挤距离为图 7-3 中的实线矩形的长与宽之和，具体表示如式（7-3）所示。

$$P[i]_{\text{distance}} = P[i+1]f_1 - P[i-1]f_1 + P[i+1]f_2 - P[i-1]f_2 \tag{7-3}$$

其中，$P[i]_{\text{distance}}$ 和 $P[i]f_k$ 分别为个体 i 的拥挤距离和个体 i 在子目标 f_k 上的函数值。

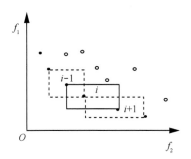

图 7-3　个体之间的拥挤距离示意

一般情况下，也就是当所求解的 MOP 的子目标个数为 r 时，个体 i 的拥挤距离为

$$P[i]_{\text{distance}} = \sum_{k=1}^{r} \frac{P[i+1]f_1 - P[i+1]f_k}{f_k^{\max} - f_k^{\min}} \tag{7-4}$$

其中，$P[i+1]f_k$ 表示个体 $i+1$ 在子目标 f_k 上的函数值，$f_k^{\min}$ 和 $f_k^{\max}$ 分别表示第 k 个子目标的函数的最小值与最大值。

但是式（7-4）的拥挤距离计算方法没有将相邻解间的分布这一因素考虑进去，一定程度上并不能够很好地反映出解与解之间的拥挤程度。而相关文献的研究表明：基于拥挤熵的拥挤距离计算方法比式（7-4）的拥挤距离计算方法能更准确地估计个体间的拥挤程度，有利于保持良好的分布性。基于拥挤熵的拥挤距离计算方法的具体计算过程如下。

在初始化种群时，将初始种群中每个个体的拥挤熵值初始化为 0，然后根据子目标的函数值排序，将每个子目标进行排序后的首尾两个个体的拥挤熵值均赋予无

穷大，以确保首尾两个个体始终能进入下一代进化中，而其他个体则按照拥挤熵的定义来计算其拥挤熵值。因此，一个个体的拥挤熵值为在每个子目标上的拥挤熵值的总和。

关于如何计算个体的拥挤熵，下面以子目标的 MOP 为例，给出详细的计算步骤。如图 7-4 所示，图中"·"和"○"分别表示非支配解与支配解。设在 MOP 中含有两个子目标 f_1 和 f_2，则个体 i 的拥挤熵 $\mathrm{CE}[i]_{\text{distance}}$ 的定义如式（7-5）所示。

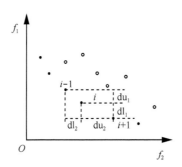

图 7-4　个体之间的拥挤距离

$$\mathrm{CE}[i]_{\text{distance}} =$$

$$\frac{\left[(\mathrm{dl}_1)\mathrm{lb}\left(\dfrac{\mathrm{dl}_1}{\mathrm{dl}_1 + \mathrm{du}_1}\right) + (\mathrm{du}_1)\mathrm{lb}\left(\dfrac{\mathrm{du}_1}{\mathrm{dl}_1 + \mathrm{du}_1}\right)\right]}{f_1^{\max} - f_1^{\min}} + \frac{\left[(\mathrm{dl}_2)\mathrm{lb}\left(\dfrac{\mathrm{dl}_2}{\mathrm{dl}_2 + \mathrm{du}_2}\right) + (\mathrm{du}_2)\mathrm{lb}\left(\dfrac{\mathrm{du}_2}{\mathrm{dl}_2 + \mathrm{du}_2}\right)\right]}{f_2^{\max} - f_2^{\min}}$$

（7-5）

其中，$\mathrm{du}_1 = \left|P[i]f_1 - P[i-1]f_1\right|$，$\mathrm{dl}_1 = \left|P[i+1]f_1 - P[i]f_1\right|$，$\mathrm{du}_2 = \left|P[i+1]f_2 - P[i]f_2\right|$，$\mathrm{dl}_2 = \left|P[i]f_2 - P[i-1]f_2\right|$，$|\cdot|$ 表示绝对值运算，$P[i]f_k$ 为个体 i 在子目标 f_k 上的函数值。

因此，对于子目标的个数为 r 的情况，个体 i 的拥挤距离的计算式为

$$\mathrm{CE}[i]_{\text{distance}} = \sum_{k=1}^{r} \frac{\left[(\mathrm{dl}_k)\mathrm{lb}\left(\dfrac{\mathrm{dl}_k}{\mathrm{dl}_k + \mathrm{du}_k}\right) + (\mathrm{du}_k)\mathrm{lb}\left(\dfrac{\mathrm{du}_k}{\mathrm{dl}_k + \mathrm{du}_k}\right)\right]}{f_k^{\max} - f_k^{\min}}$$

（7-6）

其中，dl_k 和 du_k 分别表示个体 i 在子目标 f_k 上与其前后相邻的解的距离。

| 7.4　MODE-MSRM 算法 |

7.4.1　MODE-MSRM 算法实现流程

MODE-MSRM 的步骤如下。

输入：具有 M 个目标的待优化问题 MOP；具有 m 个决策变量的搜索空间 S^m；初始化参数：选定种群规模 NP，最大进化代数 G_{max}。

输出：近似的 Pareto 最优解集。

步骤 1　种群初始化。通过随机初始化方法在 MOP 中的决策变量空间里随机产生 NP 个个体，构成初始种群 $P = \{x_1, x_2, \cdots, x_{NP}\}$。

步骤 2　对每个个体 $x_{i,j,G}$ 的适应度值进行计算，并且求出当前种群中最优适应度值大小。

步骤 3　按照 7.2 节中的基于多策略排序变异的 DE 算子以及占优关系进行差分变异操作，得到 $x_{i,j,G}$ 所对应的变异个体 $v_{i,j,G}$。

步骤 4　在 $x_{i,j,G}$ 与 $v_{i,j,G}$ 这二者之间执行交叉操作，以此可生成实验矢量 $u_{i,j,G}$，并根据式（7-7）对其中变量进行越界校正处理以防止 $u_{i,j,G}$ 中的某个变量超出所设定的边界范围。

$$u'_{i,j,G} = \begin{cases} \min\{\text{ubound}_j, 2\text{lbound}_j - u_{i,j,G}\}, & u_{i,j,G} < \text{lbound}_j \\ \max\{\text{lbound}_j, 2\text{ubound}_j - u_{i,j,G}\}, & u_{i,j,G} > \text{ubound}_j \end{cases} \tag{7-7}$$

其中，$u'_{i,j,G}$ 为经过后所产生的第 i 个新个体的第 j 维向量，lbound_j 和 ubound_j 分别表示第 j 维上下界。

步骤 5　由于上述竞争方式可能导致非支配解个体数目大于种群规模大小 NP，此时需要利用 Pareto 非支配排序和拥挤距离对种群进行剪切。

步骤 6　终止条件判断。通过预设一个最大进化迭代次数来使算法终止运行，若满足终止条件，输出所求解问题的 Pareto 最优解集并结束运行；否则，令 $G=G+1$，返回步骤 2。

7.4.2　算法的收敛性证明

根据马尔可夫链对 MODE-MSRM 算法的收敛性方面予以证明，具体如定理 7.1 所示。

定理 7.1　如果 MODE-MSRM 算法满足以下两个条件：1）理论最优边界的 BOX 计数维数值小于或等于目标数减一；2）算法每次迭代产生的最优解集合是单调的，则有 $\text{prob}(\lim_{G\to\infty}\{P_{\text{true}}=P_{\text{known}}(G)\})=1$，其中，$P_{\text{true}}$ 是真实的解，P_{known} 是迭代产生的解。也就是说 MODE-MSRM 以概率 100%收敛（几乎必然收敛）到理论最优解集合。

证明：针对第一个条件，文献[6]已给出证明。针对第二个条件，每次迭代产生的最优解集合是单调的，即有 $P_{\text{known}}(G+1)\geqslant P_{\text{known}}(G)$。

由文献[2-3]可知多策略差分进化算子不仅具有 DE 的所有特性，还具有多样性和多模式协作进化的作用。因此，7.1 节自适应的多策略 DE 算子一定程度上能够促进算法的收敛性。根据文献[7]可知，若 $\forall x \in \text{PA}, \neg\exists y \in \text{PB}$，使 $y \succ x$，则可定义进化种群的关系为 $\text{PA}\geqslant\text{PB}$，其中，PA 和 PB 是进化的种群。假设某一进化代数为 G，使 $P_{\text{known}}(G+1)<P_{\text{known}}$。因此，有 $\forall y \in P_{\text{known}}(G), x \in P_{\text{known}}(G)$ 使 $y \succ x$，和前面结论相矛盾。当 $y \in P_{\text{known}}(G)\bigcup P_{\text{known}}(G+1)$，并根据 NSGA-II 中的 Pareto 非占优排序和聚集距离所得到的偏序关系所建立的偏序集可得在 $P_{\text{known}}(G+1)$ 不存在相互支配的解，即与假设矛盾。当 $y \in P_{\text{known}}(G)$ 且 $\notin P_{\text{known}}(G+1)$，由 $y \notin P_{\text{known}}(G+1)$ 知在 $P_{\text{known}}(G+1)$ 中存在支配 y 的向量，这里设为 z。按照定理 7.1 可知，占优关系具有递进性，则 $P_{\text{known}}(G+1)$ 中 z 和 x 的关系为 $z \succ x$。根据偏序集中不存在相互占优的解，与 $z \succ x$ 相矛盾，故不存在某一代数 G，使得满足 $P_{\text{known}}(G+1)<P_{\text{known}}(G)$，因此 MODE-MSRM 满足第二个条件。

MODE-MSRM 的执行过程可看作马尔可夫过程。根据文献[7]可知，若满足定理 7.1 中的两个条件，则其执行过程完全满足马尔可夫定理，则有 $\text{prob}\left(\lim_{G\to\infty}\{P_{\text{true}}=P_{\text{known}}(G)\}\right)=1$。综上所述，MODE-MSRM 能以概率 100%收敛到理论最优解集合。

7.4.3　算法时间复杂度分析

设 M 和 D 分别是待求解的 MOP 的目标函数的个数和维数，T_{max} 是最大进化代数，NP 是种群规模，占优排序的时间复杂度为 $O(M·NP^2)$，基于拥挤熵的拥挤距离计算法计算个体的拥挤距离的时间复杂度为 $O(M·(2·NP)lb(2·NP))$，进行基于变异排序的时间复杂度为 $O(M·NP)$。在执行多策略排序变异时，DE 算子在每次迭代过程中，仅有一步被执行，并不会增加额外的计算量，因此，基于多策略排序变异 DE 算子与一般的 DE 算子具有相同的时间复杂度，即 $O(D·M·NP)$。综上所述，基于排序变异算子的多目标差分进化（Multi-Objective Differential Evolution with Ranking-Based Mutation Operator，MODE-RMO）算法的总体的时间复杂度是 $O(T_{max}·M·NP^2)$。MODE-RMO 和 NSGA-II 这两种算法具有相同的时间复杂度。

|7.5　实验仿真与分析|

7.5.1　测试函数及参数设置

为了说明与验证 MODE-MSRM 的可行性及有效性，利用表 7-1 和表 7-2 所示的 ZDT 和 DTLZ 系列测试函数进行数值实验。

将 MODE-MSRM、MODE-RMO 算法[8]，基于熵密度评估和自适应变异的多目标粒子群优化 （MOPSO based on Entropy-based Density Assessment Scheme and an Adaptive Chaotic Mutation Operator，MOQPSO-AE）算法[9]及基于量子行为特性的粒子群优化和拥挤距离排序的多目标量子粒子群优化（Multi-Objective Quantum-Behaved Particle Swarm Optimization Based on QPSO and Crowding Distance Sorting，MOQPSO-CD）算法[10]相比。为了公平，对比算法在每个测试上的初始种群规模大小 NP 均设置为 100。最大迭代次数 T_{max} 设置为 200（其中 DTLZ3 测试函数较难优化，其迭代次数设置为 500）。

MODE-MSRM 设置 F=0.5，CR=0.3，MODE-RMO、MOQPSO-AE 和 MOQPSO-CD 这 3 种算法的参数见文献[8-10]。

表 7-1 ZDT 系列测试函数

测试函数	数学模型	约束条件
ZDT1	$F(f_1(x), f_2(x))$ 其中，$f_1(x)=x_1$ $$f_2(x) = g(x)\left(1 - \sqrt{\frac{f_1(x)}{g(x)}}\right)$$ $$g(x) = 1 + \frac{9\left(\sum_{i=2}^{m} x_i\right)}{m-1}$$	$m = 30, 0 \leqslant x_i \leqslant 1$
ZDT2	$F(f_1(x), f_2(x))$ 其中，$f_1(x)=x_1$ $$f_2(x) = g(x)\left(1 - \left(\frac{f_1(x)}{g(x)}\right)^2\right)$$ $$g(x) = 1 + \frac{9\left(\sum_{i=2}^{m} x_i\right)}{m-1}$$	$m = 30, 0 \leqslant x_i \leqslant 1$
ZDT3	$F(f_1(x), f_2(x))$ 其中，$f_1(x)=x_1$ $$f_2(x) = g(x)\left(1 - \sqrt{\frac{f_1(x)}{g(x)}} - \frac{f_1(x)}{g(x)}\sin(10\pi f_1(x))\right)$$ $$g(x) = 1 + \frac{9\left(\sum_{i=2}^{m} x_i\right)}{m-1}$$	$m = 30, 0 \leqslant x_i \leqslant 1$
ZDT4	$F(f_1(x), f_2(x))$ 其中，$f_1(x)=x_1$ $$f_2(x) = g(x)\left(1 - \sqrt{\frac{f_1(x)}{g(x)}}\right)$$ $$g(x) = 1 + 10(m-1) + \sum_{i=2}^{m}(x_i^2 - 10\cos(4\pi x_i))$$	$m = 10, 0 \leqslant x_1 \leqslant 1,$ $-5 \leqslant x_i \leqslant 5(i = 2,3,\cdots,m)$
ZDT6	$F(f_1(x), f_2(x))$ 其中，$f_1(x)=1 - \exp(-4x_1)\sin^6(6\pi x_1)$ $$f_2(x) = g(x)\left(1 - \left(\frac{f_1(x)}{g(x)}\right)^2\right)$$ $$g(x) = 1 + 9\left(\frac{\sum_{i=2}^{m} x_i}{m-1}\right)^{0.25}$$	$M = 3, \ m = 10,$ $0 \leqslant x_i \leqslant 1(i = 1,2,\cdots,m)$

表 7-2　DTLZ 系列测试函数

测试函数	数学模型	约束条件
DTLZ1	$f_1(x)=\dfrac{1}{2}x_1x_2,\cdots,x_{M-1}(1+g(x)),$ $f2(x)=\dfrac{1}{2}x_1x_2,\cdots,(1-x_{M-1})(1+g(x)),$ $\vdots$ $f_{M-1}(x)=\dfrac{1}{2}x_1(1-x_2),\cdots,(1+g(x)),$ $f_M(x)=\dfrac{1}{2}(1-x_1)(1+g(x))$	$M=3,\ m=10,$ $0\leqslant x_i\leqslant1$ $(i=1,2,\cdots,m)$
DTLZ2 ~ DTLZ4	$f_1(x)=\cos(0.5\pi x_1^{\alpha})\cdots\cos(0.5\pi x_{M-2}^{\alpha})\cos(0.5\pi x_{M-1}^{\alpha})(1+g(x)),$ $f_2(x)=\cos(0.5\pi x_1^{\alpha})\cdots\cos(0.5\pi x_{M-2}^{\alpha})\sin(0.5\pi x_{M-1}^{\alpha})(1+g(x)),$ $f_3(x)=\cos(0.5\pi x_1^{\alpha})\cdots\sin(0.5\pi x_{M-2}^{\alpha})(1+g(x)),$ $\vdots$ $f_M(x)=\sin(0.5\pi x_1^{\alpha})(1+g(x))$	$M=3,\ m=10,$ $0\leqslant x_i\leqslant1$ $(i=1,2,\cdots,m)$
DTLZ5 ~ DTLZ6	$f_1(x)=\cos(0.5\pi\theta_1)\cdots\cos(0.5\pi\theta_{M-2})\cos(0.5\pi\theta_{M-1})(1+g(x)),$ $f_2(x)=\cos(0.5\pi\theta_1)\cdots\cos(0.5\pi\theta_{M-2})\sin(0.5\pi\theta_{M-1})(1+g(x)),$ $f_3(x)=\cos(0.5\pi\theta_1)\cdots\sin(0.5\pi\theta_{M-2})(1+g(x)),$ $\vdots$ $f_M(x)=\sin(0.5\pi\theta_1)(1+g(x))$ $\theta_1=x_1,\theta_i=\dfrac{1+2g(x)x_i}{4(1+g(x))}\pi,i=1,2,\cdots,M-1$	$M=3,\ m=10,$ $0\leqslant x_i\leqslant1$ $(i=1,2,\cdots,m)$

注：$g(x)=\begin{cases}100((m-M+1)+\sum\limits_{i=M}^{m}(x_i-0.5)^2-\cos(20\pi(x_i-0.5))),\ \ \text{DTLZ1, DTLZ3}\\ \sum\limits_{i=M}^{m}(x_i-0.5)^2,\ \ \ \text{DTLZ2, DTLZ4, DTLZ5}\\ \sum\limits_{i=M}^{m}(x_i)^{0.1},\ \ \ \ \ \ \ \ \ \text{DTLZ6}\end{cases}$

$\alpha=\begin{cases}1\ ,\ \ \text{DTLZ2, DTLZ3}\\ 100,\ \text{DTLZ4}\end{cases}$

7.5.2　实验结果与分析

所有仿真实验的测试均在硬件配置为 Pentium CPU2.60 GHz, 内存大小 1 024 MB 且操作系统为 Windows7 的台式计算机上运行，程序采用 Matlab7.0 软件编写。为了避免多目标优化算法中的随机因素对性能分析产生影响，对比算法对表

7-1 和表 7-2 中的每个测试函数独立运行 20 次的结果取平均值，并将其作为最终结果，表 7-3 给出了 4 种算法求解所获得的统计结果，黑色粗体标记的是运行的最好结果。

表 7-3　测试函数的实验统计结果

测试函数	MODE-MSRM		MODE-RMO[8]		MOQPSO-AE[9]		MOQPSO-CD[10]	
	GD	SP	GD	SP	GD	SP	GD	SP
ZDT1	**1.95×10⁻⁴**	**5.57×10⁻³**	1.18×10⁻³	6.16×10⁻³	8.71×10⁻⁴	7.26×10⁻³	8.51×10⁻³	6.92×10⁻³
ZDT2	**2.25×10⁻⁴**	6.53×10⁻³	1.91×10⁻³	7.40×10⁻³	7.32×10⁻⁴	**4.23×10⁻³**	6.24×10⁻⁴	6.80×10⁻³
ZDT3	**1.57×10⁻⁴**	**5.41×10⁻³**	9.36×10⁻⁴	7.46×10⁻³	1.24×10⁻³	5.87×10⁻³	1.65×10⁻³	9.55×10⁻³
ZDT4	**2.43×10⁻⁴**	**5.89×10⁻³**	1.17×10⁻²	2.29×10⁻²	7.56×10⁻⁴	6.16×10⁻³	8.86×10⁻²	7.47×10⁻³
ZDT6	**6.62×10⁻⁵**	**5.38×10⁻³**	7.41×10⁻⁵	9.15×10⁻³	—	—	—	—
DTLZ1	**1.82×10⁻⁴**	2.11×10⁻²	2.39×10⁻⁴	2.57×10⁻²	9.23×10⁻⁴	**1.82×10⁻²**	8.23×10⁻⁴	2.00×10⁻²
DTLZ2	**5.35×10⁻⁴**	**4.63×10⁻²**	6.38×10⁻⁴	4.91×10⁻²	1.11×10⁻²	6.03×10⁻²	1.32×10⁻²	7.30×10⁻²
DTLZ3	**5.29×10⁻⁴**	**4.46×10⁻²**	6.82×10⁻⁴	5.58×10⁻²	—	—	—	—
DTLZ4	**2.33×10⁻⁴**	**1.30×10⁻²**	5.87×10⁻⁴	5.38×10⁻²	—	—	—	—
DTLZ5	**6.80×10⁻⁶**	**8.88×10⁻³**	7.06×10⁻⁶	1.05×10⁻²	—	—	—	—

从表 7-3 中的数据容易看出，相较于 MODE-RMO、MOQPSO-AE 和 MOQPSO-CD 这 3 种算法，采用 MODE-MSRM 算法在 ZDT 上所获得的 GD 和 SP 值除 ZDT2 的 SP 外均最小，说明 MODE-MSRM 中的一系列策略有助于算法收敛性的提升和解集分布性的改善，体现了算法的优势所在。在求解 3 个子目标的 DTLZ 系列函数上，MODE-MSRM 相对 MODE-RMO、MOQPSO-AE 和 MOQPSO-CD 算法具有一定的优势，不仅能达到较好的收敛性，还能获得良好的解集分布性。综上所述，MODE-MSRM 在收敛性及分布均匀性等方面均有所提升，能有效处理和求解 MOP。

Zitzler 等[11]指出仅采用数值评价标准不能完全反映算法性能的优劣，为此，本章绘制出 MODE-MSRM 在 ZDT 和 DTLZ 测试函数所获得的近似 Pareto 前沿，以更直观地了解该算法的性能，具体如图 7-5 所示。从图 7-5 可看出，针对 ZDT 及 DTLZ 系列测试函数，MODE-MSRM 算法所得到的非劣解集能够较好地逼近 ZDT 以及 DTLZ 中理想的 Pareto 前沿且其分布是比较均匀的。

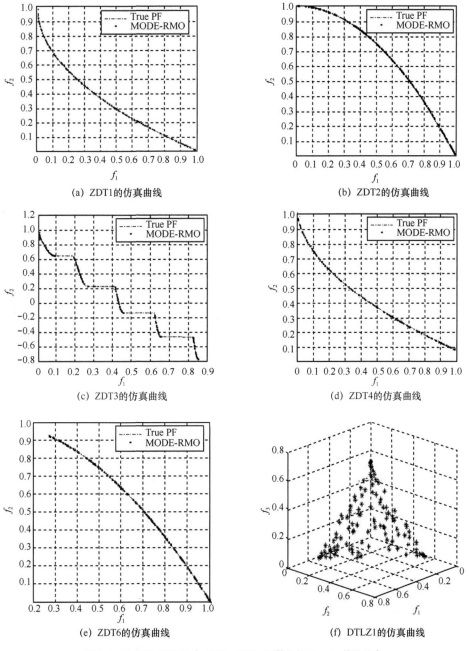

(a) ZDT1的仿真曲线　　　　　　　　　　　(b) ZDT2的仿真曲线

(c) ZDT3的仿真曲线　　　　　　　　　　　(d) ZDT4的仿真曲线

(e) ZDT6的仿真曲线　　　　　　　　　　　(f) DTLZ1的仿真曲线

图 7-5　MODE-MSRM 在 ZDT、DTLZ 函数上的 Pareto 前沿分布

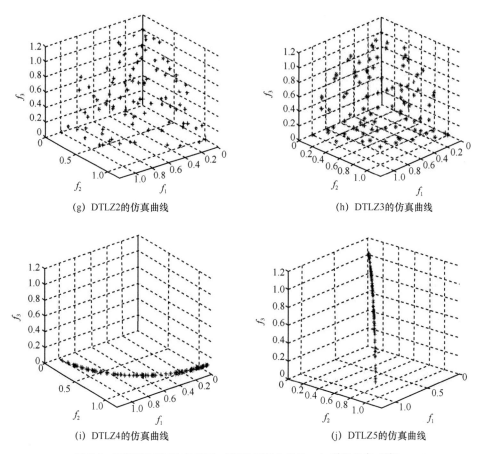

(g) DTLZ2的仿真曲线　　　　　　　　　(h) DTLZ3的仿真曲线

(i) DTLZ4的仿真曲线　　　　　　　　　(j) DTLZ5的仿真曲线

图 7-5　MODE-MSRM 在 ZDT、DTLZ 函数上的 Pareto 前沿分布（续）

综上所述，相比于其他 3 种算法，MODE-MSRM 算法在保证收敛性的前提下，具有更好的分布性，有效地改善了算法的性能。

| 7.6　小结 |

本章在 MOP 和 DEMO 算法的基础上，提出了一种基于多策略排序变异的多目标差分进化算法——MODE-MSRM。将基于排序的变异算子与多进化模式协作的差分进化算法结合，增强种群的多样性。引入一种基于拥挤熵的拥挤距离计算机制，准确地计算 Pareto 最优解集中的解与解之间的拥挤距离。通过上述一系列方法与策略，进一步提高了算法的整体性能。对 MODE-MSRM 算法的理论分析表明在求解 MOP 上，该算法能够收敛至最优解的集合。仿真结果表明，MODE-MSRM 无论在 Pareto 最优解集的逼近性还是均匀性方面均优于有关文献中的多目标优化算法，从而验证了该算法比较适合 MOP 的求解。

┃ 参考文献 ┃

[1] 艾兵, 董明刚, 敬超. 基于多策略排序变异的多目标差分进化算法[J]. 计算机应用研究, 2018, 35(7): 1950-1954.

[2] DEB K, GOYAL M. A combined genetic adaptive search for engineering design[J]. Computer Science and Information, 1999, 26(4): 30-45.

[3] COELLO C A C, PULIDO G T, LECHUGA M S. Handling multiple objectives with particle swarm optimization[J]. IEEE Transactions on Evolutionary Computation, 2004, 8(3): 256-279.

[4] WANG J, LIAO J, ZHOU Y, et al. Differential evolution enhanced with multiobjective sorting-based mutation operators [J]. IEEE Transactions on Cybernetics, 2014, 44(12): 2792-2805.

[5] GONG W, CAI Z. Differential evolution with ranking-based mutation operators[J]. IEEE Transactions on Cybernetics, 2013, 43(6): 2066-2081.

[6] DEB K, PRATAP A, AGARWAL S, et al. A fast and elitist multiobjective genetic algorithm: NSGA-II[J]. IEEE Transactions on Evolutionary Computation, 2002, 6(2): 182-197.

[7] 郑金华. 多目标进化算法及其应用[M]. 北京: 科学出版社, 2007.

[8] CHEN X, DU W, QIAN F. Multi-objective differential evolution with ranking-based mutation operator and its application in chemical process optimization[J]. Chemometrics & Intelligent Laboratory Systems, 2014, 136(16): 85-96.

[9] ZOU H. An adaptive mutated multi-objective particle swarm optimization with an entropy-based density assessment scheme[J]. Journal of Information & Computational Science, 2013, 10(4): 1065-1074.

[10] 施展, 陈庆伟. 基于 QPSO 和拥挤距离排序的多目标量子粒子群优化算法[J]. 控制与决策, 2011, 26(4): 540-547.

[11] ZITZLER E, THIELE L, LAUMANNS M, et al. Performance assessment of multi-objective optimizers: an analysis and review[J]. IEEE Transaction on Evolutionary Computation, 2003, 7(2): 117-132.

第 8 章
基于外部归档和球面修剪机制的
多目标差分进化算法

本章在基于多策略排序变异的多目标差分进化算法的基础上，提出了用于求解多目标优化问题（MOP）的一种基于外部归档和球面修剪机制的多目标差分进化算法（Multi-Objective Differential Evolution Algorithm with Archive and Spherical Pranning，MODE-ASP），该算法采用外部归档集合存储进化过程中所找到的非支配解。为了能更有效地改善外部归档集合中的非支配解的分布性和均匀性，引入了球面修剪机制，该机制能促使所得的 Pareto 最优解集中的解与解之间的信息交流。此外，MODE-ASP 的控制参数自适应策略能根据搜索过程中的有用信息进行自适应调整，具有自学习性能，能提高算法的稳健性。最后通过仿真实验验证了所提算法的有效性。

| 8.1　外部归档 |

一个多目标进化算法（MOEA）的收敛过程，其实就是在每一代迭代进化时，对当前进化种群的非支配解集予以构造，并使其逐渐地逼近真实的 Pareto 最优前沿，因此，研究如何构造一个 MOP 的 Pareto 最优解集是至关重要的，其本质就是研究在进化种群中如何找到 MOP 的非支配解[1]。然而对于绝大多数的 MOP 而言，通常情况下它们的非支配最优解个数不止一个，每一代迭代进化过程都需要构造一次非支配集，因而构造非支配集的效率将对算法的执行效率产生较为直接的影响[2-3]。在本章所提算法中设置一个外部归档集合，其大小一般与种群规模大小相同，在这里将外部归档集合记为 $\hat{A}_G$，它的主要作用与进化算法（EA）中的精英策略大致相似，记录并维持 MOEA 优化过程中所产生的非支配解，以保证所得的非支配解集的多样性并且确保外部存档集合中的解群是算法求解的最后优化结果。在种群开始进化的时候，归档集合为空，随着种群的不断进化，将不被父代个体支配的实验个体与 $\hat{A}_G$ 中的个体进行比较，当前优良个体解将被选择进入 $\hat{A}_G$ 中，在保持解集分布性方面更具有竞争力。

| 8.2　球面修剪机制的基本思想和流程 |

根据上述介绍，本章算法将每次迭代中最优的非支配解保存在外部归档集合中，并利用归档集合中的这些解来促进种群的进化。在多目标优化过程中，维持一个外部归档集合是很有效的[4]，但是维持这样的集合通常需要考虑两方面的问题：1）如何将当前寻找到的最优非支配解添加到存档集合中；2）随着种群的不断进化，归档规模会逐渐增大，故需在归档集合的规模大小不变的前提下，删除多余的相对较差的解来保持档案中解集分布的均匀性，也就是保持由算法所获得的 Pareto 前沿的多样性和分布性，因此需要使用一定的策略对外部归档集合进行修剪，以保证其规模大小不会超过限制并且尽量保持种群收敛早熟。拥挤距离策略是目前比较常用的档案维护策略，其在求解两个目标函数的多目标优化问题中呈现出算法简单且有效及时间复杂度低的特征[5-6]。然而该策略并非在所有情况下都能运行良好，当求解有 3 个或 3 个以上目标函数的多目标优化问题时，其对于外部归档集合中的个体的分布控制无法做到足够均匀。

综上所述，如何对外部归档集合中的个体的分布性和多样性进行维护，成了多目标优化的一大挑战。基于上述考虑，大量研究表明球面修剪机制[7-8]在兼顾Pareto 解集的分布多样性的同时，又能加快算法的收敛速度，从而有效地防止算法陷入局部最优或者早熟收敛。针对多目标差分进化算法的特点，鉴于球面修剪机制的优点，本章采用球面修剪机制来对种群进行拥挤控制，从而提高多目标差分进化算法的性能。

球面修剪机制在全局物理规划中剔除了集合中的个体以保持个体良好的分布性及解集的多样性[5]，进化算法通常采用容量受限的集来保存精英解，所以一般要对集合进行修剪，剔除其中一部分非支配解，从而保持解集的良好的分布性。这类方法的基本思想能促进个体之间进行学习并且能有效地将偏好信息与多目标进化算法结合起来，以实现最好的解集将被保存至每个球面扇形中。

下面介绍球面修剪机制的相关概念[5-6]。

8.2.1　概念及定义

球面修剪机制是在目标空间引入额外的参考点或者向量来辅助控制所获得的解在所求解 MOP 中的目标空间的分布。

定义 8.1　归一化球面坐标

设 $f(x)$ 为目标函数，它的一个解为 x，则以 J^{ref} 为参考解的归一化球面坐标的定义如式（8-1）所示。

$$S(f(x))=[d_i,\boldsymbol{\beta}(f(x))] \tag{8-1}$$

其中，$\boldsymbol{\beta}(f(x))=[\beta_1(f(x)),\cdots,\beta_{m-1}(f(x))]$ 表示弧矢量，d_i 表示所求得解到所设定的参考解 J^{ref} 的欧氏距离，m 表示目标函数解的个数，i 的取值范围为 $1\leqslant i \leqslant m$，$\beta_{m-1}(f(x))$ 表示弧矢量中第 $m-1$ 个元素。

为了保证参考解 J^{ref} 支配所有的解，设置参考解如式（8-2）所示。

$$J^{\text{ref}}=[\min f_1(x),\ \min f_2(x),\cdots,\ \min f_m(x)] \tag{8-2}$$

定义 8.2　视野范围

设从参考解 J^{ref} 到 Pareto 前沿的范围的上限和下限分别为 β^{U} 和 β^{L}，则对于存档集合中的任意的 Pareto 解，则 β^{U} 和 β^{L} 的值设置如式（8-3）所示。

$$\beta^{\text{U}}=[\max\beta_1(f(x)),\cdots,\max\beta_{m-1}(f(x))],\ \ \beta^{\text{L}}=[\min\beta_1(f(x)),\cdots,\min\beta_{m-1}(f(x))] \tag{8-3}$$

如果 $J^{\text{ref}}=[\min f_1(x),\min f_2(x),\cdots,\min f_m(x)]$，则表示为

$$\beta^{\text{U}}=[\pi/2,\pi/2,\cdots,\pi/2]，\ \ \beta^{\text{L}}=[0,0,\cdots,0] \tag{8-4}$$

定义 8.3　球面网格

在解目标空间的解集合中，在弧增量 $\Delta\beta=[\Delta\beta_1,\cdots,\Delta\beta_{m-1}]$ 的第 m 维空间的球面网格定义如式（8-5）所示。

$$\Lambda=\frac{\beta^{\text{U}}-\beta^{\text{L}}}{\Delta\beta}=\left[\frac{\beta_1^{\text{U}}-\beta_1^{\text{L}}}{\Delta\beta_1},\cdots,\frac{\beta_{m-1}^{\text{U}}-\beta_{m-1}^{\text{L}}}{\Delta\beta_{m-1}}\right] \tag{8-5}$$

定义 8.4　球面扇形

设解目标空间的解集合中的一个解为 x，则其归一化的球面扇形向量可定义为

$$A(x) = \left[\left\lceil \frac{\beta_1(x)}{A_1} \right\rceil, \cdots, \left\lceil \frac{\beta_{m-1}(x)}{A_{m-1}} \right\rceil\right] \tag{8-6}$$

其中，"$\lceil \cdot \rceil$"为一种朝正无穷方向取整的运算操作。

定义 8.5　球面修剪

设解目标空间的解集合中的两个解分别为 x_1 和 x_2，要使在球面扇形中 x_1 好于 x_2，当且仅当

$$A(x_1) = A(x_2) 且 \|f(x_1)\|_p < \|f(x_2)\|_p \tag{8-7}$$

其中，$\|f(x_1)\|_p$ 和 $\|f(x_2)\|_p$ 分别表示 $f(x_1)$ 和 $f(x_2)$ 的 p 阶范数，关于范数运算的具体定义见文献[9]。一般常用的是 1 阶范数、2 阶范数和无穷阶范数。

8.2.2　球面修剪机制的步骤

球面修剪机制的具体步骤如下。

步骤 1　输入存档集合 $\hat{A}_G$，输入参考点值 f_G^{ref} 并更新存档集合极值大小。

步骤 2　根据定义 8.1 计算存档集合 $\hat{A}_G$ 中每个个体的归一化球面坐标。

步骤 3　按照定义 8.2 和定义 8.3 建立球面网格，并根据定义 8.4 对 $\hat{A}_G$ 中的每个个体计算各自的球面扇形。

步骤 4　针对 $\hat{A}_G$ 中的每个解，执行如下操作。

将 $\hat{A}_G$ 中的当前的个体解与 $\hat{A}_G$ 中剩余的个体解进行相互比较，如果二者的球面扇形是相同的，则计算二者的范数值，将范数值最小的解选择进入下一代 $\hat{A}_G$ 中，否则，$\hat{A}_G$ 中剩余的个体解被选择进入下一代 $\hat{A}_G$ 中。

步骤 5　输出外部归档集合 $\hat{A}_G$ 中的个体为最终的 Pareto 最优解。

在基于全局物理规划的球面修剪策略中，预先已经设定的参数 $\xi^{\max}$ 用于引导种群朝着决策者感兴趣的区域进化，促进了存档集合 $\hat{A}_G$ 个体间的信息交流，有助于解集分布性的改善，进而提高了算法的探索和开发性能。

综上所述，球面修剪机制的流程如图 8-1 所示。

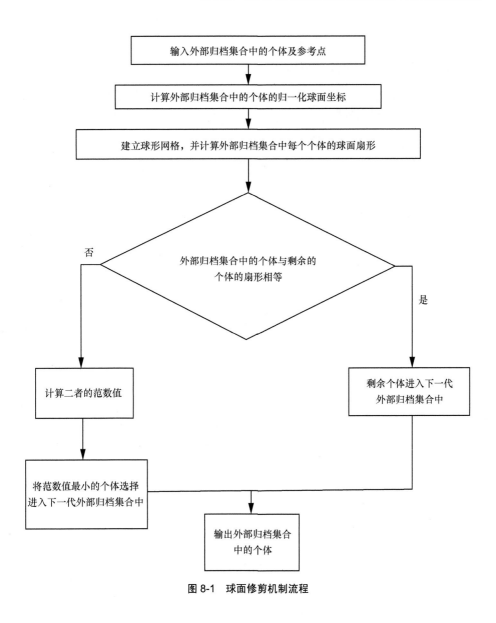

图 8-1　球面修剪机制流程

｜8.3　控制参数自适应｜

关于 DE 算法的控制参数大多数的实现策略是将其设置为常数，但是通过多次实验来寻找算法最优参数值的方法会消耗很多时间，而且没有进化过程的指导，不具备自学习的能力。值得一提的是，相关文献[1,8]的研究表明 DE 收敛速度与这些控制参数值的不同有着密切的关系，DE 的性能可通过对于每个新问题寻找控制参数的最优值而得以提高。因此，控制参数自适应策略是一种有效提高 DE 算法收敛性能和稳健性的重要途径，通过第 6 章的基于多策略排序变异的 DE 算子可知变异操作的高效性很大程度上依赖于 F 的合理选择。而 CR 是保证种群多样性和分布性的有效参数。若对 F 和 CR 采用固定的参数或随进化次数线性变化等策略，则不能充分利用种群个体之间的信息，进而无法较好地适应多目标优化的需求，因此，本节采用控制参数自适应策略来增强算法的稳健性，从而进一步提高算法的整体性能。

为了促使能算法的持续进化，需保证 F 和 CR 的差异性。因此，在每一代的进化过程中，为每一个目标矢量 $\boldsymbol{x}_{i,G}$ 产生一个缩放因子 $F_{i,G}$ 和交叉率 $CR_{i,G}$。根据文献[9]可知正态分布和柯西分布能保证种群的多样性。因此，将正态分布和柯西分布分别引入变异和操作中，即以 uF 为均值，0.1 为方差的正态分布，以及以 uCR 为位置参数，0.1 为尺度参数的柯西分布，其中 uF 和 uCR 的初始值均设置为 0.5。基于在每一代进化过程中，父代个体与子代个体均有优劣之分的思想，将产生较优子代个体所采用的 F 和 CR 分别保存至缩放因子集合 S_F 和交叉率集合 S_{CR} 中，将 S_F 和 S_{CR} 所包含的信息运用于 uF 和 uCR 的更新中，具体如式（8-8）和式（8-9）所示，当 F 和 CR 超出(0,1)范围时，则将它们分别设置为 0.5 和 0.3。这样，一方面实现控制参数的自适应，另一方面，能够发挥出新的缩放因子和交叉率引导种群进化的作用。

$$uF(G+1)=\alpha_F uF(G)+(1-\alpha_F)\left(\frac{\Sigma_{F_i\in S_F}F_i^2}{\Sigma_{F_i\in S_F}F_i}\right) \tag{8-8}$$

$$uCR(G+1)=\alpha_{CR} uCR(G)+(1-\alpha_{CR})\left(\frac{\Sigma_{CR_i\in S_{CR}}CR_i^2}{\Sigma_{CR_i\in S_{CR}}CR_i}\right) \tag{8-9}$$

其中，α_F 和 α_{CR} 均是 0~1 之间的常数。

经过上述适应性更新规则，F 和 CR 在没有增加算法时间复杂度的情况下，根据优化过程自适应地调整并寻找合适控制参数值的策略，既符合种群进化过程的一般规律，又能减少用户的参与程度，提高了算法的优化效率和全局收敛性。

|8.4　算法的流程与分析 |

8.4.1　算法的具体流程

综上所述，本章提出了基于外部归档和球形修剪机制的 MODE-ASP 算法。该算法在基于多策略排序变异的 MODE 算法的基础上，引入外部归档机制，还使用球形修剪机制代替 MODE-MSRM 算法中的基于熵的拥挤距离策略，同时引入控制参数自适应策略来调整缩放因子和交叉概率因子等参数，提高算法的优化效率和全局收敛性。MODE-ASP 的具体步骤如下。

输入：种群规模大小为 NP 的初始化种群 P_0。

步骤 1　评价初始化种群 P_0 中的每个个体的目标函数值，并对 P_0 运用个体间的支配关系获得存档集合 A_0。

步骤 2　判断是否满足终止算法的终止条件，若是则退出算法，否则对种群中的每个个体继续执行以下操作步骤。

步骤 3　从当前种群 P_G 和归档集合 A_G 中获取新种群。

步骤 4　对步骤 3 中的新种群采用自适应的多策略排序变异的 DE 算子进行变异交叉等一系列操作，产生子代 O_G，并对 O_G 中的个体进行评估。

步骤 5　依据第 6 章中的 DE 选择策略对 O_G 中的变异矢量个体和 P_G 中的目标矢量个体进行选择操作。

步骤 6　在 $O_G \bigcup A_G$ 引入支配关系这一概念以此获得新的存档集合 $\hat{A}_G$，并应用球面修剪策略对其进行修剪，以获得第 $G+1$ 代的存档集合 A_{G+1}。

步骤 7　输出外部归档集合中的个体为算法最终的 Pareto 最优解。判断是否达到最大迭代数。若达到，则输出 A_{G+1}，获得 Pareto 最优解集；否则循环次数加 1，返回步骤 2 继续循环。

8.4.2　MODE-ASP 的时间复杂度分析

设 M 和 D 分别是需要求解的 MOP 的目标函数的个数和维数，T_{max} 是最大进化代数，NP 是种群规模，非支配排序的时间复杂度为 $O(M \cdot \mathrm{NP}^2)$，基于球面修剪机制的时间复杂度为 $O(\mathrm{NP}^2)$，进行基于变异排序的时间复杂度为 $O(M \cdot \mathrm{NP})$。由第 7 章对基于多策略排序变异的 DE 算子的时间复杂度的分析知其时间复杂度为 $O(D \cdot M \cdot \mathrm{NP})$，综上所述，MODE-ASP 算法的总体的时间复杂度是 $O(T_{\max} \cdot M \cdot \mathrm{NP}^2)$，这与 MODE-MSRM 的时间复杂度相同。

8.4.3　算法的特点

算法的特点如下。

（1）MODE-ASP 采用外部归档集合保存进化过程中寻找到的非支配解。为了能更有效地改善外部归档集合中的非支配解的分布性和均匀性，引入球面修剪机制，该机制更能促使所得的 Pareto 最优解集中解与解之间的信息交流。

（2）通过对时间复杂度的分析可知，MODE-ASP 是基于第 7 章中的 MODE-MSRM 算法框架，只增加较小的计算量，并未引起算法复杂度的大幅度提升。

（3）为了弥补控制参数采用固定的参数或随进化次数线性变化等策略，造成不能充分利用种群个体之间的信息的不足，采用控制参数自适应策略对搜索过程中的有用信息予以充分利用，促使种群中的个体具有自学习性能，提高了 MODE-ASP 算法的稳健性，从而整体上提高了 MODE-ASP 的求解性能。

| 8.5　数值实验仿真与结果分析 |

8.5.1　测试函数及参数设置

所有对比算法的种群规模大小均设置为 100，最大迭代进化次数 200（即函数的评估次数为 20 000）。针对 MODE-ASP 算法，其外部存档大小设置为 100，在控制参数自适应策略中，$\alpha_F = 0.5$，$\alpha_{\mathrm{CR}} = 0.8$；在球面修剪机制中，弧增量 $\triangle\beta = [\triangle\beta_1, \cdots, \triangle\beta_{m-1}] = 10[\overline{\frac{m-1}{m, \cdots, m}}]$（其中 m 表示目标函数的个数）。

8.5.2　结果比较分析

为了验证算法的有效性，为了避免随机性的影响，将第 7 章中用到的 MODE-MSRM、MODE-RMO[10]算法 MOQPSO-AE[7]对 ZDT 和 DTLZ 测试函数集独立运行 30 次，然后统计并分析各自算法的运行结果。对比算法求解问题的结果见表 8-1，其中每个测试函数的最好结果用粗体显示。

表 8-1　测试函数的实验统计结果

测试函数	MODE-ASP		MODE-MSRM		MODE-RMO		MOQPSO-AE	
	GD	SP	GD	SP	GD	SP	GD	SP
ZDT1	$1.23×10^{-4}$	$3.27×10^{-3}$	$1.95×10^{-4}$	$5.57×10^{-3}$	$1.18×10^{-3}$	$6.16×10^{-3}$	$8.71×10^{-4}$	$7.26×10^{-3}$
ZDT2	$1.02×10^{-4}$	$4.54×10^{-3}$	$2.25×10^{-4}$	$6.53×10^{-3}$	$1.91×10^{-3}$	$7.40×10^{-3}$	$7.32×10^{-4}$	$4.23×10^{-3}$
ZDT3	$1.47×10^{-4}$	$3.90×10^{-3}$	$1.57×10^{-4}$	$5.41×10^{-3}$	$9.36×10^{-4}$	$7.46×10^{-3}$	$1.24×10^{-3}$	$5.87×10^{-3}$
ZDT4	$2.02×10^{-4}$	$4.27×10^{-3}$	$2.43×10^{-4}$	$5.89×10^{-3}$	$1.17×10^{-2}$	$2.29×10^{-2}$	$7.56×10^{-4}$	$6.16×10^{-3}$
ZDT6	$5.02×10^{-5}$	$4.22×10^{-3}$	$6.62×10^{-5}$	$5.38×10^{-3}$	$7.41×10^{-5}$	$9.15×10^{-3}$	—	—
DTLZ1	$1.34×10^{-4}$	$1.92×10^{-2}$	$1.82×10^{-4}$	$2.11×10^{-2}$	$2.39×10^{-4}$	$2.57×10^{-2}$	$9.23×10^{-4}$	$1.82×10^{-2}$
DTLZ2	$3.05×10^{-4}$	$2.43×10^{-2}$	$5.35×10^{-4}$	$4.63×10^{-2}$	$6.38×10^{-4}$	$4.91×10^{-2}$	$1.11×10^{-2}$	$6.03×10^{-2}$
DTLZ4	$3.37×10^{-4}$	$5.25×10^{-2}$	$2.33×10^{-4}$	$1.30×10^{-2}$	$5.87×10^{-4}$	$5.38×10^{-2}$	—	—
DTLZ5	$4.72×10^{-6}$	$7.38×10^{-3}$	$6.80×10^{-6}$	$8.88×10^{-3}$	$7.06×10^{-6}$	$1.05×10^{-2}$		

从表 8-1 可以看出，MODE-ASP 算法在 ZDT 系列测试函数上的 GD 和 SP 指标值均为最小，说明 MODE-ASP 的一系列策略有助于算法收敛性的提升和解集分布性的改善，进而体现了算法的优势所在。在求解具有 3 个目标的 DTLZ 系列函数上，相较于 MODE-MSRM、MODE-RMO 和 MOQPSO-AE 这 3 种算法，MODE-ASP 算法具有明显的优势，不仅能达到较好的收敛性，还能获得良好的解集分布性。

为了更加直观地体现 MODE-ASP 的性能，由 MODE-ASP 算法获得所求解的 DTLZ 测试函数某次独立运行的 Pareto 前沿分布如图 8-2 所示。

对于大多数测试函数而言，MODE-ASP 算法能够得到分布性较好的 Pareto 前沿，这是因为多策略排序变异 DE 算子和球面修剪机制起到了明显的指导性作用。由此看出，MODE-ASP 算法中的一系列策略能够促使种群在搜索过程中进行信息交换, 最大程度上实现不同信息的共享, 进而提高算法逼近真实的 Pareto 前沿的速度, 以及保持由算法所获得 Pareto 解集的分布均匀性等性能。

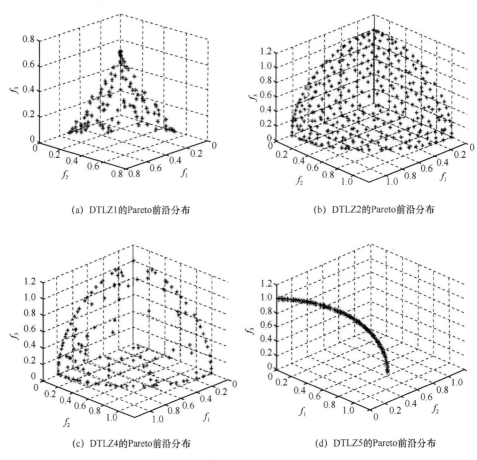

(a) DTLZ1的Pareto前沿分布　　　　　　　(b) DTLZ2的Pareto前沿分布

(c) DTLZ4的Pareto前沿分布　　　　　　　(d) DTLZ5的Pareto前沿分布

图 8-2　MODE-ASP 在 DTLZ 函数上的 Pareto 前沿分布

8.6　小结

本章提出了一种新的求解 MOP 的多目标差分进化算法, 即基于外部归档和球面修剪机制的多目标差分进化算法——MODE-ASP, 该算法集成自适应参数控制策略和球面修剪机制。在该算法中, 为了进一步提高算法的稳健性, 在没有增加算法的时间复杂度的情况下，根据搜索经验对缩放因子和交叉概率能进行自适应调整与更新；同时，为了保证归档集合中解的多样性和分布性，改进了更新归档集中的策略，采用基于球面的修剪机制，该机制能克服原来的拥挤距离策略易于丢失多样性的缺点。对标准测试函数的数值仿真实验结果显示，MODE-ASP 算法具有较强的竞争性，能够有效地处理各种形式的 MOP。MODE-ASP 算法能够处理各种复杂的 MOP 的 3 点原因如下。

（1）外部归档集合和球面修剪机制的使用能够维护一组分布均匀的 Pareto 前沿。

（2）基于自适应多策略的 DE 变异算子不仅能够平衡算法探索和开发性能，降低算法早熟收敛和陷入局部最优的概率，同时也能促使种群朝着 Pareto 前沿均匀的区域进化。

（3）控制参数自适应策略能够从参数本身特点出发，提高算法的整体性能。

▌参考文献▐

[1] 李志强, 蔺想红. 多目标优化非支配集构造方法的研究进展[J]. 计算机工程与应用, 2013, 49(19): 31-35.

[2] 赵森. 基于精英集选择与扩展策略的多目标智能算法研究[D]. 广州: 华南理工大学, 2013.

[3] 尤嘉兴. 多目标粒子群优化算法档案维护[D]. 桂林: 桂林理工大学, 2016.

[4] ZITZLER E, THIELE L. Multiobjective evolutionary algorithms: a comparative case study and the strength Pareto approach[J]. IEEE Transactions on Evolutionary Computation, 2000, 3(4): 257-271.

[5] REYNOSO-MEZA G, SANCHIS J, BLASCO X, et al. Design of continuous controllers using a multiobjective differential evolution algorithm with spherical pruning[M]. Applications of evolutionary computation. Heidelberg: Springer, 2010: 532-541.

[6] REYNOSO-MEZA G, BLASCO X, SANCHIS J, et al. Multiobjective optimization algorithm for solving constrained single objective problems[C]//IEEE Congress on Evolutionary Computation, July 18-23, 2010, Barcelona, Spain. Piscataway: IEEE Press, 2010: 1-7.

[7] ZOU H. An adaptive mutated multi-objective particle swarm optimization with an entropy-based density assessment scheme[J]. Journal of Information & Computational Science, 2013, 10(4): 1065-1074.

[8] 施展, 陈庆伟. 基于 QPSO 和拥挤距离排序的多目标量子粒子群优化算法[J]. 控制与决

策, 2011, 26(4): 540-547.

[9] KIM M, HIROYASU T, MIKI M, et al. SPEA2+: improving the performance of the strength Pareto evolutionary algorithm 2[J]. Lecture Notes in Computer Science, 2004, 3242(4): 742-751.

[10] CHEN X, DU W, QIAN F. Multi-objective differential evolution with ranking-based mutation operator and its application in chemical process optimization[J]. Chemometrics & Intelligent Laboratory Systems, 2014, 136(16): 85-96.

基于全局物理规划的偏好多目标差分进化算法

本章在第 8 章研究成果的基础上进一步研究了 MODE 算法。在采用 MODE 算法求解 MOP 的过程中，通过引入全局物理规划策略更简洁且有效地表达决策者偏好，促使进化种群朝着决策者比较感兴趣或者满意的区域搜索。同时，分别采用基于全局物理规划的 DE 选择策略和基于全局物理规划的球面修剪策略，代替基于外部归档和球面修剪机制的多目标差分进化算法中的 DE 选择策略及球面修剪机制，提高算法求解效率，得到决策者感兴趣的偏好解。

| 9.1 偏好的相关知识 |

9.1.1 偏好的含义

在实际求解 MOP 的过程中，决策者一般情况下仅对某一区域内的 Pareto 最优解比较感兴趣[1-2]，这要求决策者在寻优过程中将个人偏好融入寻优过程中，从而帮助算法的使用者即决策者选择并寻找到最感兴趣的解，因此，在偏好性算法中应该根据个人经验把更多的计算资源运用于搜索对决策者更有价值的解上。目前较为简单且直观的思路就是在搜索寻优过程将决策者的偏好信息融入当中，决策者对种群中进化个体予以评价并采用合适的机制和策略，构建决策者偏好的模型，利用该模型引导种群向决策者感兴趣的区域进化[1,3-4]，从而达到满足决策者实际所需要的 Pareto 解，提高算法整体的求解效率。

9.1.2　偏好的类型

在偏好性多目标优化算法的设计过程中,基于偏好的搜索一般可定义为先验法、交互式法和后验法 3 种类型[3-4]。先验法,就是在搜索开始前将偏好信息引入其中,即在决策者做出决策之前给定一个偏好,促使算法搜索决策者所感兴趣的解。交互式法,即在搜索过程中将偏好信息以交互的方式融入进去,从而保证决策者在搜索过程中通过不断学习来对自己的偏好信息予以调整或改变,以此更好地引导种群向自己所感兴趣的区域进化。后验法,即分析由算法所得的 Pareto 前沿在搜索结束时,按照所定义的偏好信息去选择决策者比较感兴趣的解。

基于以上所述,鉴于先验法只需要搜索到偏好区域附近范围内的最优解,并不需要获得一个相对比较完整的 Pareto 前沿的优点,本章所提基于全局物理规划的偏好多目标差分进化算法基于先验法,并在进化过程中融入了偏好,从而有利于解决目标规模比较大且较为复杂的优化问题。

|9.2　全局物理规划 |

9.2.1　物理规划的思路

物理规划(Physical Programming,PP)[5-8]是由 1996 年美国 Messac 教授首先提出的,是一种基于偏好思想的处理 MOP 的效率高、稳健性强的方法,目前,已经在结构设计、弹道多目标优化等众多领域得到了广泛应用[1-5]。该方法通过运用数学方式把偏好思想量化表达了出来,即将不同的目标函数转换成量级相同的无量纲的满意程度目标[9-11]。物理规划能从本质上根据决策者的需求对 MOP 进行求解,有选择并且有目的地利用待求 MOP 的一些特征信息,获得满足要求的 Pareto 非劣解,在表达决策者偏好方面具有一定的优势。另外,物理规划机制作为一种先验方法,以决策者可以提供的信息为基础,将需要求解的问题转化成一个能够反映决策者的满意程度的函数,使其搜索到优秀解的可能性更高。

物理规划之所以能减轻计算资源的浪费,并给实际应用带来方便[2-3],是因为它通常将整个算法的设计过程和环境放置于一个比较灵活而且更加自然的框架中，相对于一般的需要先求解 MOP 的 Pareto 解集再根据决策者偏好选择满意的设计值的基于 Pareto 解的多目标优化而言，这种做法既能着重于利用偏好信息，又能避免在求解大规模 MOP 时所带来的计算资源的极大浪费，有利于提高算法的优化效率。

对于物理规划而言，构造偏好函数是其关键所在。为了促使物理规划更加方便且具体地通过数学方式将决策者的偏好思想量化表达出来，依据物理规划原理并根据决策者偏好的特征，借鉴常规方法中的分段函数法是一种较为方便的选择。因此，物理规划将设置 6 个区间边界值将决策者偏好分解成 6 个连续的表示不同满意程度的区间范围，分别为高度期望、期望、可容忍、不期望、高度不期望及不可接受。记 $f_i (i=1,2,\cdots)$ 为所求目标函数，与之相对应的偏好函数则为 $\eta(f_i)$，6 个偏好区间边界值则为 $f_{ij}(j=1,2,\cdots,5)$，区间划分具体如图 9-1 所示，其中偏好函数 $\eta_j^i(f_i(x))|_\beta$ 表示第 i 个目标函数的第 j 个偏好的偏好函数，值越小表示决策者对目标函数的满意程度越高。

由图 9-1 可知，区间 $[f_{i0},f_{i1}]$ 表示高度期望域，是决策者可以接受的范围，而且决策者对该范围内的目标期望值通常很高；区间 $[f_{i1},f_{i2}]$ 表示期望域，即决策者期望且可接受的范围；区间 $[f_{i2},f_{i3}]$ 表示可容忍域，是决策者可以接受的范围；区间 $[f_{i3},f_{i4}]$ 表示不期望域，是决策者可以接受但是并不期望的范围；区间 $[f_{i4},f_{i5}]$ 表示高度不期望域，是决策者可以接受但是并很不期望的范围；区间 $[f_{i5},+\infty]$ 表示不接受域，是决策者不可接受的范围。

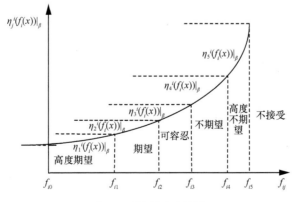

图 9-1　偏好满意度区间

9.2.2 基于物理规划的多目标优化

物理规划与 MOEA 相结合，将物理规划作为一种提高 Pareto 解集间的相关性的重要辅助机制，因为该方法在设计过程中提供了一个简单且灵活的框架，并采用理解性好而且直观的语言来实现目标函数的偏好性的表达，所以这将促使决策者拥有更多有用的解，以提高多目标优化中解的相关性。由于本章的 MOEA 采用 DE 算法，因此基于全局物理规划的偏好多目标差分进化算法求解 MOP 的实现方法如图9-2 所示。

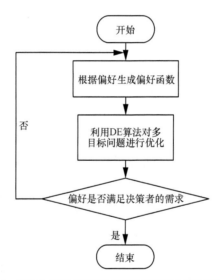

图 9-2　基于全局物理规划的偏好多目标差分进化算法流程

9.2.3 全局物理规划机制

全局物理规划（Global Physical Programming，GPP）[11]是在物理规划的基础上发展起来的一种多目标优化方法，是对物理规划方法的拓展。文献[11]的研究成果表明全局物理规划机制通过构造合理的偏好函数 $\eta_j^i(f_i(x))|_\beta$ 去实现解与解间的连续性，促使决策者对偏好的表示更加容易与方便，使算法在进化优化过程中具有更好的适应性和高效性。

物理规划策略求解 MOP 的关键在于如何构造偏好函数并保存进化阶段的有用信息，因此，构造偏好函数对于全局物理规划策略是至关重要的。根据文献[11]知，全局物理规划策略的定义可以描述为对于一个包含 m 个目标函数的问题，每个目标函数将被分为 N 个决策者所需要的偏好性范围。假设第 i 个目标函数为 $f_i(x)$，且其范围在 f_i^{j-1} 和 f_i^j 之间，f_i^j 表示第 j 个决策者在第 i 个目标函数上的偏好，则在偏好性范围集合中，第 j 个偏好的偏好函数 $\eta_j^i(f_i(x))|_\beta$ 定义为

$$\eta_j^i(f_i(x))|_\beta = \alpha_{j-1} + \delta_{j-1} + \Delta\alpha_j\left(\frac{f_i(x) - f_i^{j-1}}{f_i^j - f_i^{j-1}}\right) \tag{9-1}$$

其中，$\eta_j^i(f_i(x))|_\beta$ 表示第 i 个目标函数 $f_i(x)$ 的第 $j(j\in[1,\cdots,N])$ 个偏好函数。$\Delta\alpha_j = \alpha_j - \alpha_{j-1}$。$\alpha_j$ 如式（9-2）所示。

$$\alpha_j = \begin{cases} 0, & j = 0 \\ \dfrac{j}{10}, & 1 \leqslant j \leqslant N \end{cases} \tag{9-2}$$

而 δ_j 值的具体形式如式（9-3）所示。

$$\delta_j = \begin{cases} 0, & j = 0 \\ (m+1)(\alpha_j + \delta_{j-1}), & 1 \leqslant j \leqslant N \end{cases} \tag{9-3}$$

根据物理规划偏好的量化中所定义的偏好满意度区间，构造如式（9-4）的分段样条函数形式。

$$\eta_i^j(f_i(x))|_\beta = \begin{cases} \eta_i^N(f_i(x))|_\beta, & f_i(x) > f_i^N \\ \eta_i^j(f_i(x))|_\beta, & f_i(x) \in [f_i^{j-1}, \cdots, f_i^j] \\ 0, & f_i(x) < f_i^0 \end{cases} \tag{9-4}$$

由式（9-4）可知，$\eta_j^i(f_i(x))|_\beta$ 受物理规划的偏好满意度区间控制，为了更加清楚地将 $\eta_j^i(f_i(x))|_\beta$ 的含义表达出来，式（9-4）结合全局物理规划策略的定义，同时保持物理规划内在本质的框架结构不变。$\eta_j^i(f_i(x))|_\beta$ 的全局物理规划的偏好满意度区间如图 9-3 所示。

由图 9-3 可知，区间 $[f_{i0}, f_{i1}]$ 表示高度期望域；区间 $[f_{i1}, f_{i2}]$ 表示期望域；区间 $[f_{i2}, f_{i3}]$ 表示可容忍域，区间 $[f_{i3}, f_{i4}]$ 表示不期望域；区间 $[f_{i4}, f_{i5}]$ 表示高度不期望域；区间 $[f_{i5}, +\infty]$ 表示不接受域。为了更加清楚地将上述所定义的偏好满意度区间在 MOP 中表达出来，使 $f^{HD} = [f_{11}, f_{21}, \cdots, f_{m1}]$ 表示每个目标在高度期望域中的

最大值矢量，$\boldsymbol{f}^D = [f_{12}, f_{22}, \cdots, f_{m2}]$ 表示每个目标在期望域中的最大值矢量，$\boldsymbol{f}^T = [f_{13}, f_{23}, \cdots, f_{m3}]$ 表示每个目标在可容忍域中的最大值矢量。

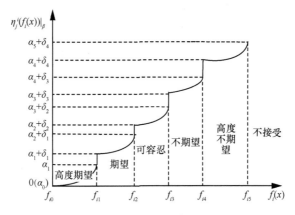

图 9-3　全局物理规划的偏好满意度区间

为了促使种群能更加进化至 Pareto 前沿，这些偏好性范围被定义，并引入超体积（HV）这一概念。所谓超体积，也称为 S 测度，用来评价由设计的算法对 MOP 进行求解所获得的非支配个体在目标区域所覆盖的范围。它度量了 Pareto 最优解（或者非支配解）所支配区域的尺寸大小，在理论上具有很好的数学性质。具体如图 9-4 所示。

图 9-4 中，在高度期望的 Pareto 前沿中的所有解均值支配 $\boldsymbol{f}^{HD}$，在期望的 Pareto 前沿中的所有解均支配 $\boldsymbol{f}^D$，在可容忍的 Pareto 前沿中的所有解均支配 $\boldsymbol{f}^T$。

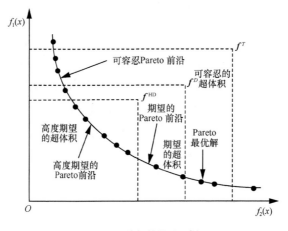

图 9-4　偏好的图形示例

9.2.4　全局物理规划的综合偏好函数

MOP 本身所具有的特点造成了求解 MOP 的近似解集的过程也是一类 MOP，而由基于全局物理规划策略的定义可知融入偏好信息可以促使上述任务简单化，避免了种群朝着对决策者不感兴趣的区域进化。假设一个 MOP 中所含目标函数分别为 $f_1(x), f_2(x), \cdots, f_m(x)$（其中 m 为目标函数个数），偏好集包括 $\beta_1, \beta_2, \cdots, \beta_N$，则 $f_1(x), f_2(x), \cdots, f_m(x)$ 所对应的偏好函数分别为 $\eta_1^1(f_1(x))|_{\beta_1}, \cdots, \eta_{m-1}^{N-1}(f_{m-1}(x))|_{\beta_{N-1}}$，$\eta_m^N(f_m(x))|_{\beta_N}$，使用这些偏好函数可以将每个目标函数转化为所有目标之间均彼此等价的范围。由于 $\eta_j^i(f_i(x))|_{\beta}$ 中的变量 j 的不同会产生不同的偏好，因此，结合式（9-4）可以得到全局物理规划综合偏好函数为

$$\xi(f_i(x)) = \min\left(\sum_{i=1}^{m} \eta_j^i(f_i(x))|_{\beta_j} \right), \quad j=1,2,\cdots,N \tag{9-5}$$

| 9.3　基于 GPP 的 DE 选择策略和球面修剪机制 |

9.3.1　基于全局物理规划的 DE 选择策略

对于任何 MODE 算法来说，选择操作都是一个极其重要的步骤，因为它为算法收敛到 Pareto 前沿提供了动力。为了保持后代进化种群规模不变，在 DE 算法中采用贪婪选择策略，即经过变异及交叉等一系列操作所产生的实验矢量 $\boldsymbol{u}_{i,j,G}$ 将与目标矢量 $\boldsymbol{x}_{i,j,G}$ 进行竞争比较，较优者被选取进入下一代中，本章将全局物理规划融入 DE 算法的选择策略中。全局物理规划作为一种辅助工具，与 DE 算法中的选择操作相结合，得到基于全局物理规划的 DE 选择策略并且代替 DE 算法中的原来选择策略，以此来决定哪些解将被存储在归档集合中，从而促使进化种群朝着决策者感兴趣的区域发展，并维持种群多样性。基于全局物理规划的 DE 选择策略的具体方法描述如下。

如果满足以下 3 个条件之一，则实验矢量 $\boldsymbol{u}_{i,j,G}$ 将被选取进入下一代中，否则，直接选取目标矢量 $\boldsymbol{x}_{i,j,G}$ 进入下一代。

- $\xi\big(f\big(\boldsymbol{u}_{i,G}\big)\big)$ 和 $\xi\big(f\big(\boldsymbol{x}_{i,G}\big)\big)$ 均大于 $\xi^{\max}$，且 $\xi\big(f\big(\boldsymbol{u}_{i,G}\big)\big) < \xi\big(f\big(\boldsymbol{x}_{i,G}\big)\big)$。

- $\xi\big(f\big(\boldsymbol{u}_{i,G}\big)\big) < \xi^{\max}$，且 $\xi\big(f\big(\boldsymbol{x}_{i,G}\big)\big) > \xi^{\max}$。

- $\xi\big(f\big(\boldsymbol{u}_{i,G}\big)\big)$ 和 $\xi\big(f\big(\boldsymbol{x}_{i,G}\big)\big)$ 均小于 $\xi^{\max}$，且 $\boldsymbol{u}_{i,G} \prec \boldsymbol{x}_{i,G}$ 且 $\boldsymbol{x}_{i,G} \in$ 父代种群。

如果实验矢量的全局物理规划的综合偏好函数值和相应的目标矢量的全局物理规划综合偏好函数值，均大于所设定的 $\xi^{\max}$ 值并且前者小于后者，或者如果前者小于 $\xi^{\max}$ 值而后者大于 $\xi^{\max}$ 值，或者如果二者均小于 $\xi^{\max}$ 值并且实验矢量支配目标矢量，则实验矢量将代替相应的目标矢量而被选取进入下一代进化中，否则保持目标矢量不变。因此，种群中的个体要么变得更加优秀，要么和原来保持一致的适应度状态，但是从来都不会变差，这种个性有利于种群朝着偏好区域进化，从而保持优良个体，提高种群的整体进化水平。

关于 $\xi^{\max}$ 的取值，如果 $\xi^{\max}$ 设置为 $\xi\big(\boldsymbol{f}^T\big)$，则在可容忍区域中有 m 个目标将出现在 Pareto 前沿中；如果 $\xi^{\max}$ 设置为 $\xi\left(\left[\overset{\text{可容忍}}{\overbrace{f_1^3,\ f_2^3,\cdots,\ f_{m-1}^3}},\overset{\text{期望}}{\overbrace{f_m^2}}\right]\right)$，则表示可容忍区域中有 m 个目标将不会出现在 Pareto 前沿中；如果 $\xi^{\max}$ 设置为 $\xi\left(\left[\overset{\text{可容忍}}{\overbrace{f_1^3,\ f_2^3,\cdots,\ f_{m-2}^3}},\overset{\text{期望}}{\overbrace{f_{m-1}^2 f_m^2}}\right]\right)$，则表示可容忍区域中有 $(m-1)$ 个或者更多的目标将不会出现在 Pareto 前沿中，以此类推。

9.3.2 基于全局物理规划的球面修剪策略

由于使用全局物理规划可能会造成算法容易早熟，因此，需要在全局物理规划方法的基础上融入某种机制来维护 Pareto 前沿的多样性。球面修剪机制是一种能显著提高算法所获得的 Pareto 解集的优越性和散布性的有效方法，其基本思想是通过计算个体的归一化球面坐标来分析当前 Pareto 前沿中的解，从而使算法可以获得分布性较好的 Pareto 前沿。

基于全局物理规划的球面修剪策略将全局物理规划操作与球面修剪机制相互融合的同时，通过设定一个特定值 $\xi^{\max}$，使其作为进化种群中的选择机制去决定在优化过程中哪些解将被存储在存档集合中以获得高质量的 Pareto 最优解。基于全局物理规划的球面修剪策略的具体步骤如下。

步骤 1 输入存档集合 $\hat{A}_G$，输入参考点值 f_G^{ref}，并更新 $\hat{A}_G$ 极值大小。

步骤 2 根据定义 8.1 计算存档集合 $\hat{A}_G$ 中每个个体的归一化球面坐标。

步骤 3　按照定义 8.1 和定义 8.2 建立球面网格，并根据定义 8.6 对 $\hat{A}_G$ 中的每个个体计算各自的球面扇形。

步骤 4　针对父代种群中的每个解，执行如下操作。

如果 $f(x_{i,G}) > \xi^{\max}$，则将 $x_{i,G}$ 舍去；如果 $f(x_{i,G}) \leqslant \xi^{\max}$，则对 $\hat{A}_G$ 中的剩余解进行相互比较，若没有其他解中具有相同的球面扇形，则 $x_{i,G}$ 进入下一代的存档集合中；否则，若其中有较小的范数，则也将 $x_{i,G}$ 进入下一代外部档案中。

步骤 5　输出存档集合中的个体为最终的 Pareto 最优解。

基于全局物理规划的球面修剪策略和第 4 章的球面修剪机制的根本区别在于前者通过预先已经设定的参数 $\xi^{\max}$ 来引导种群朝着决策者感兴趣的区域进化，促进了种群中个体间的信息交流与传递，有助于解集分布性的改善，进而提高了算法的探索和开发性能。

| 9.4　Pareto 前沿的大小动态控制策略 |

在全局物理规划策略中根据决策者偏好变化的特点，通过设定阈值来动态调整并控制归档集合的规模大小，从而引导种群向决策者偏好的区域进行搜索，以保证解集的分布程度，最终使决策者在比较感兴趣的区域获得满意解。与通过直接减小网格大小的方法相比，Pareto 前沿的大小动态控制策略具有一定的自适应性。同时也减轻了决策者因进化过程计算网格大小值而产生的计算负担。该策略的具体方法过程如下。

如果存档集合 A_G 中所需求的解的规模大小大于其给定规模的上限 ψ，则首先根据全局物理规划综合偏好函数值大小对存档集合中的元素个体进行排序并使用第 ψ 个元素个体的物理范数值来代替 $\xi^{\max}$ 的值。然后对存档集合 A_G 中所有大于 $\xi^{\max}$ 的元素进行修剪。最后，输出修剪后的存档集合。

经过上述操作后，种群的规模大小得到了控制，促进了进化种群中个体间彼此信息的交流与传递，有效利用存档较优个体的优良特性。

| 9.5　算法流程 |

基于全局物理规划的偏好多目标差分进化算法的具体步骤如下。

输入：种群规模大小为 NP 的初始化种群 P_0。

步骤 1 评价初始化种群 P_0 中的每个个体的目标函数值，并对 P_0 运用个体间的支配关系获得存档集合 A_0。

步骤 2 判断是否满足本算法所设定的结束条件，若是，则退出，否则对种群中的每个个体继续执行以下操作步骤。

步骤 3 从当前种群 P_G 和归档集合 A_G 中获取新种群。

步骤 4 对步骤 3 中的新种群采用基于多策略排序的 DE 算子进行变异交叉等操作，产生子代 O_G，并对 O_G 中的个体进行评估。

步骤 5 依据提出的基于全局物理规划的 DE 选择策略对 O_G 中的变异矢量个体和 P_G 中目标矢量个体进行选择操作。

步骤 6 在 $O_G \bigcup A_G$ 引入支配关系这一概念以获得新的存档集合 $\hat{A}_G$，并应用基于全局物理规划的球面修剪策略对存档集合 $\hat{A}_G$ 进行修剪，获得第 $G+1$ 代的存档集合 A_{G+1}。

步骤 7 根据 Pareto 前沿的大小动态控制策略对 A_{G+1} 进行控制。

步骤 8 输出归档集合中的解，判断是否达到最大迭代数，若是，则输出 A_{G+1}，获得 Pareto 最优解集；否则循环次数加 1，返回步骤 3 继续循环。

| 9.6 实验结果分析 |

为了验证基于全局物理规划的偏好多目标差分进化算法在求解 MOP 时的有效性，采用仿真模型的 DTLZ2 和 DTLZ4 两个测试函数来进行验证。

本章算法的 DE 算法部分采用和基于多策略排序变异的多目标差分进化算法相同的参数设置，其他参数则设置如下：初始种群规模大小为 100，迭代次数为 200，子代种群由父代种群中的一半个体和归档集合中的一半个体所组成。弧增量 $\Delta\beta = [\Delta\beta_1, \cdots, \Delta\beta_{m-1}] = 10\overbrace{[m, \cdots, m]}^{m-1}$（其中 m 表示目标函数的个数），阈值 $\xi^{\max} = \xi(f^T)$，数量为 10，ψ 值为目标函数个数的 10 倍。

通常 MOP 的最优解集是一个集合，但是决策者一般情况下只会对某一范围内的最优解比较感兴趣，因此在执行本章算法之前要先定义所求问题的偏好，按照图 9-5 所示的区间划分，给定所求解的 DTLZ2 和 DTLZ4 测试函数的 6 个偏好区间边界的设定值，具体见表 9-1。

表 9-1　DTLZ 函数的偏好结构

目标函数	偏好区间边界值					
	高度期望区间	期望区间	容忍区间	不可容忍区间	高度不可容忍区间	不接受
	$f_{i0}(x)$	$f_{i1}(x)$	$f_{i2}(x)$	$f_{i3}(x)$	$f_{i4}(x)$	$f_{i5}(x)$
$f_1(x)$	0	0.05	0.10	0.40	1.0	10
$f_2(x)$	0	0.30	0.40	0.60	1.0	10
$f_3(x)$	0	0.50	0.80	0.90	1.0	10

　　由表 9-1 可知，当 $f_1(x)$，$f_2(x)$ 和 $f_3(x)$ 分别在区间 $[0,0.05]$，$[0,0.30]$ 和 $[0,0.50]$ 时，表示高度期望；当 $f_1(x)$，$f_2(x)$ 和 $f_3(x)$ 分别在区间 $[0.05,0.10]$，$[0.30,0.40]$ 和 $[0.50,0.80]$ 时，表示期望；当 $f_1(x)$，$f_2(x)$ 和 $f_3(x)$ 分别在区间 $[0.10,0.40]$，$[0.40,0.60]$ 和 $[0.80,0.90]$ 时，表示容忍；当 $f_1(x)$，$f_2(x)$ 和 $f_3(x)$ 分别在区间 $[0.40,1.0]$，$[0.60,1.0]$ 和 $[0.90,1.0]$ 时，表示不可容忍；当 $f_1(x)$，$f_2(x)$ 和 $f_3(x)$ 在区间 $[1.0,10]$ 时，表示高度不可容忍；当 $f_1(x)$，$f_2(x)$ 和 $f_3(x)$ 均大于 10 时，表示不接受。

　　根据表 9-1 中的数据，按式（9-1）并根据偏好函数 $\eta_j^i(f_i(x))|_\beta$ 的计算式和步骤，经过计算得出 $\eta_j^i(f_i(x))|_\beta$ 的值大小，进而可以绘制出如图 9-5 所示的 DTLZ2 的偏好函数的区间范围，DTLZ4 的偏好函数的区间划分与 DTLZ2 相同。

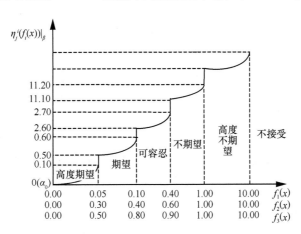

图 9-5　函数的偏好函数的区间划分

　　基于图 9-5 中预先定义的 DTLZ2 测试函数和 DTLZ4 测试函数的偏好区间边界值和函数的偏好函数的区间划分，采用基于全局物理规划的偏好多目标差分进化算法分别对上述函数进行优化求解，分别得到如图 9-6 和图 9-7 所示的结果。

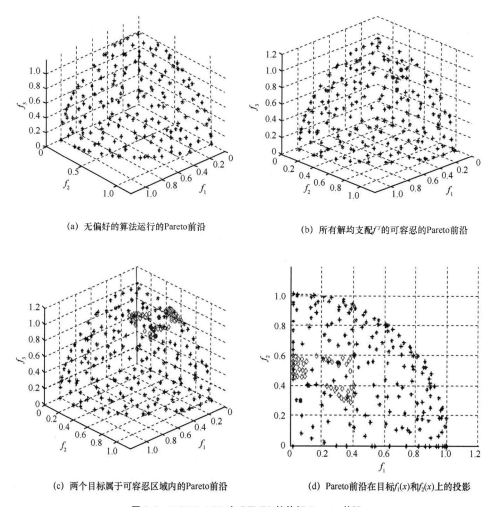

(a) 无偏好的算法运行的 Pareto 前沿

(b) 所有解均支配 f^T 的可容忍的 Pareto 前沿

(c) 两个目标属于可容忍区域内的 Pareto 前沿

(d) Pareto 前沿在目标 $f_1(x)$ 和 $f_2(x)$ 上的投影

图 9-6　MODE-ASP 在 DTLZ2 的偏好 Pareto 前沿

　　图 9-7 中实心圆点表示所定义的所有解均支配 f^T 的可容忍的解，方块表示至多有两个目标属于可容忍区域内的解。图 9-7（a）给出了对于不含偏好性的算法运行的 Pareto 前沿分布图，主要用于做参照；图 9-7（b）给出了不含偏好的 Pareto 前沿分布与所有解均支配 f^T 的可容忍的 Pareto 前沿分布的比较情况；图 9-7（c）

中的区域表示至多有两个目标属于可容忍区域且所有解均支配 f^T 的可容忍的
Pareto 前沿。根据表 8-5 中预先定义的 DTLZ 函数的偏好区间边界值得到图 9-7（d）。
图 9-7（d）表示图 9-7（c）的 Pareto 前沿在目标 $f_1(x)$ 和 $f_2(x)$ 坐标系的投影
区域。

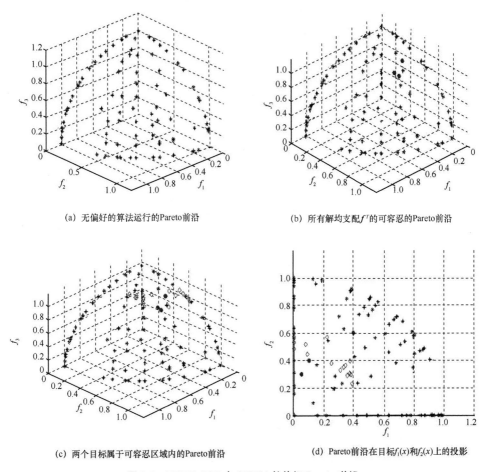

(a) 无偏好的算法运行的Pareto前沿

(b) 所有解均支配f^T的可容忍的Pareto前沿

(c) 两个目标属于可容忍区域内的Pareto前沿

(d) Pareto前沿在目标$f_1(x)$和$f_2(x)$上的投影

图 9-7　MODE-ASP 在 DTLZ4 的偏好 Pareto 前沿

　　图 9-7 中至多有两个目标函数在可容忍区域且所有解均支配 f^T 的可容忍的
Pareto 前沿分布图。进行分析可知，通常情况下，每个球面扇形选择不同的偏好解会
导致 Pareto 前沿的分布是无规则的。从图 9-7（d）可以清楚地可以看出，由 $f_1(x)$ 满
足在 0.10～0.40 之间及 $f_2(x)$ 满足在 0.40～0.55 之间所构成的区域，即由算法所获得

的任何解的全局物理规划的综合偏好函数的值 $\xi\left(f_i(x)\right) > \xi\left([0.4, 0.6, 0.8]\right)$ 时，有所求解问题中的 3 个目标函数在可容忍区域，从而不满足至多有两个目标函数值在可容忍区域这个条件，也就是说该区域中的解是决策者所不感兴趣的，这是由于全局物理规划的综合偏好函数值所造成的。

综上所述，可知基于全局物理规划的偏好多目标差分进化算法能促使进化种群朝着决策者比较感兴趣的区域进行进化的同时，还有助于决策者保持解集集中于自己所感兴趣的区域，避免了因朝着不感兴趣的区域进化而造成的计算资源浪费，从而提高了计算效率。因此，基于全局物理规划的偏好多目标差分进化算法是一种具有较高搜索效率和良好稳定性的进化算法。

| 9.7　小结 |

本章提出了基于全局物理规划的偏好多目标差分进化算法 MODE-ASP，该算法主要集成了全局物理规划与基于归档集合和修剪机制的 MODE 算法，通过引入全局物理规划策略，将 MOP 转换成能够反映决策者偏好的优化问题，以更加简洁且有效的语言来表达决策者偏好，促使进化种群的搜索方向朝着决策者所感兴趣的区域发展，从而获得决策者比较感兴趣的解。同时采用基于全局物理规划的 DE 选择策略和基于全局物理规划的球面修剪策略来提高决策者偏好信息的提取并促使获得分布性较好的 Pareto 前沿。实验仿真表明了本章算法能够反映决策者偏好的特性，有效地解决多目标优化问题。

| 参考文献 |

[1] 喻果. 基于分解的偏好多目标进化算法及其评价指标的研究[D]. 湘潭: 湘潭大学, 2015.

[2] 张兴义, 蒋小三, 张磊. 基于权值向量的偏好多目标优化方法[J]. 电子学报, 2016, 44(11): 2639-2645.

[3] 郑金华, 谢谆志. 关于如何用角度信息引入决策者偏好的研究[J]. 电子学报, 2014, 42(11): 2239-2246.

[4] SANCHIS J, MARTINEZ M, BLASCO X. Multi-objective engineering design using preferences[J]. Engineering Optimization, 2008, 40(3): 253-269.

[5] LIN K P. Multi-objective optimization of space station logistics strategies using physical pro-

gramming[J]. Engineering Optimization, 2015, 47(8): 1140-1155.

[6] 刘莉, 邢超, 龙腾. 基于物理规划的弹道多目标优化[J]. 北京理工大学学报, 2013, 33(4): 357-362.

[7] 高顺德, 陆霞, 周杨, 等. 基于物理规划的履带起重机变幅系统多目标优化[J]. 大连理工大学学报, 2013, 53(2): 207-213.

[8] 李连升, 刘继红, 谢琦, 等. 基于物理规划的多学科多目标设计优化[J]. 计算机集成制造系统, 2010, 16(11): 2392-2398.

[9] MESSAC A. Physical programming: effective optimization for computational design[J]. AIAA Journal, 1996, 34(1): 149-158.

[10] MESSAC A, ISMAIL-YAHAYA A. Multiobjective robust design using physical programming [J]. Structural & Multidisciplinary Optimization, 2002, 23(5): 357-371.

[11] REYNOSO-MEZA G, SANCHIS J, BLASCO X, et al. Physical programming for preference driven evolutionary multi-objective optimization[J]. Applied Soft Computing, 2014(24): 341-362.

第 10 章

改进的排序变异多目标差分进化算法

针对多目标差分进化算法在求解时收敛速度慢和均匀性欠佳的不足，提出了一种改进的排序变异多目标差分进化算法（Multi-Objective Differential Evolution Algorithm with Improved Ranking-Based Mutation，MODE-IRM）。该算法将参与变异的 3 个父代个体中的最优个体作为基向量，加快了排序变异算子的求解速度。采用反向参数控制方法，在不同的优化阶段动态调整参数值，进一步加快了算法的收敛速度。同时引入了改进的拥挤距离计算式，提高了解的均匀性。采用标准多目标优化问题 ZDT1～ZDT4，ZDT6 和 DTLZ6~DTLZ7 测试函数进行仿真实验，实验结果表明在 GD、IGD 和 SP 这 3 个性能度量指标方面，MODE-IRM 在总体上要优于 MODE-RMO 和 PlatEMO 平台上的 MOEA/D-DE、RM-MEDA 以及 IM-MOEA，并且 MODE-IRM 在 7 个多目标优化问题上的 3 个性能度量指标值均小于 MODE-RMO。实验结果表明 MODE-IRM 相对于其他算法具有更好的收敛性和均匀性[1]。

| 10.1 引言 |

现实生活中存在着大量拥有两个或者更多的目标需要同时优化的问题，这些目标之间相互联系，彼此制约。多目标差分进化算法采用实数编码，操作简单，具有较强的寻优能力，已被广泛应用于联盟运输调度[2]、电力系统[3]、生物医学[4]等多目标优化问题领域。

近年来，在多目标差分进化算法方面，Li 等[5]将差分进化算法与 MOEA/D[6]中的分解思想相结合，提出了一种基于分解的多目标差分进化算法，用以解决具有复杂 Pareto 集合的多目标优化问题。许玉龙等[7]通过结合一种快速非支配解排序策略和均匀拥挤距离计算方法，提出了一种基于非支配解排序的快速多目标微分进化算法，用以解决基于 Pareto 非支配解排序的多目标进化算法较高的时间复杂度问题。

魏文红等[8]采用基于泛化反向学习的机制，提出了一种基于泛化反向学习的多目标约束差分进化算法，用以解决多目标约束优化问题。Ali 等[9]提出了一种高效的多目标差分进化算法，依据最优基向量变异策略和一种新的选择方法，有效地提高了算法的收敛性能。Leung 等[10]提出了一种反向参数控制多目标差分进化算法，在算法运行的不同阶段通过调整参数值来加快算法的收敛速度。Zhao 等[11]采用一种改进的拥挤距离计算式和非支配排序方法，有效地提高了多目标差分进化算法所求结果的多样性。Chen 等[12]在保持多目标差分进化算法框架简洁性的基础上，结合文献[13]中排序变异的思想，提出了一种基于排序变异的多目标差分进化算法，该算法将种群中的较优个体赋予更大的概率，并将其作为变异公式中的参与向量，较为有效地提高了算法的寻优性能。

总体而言，尽管近几年在多目标差分进化算法方面取得了很多重要进展，但是仍存在着收敛速度较慢和均匀性欠佳的问题。本章在 MODE-RMO 的基础上，通过将文献[9]中的最优基向量变异策略与排序变异算子相结合，有效地加快了算法的收敛速度，并采用文献[10]中反向参数控制方法和文献[11]中的改进的拥挤距离计算公式，提出了一种改进的排序变异多目标差分进化（MODE-IRM）算法。将 MODE-IRM 与其他 4 种算法在 7 个函数上进行实验对比，结果表明该算法在收敛性和均匀性上均优于其他算法，从而验证了 MODE-IRM 适合于求解多目标优化问题。

|10.2　相关知识|

10.2.1　多目标优化问题

不失一般性，一个包含 n 个决策变量和 m 个目标变量的多目标优化问题可以描述为[14]

$$\min y = F(x) = (f_1(x), f_2(x), \cdots, f_m(x))^\mathrm{T}$$
$$约束条件为 g_i(x) \leqslant 0, i = 1, 2, \cdots, q \qquad (10\text{-}1)$$
$$h_j(x) = 0, j = 1, 2, \cdots, p$$

其中，$F(x)$ 包含了 m 个子目标函数 $f_1(x), f_2(x), \cdots, f_m(x)$，这些子目标函数共同构成了优化目标向量。$x = (x_1, \cdots, x_n) \in \mathbf{R}^n$ 为 n 维决策变量。$g_i(x) \leqslant 0$ 和 $h_j(x) = 0$ 为约

束条件，分别包含了 q 个不等式和 p 个等式，所有满足约束条件的 x 构成了可行解集合。多目标优化问题就是从可行解集合中求出优化目标向量值最佳的解集合。

10.2.2　MODE-RMO

MODE-RMO 与一般的多目标差分进化算法总体框架相同，不同之处在于增加了排序变异操作，具体分为如下 5 个步骤。

步骤 1　确定规模因子 F 和交叉概率 CR 的值，初始化一个规模为 NP 的种群，计算每个个体的适应度值。

步骤 2　对于种群中的所有个体，执行排序变异操作。针对每个个体，利用排序方法，从种群中依次选择出变异式（10-2）中的 X_{r1}、X_{r2} 和 X_{r3}。

$$M_i = X_{r1} + F(X_{r2} - X_{r3}) \tag{10-2}$$

其中，M_i 为得到的变异个体，F 为规模因子。

首先利用 NSGA-Ⅱ[15]中的非支配排序算法和拥挤距离计算式，将所有个体进行排序。此时适应度值较好的个体获得了较小的序列值 i，然后利用式（10-3）赋予排序后的个体一个序号值 R_i。

$$R_i = Np - i, i = 1, 2, \cdots, Np \tag{10-3}$$

此时种群中适应度值较好的个体获得了较大的序号值 R_i。然后根据式（10-4）计算出每个个体的选择概率 p_i。

$$p_i = \frac{R_i}{\text{NP}}, i = 1, 2, \cdots, \text{NP} \tag{10-4}$$

这样种群中的所有个体就完成了选择概率的排序，适应度值较好的个体获得了较大的选择概率。接下来对种群中的所有个体进行变异操作。

对于变异式（10-2）中 X_{r1} 的选择，首先从种群中随机选出一个不同于 X_i 的个体，然后从 $(0,1)$ 中产生一个随机数，如果所选个体的概率值 p_{r1} 不小于随机数值，则选择成功，否则重新进行选择。X_{r2} 的选择方式与 X_{r1} 相同，但需保证 X_{r2} 和 X_{r1} 互不相同。X_{r3} 只需要从种群中随机选择一个不同于 X_{r1} 和 X_{r2} 的个体即可。

步骤 3　将父代个体 X_i 和变异向量 $\overrightarrow{M}_i$ 按照式（10-5）进行交叉。其中，$\text{rand}_j \in (0,1)$，sn 为从 $\{1, 2, \cdots, D\}$ 中随机选择的一个数。

$$U_{ij} = \begin{cases} M_{ij}, \text{rand}_j \, \text{CR或者} j = \text{sn} \\ X_{ij}, \text{其他} \end{cases}, i = 1, 2, \cdots, \text{NP}, \ j = 1, 2, \cdots, D \qquad （10\text{-}5）$$

步骤 4　根据父代个体 X_i 和实验向量 $\vec{u}_i$ 之间的支配关系，进行初步选择。若 $\vec{u}_i$ 支配 X_i，则用 $\vec{u}_i$ 替代 X_i；若 X_i 支配 $\vec{u}_i$，则丢弃 $\vec{u}_i$；若 $\vec{u}_i$ 和 X_i 互不支配，则将 $\vec{u}_i$ 加入当前种群中。

步骤 5　此时种群规模为 NP 到 2 NP 之间，再次利用 NSGA-Ⅱ 中的非支配排序算法和拥挤距离计算式，将所有个体进行排序，取前 NP 个较好个体进入下一代继续优化，直到找到满足终止条件的解为止。

| 10.3　改进的多目标差分进化算法 |

10.3.1　最优基向量排序变异策略

在 MODE-RMO 的变异过程中，通过排序变异操作，使较好的个体有较大的概率被选择作为变异式（10-2）中的 X_{r1} 和 X_{r2} 来参与变异操作，这种方式较为有效地提高了算法的收敛性。但是，$\overrightarrow{X}_{r1}$ 作为基向量，在变异过程中发挥着比 X_{r2} 和 X_{r3} 更为关键的作用。在 MODE-RMO 中，X_{r1}、X_{r2} 和 X_{r3} 的选择仍然具有一定的随机性，并没有对它们之间的优劣关系进行比较。

文献[8]在多目标差分进化算法的变异操作中，在随机选择 X_{r1}、X_{r2} 和 X_{r3} 的基础上，通过比较 3 个个体之间的支配关系，进行再次分配。如果 X_{r1}、X_{r2} 和 X_{r3} 中存在一个个体支配其他 2 个个体，便将其作为 $\overrightarrow{X}_{r1}$；若不存在，X_{r1} 则从 3 个个体中随机选择。这种方式的主要目的是从参与变异的 3 个个体中选取较好的一个作为基向量 $\overrightarrow{X}_{r1}$，从而加快算法的收敛速度。但是仅仅依靠支配关系进行比较，对于同一 Pareto 前沿上个体的选择，只能随机进行。

本章在排序变异和单纯依靠支配关系选取基向量的基础上，将两种方法的优势进行互补，提出了一种最优基向量排序变异策略。该变异策略主要包括以下两阶段。

阶段 1　依据 10.2 节中 MODE-RMO 的排序操作，通过非支配排序和拥挤距离计算，使种群中的所有个体按其适应度值进行有序排列。再按照式（10-3）和式（10-4）对所有个体依次进行计算，得到每一个个体被选中作为变异操作中的参与个体的概率值，使得适应度值较好的个体获得较大的选中概率。

阶段 2　对初始种群中的所有个体依次进行变异操作。针对每一个个体，依据 MODE-RMO 中将随机个体选中概率值与随机数进行比较的方法，对变异式（10-2）中的 X_{r1}、X_{r2} 和 X_{r3} 这 3 个个体依次从种群中进行初步选择。

在选择好 X_{r1}、X_{r2} 和 X_{r3} 的基础上，再次将 X_{r1} 和 X_{r2} 依据式（10-6）进行比较，选择出较好的作为 $\overrightarrow{X}_{r1}$。

$$\overrightarrow{X_{r1}} = \begin{cases} X_{r1}, X_{r1} \prec X_{r2} 或者 X_{r1} \nprec X_{r2} \bigcap X_{r2} \nprec X_{r1} \bigcap C_{X_{r1}} < C_{X_{r2}} \\ X_{r2}, 其他 \end{cases} \quad （10\text{-}6）$$

其中，$X_{r1} \prec X_{r2}$ 表示 X_{r1} 支配 X_{r2}，$X_{r1} \nprec X_{r2}$ 表示 X_{r1} 不支配 X_{r2}，$C_{X_{r1}}$ 和 $C_{X_{r2}}$ 分别表示 X_{r1} 和 X_{r2} 在整个种群中的拥挤距离。由于拥挤距离作为一项重要的判断依据，且原始的拥挤距离计算式存在着不足，因此 MODE-IRM 均采用一种改进的拥挤距离计算式，具体内容参见 10.3.3 节。

根据同样的道理，将选择后的 X_{r1} 和 X_{r3} 进行对比，选择较好的作为 $\overrightarrow{X}_{r1}$。此时完成了变异式（10-2）中的 X_{r1}、X_{r2} 和 X_{r3} 的选择，从支配关系和拥挤程度两方面来说，X_{r1} 为 3 个个体中最优的。根据这种方法，将种群中的所有个体依次按照式（10-2）进行变异操作。

由于在变异的第一阶段已经将种群中的所有个体依据支配关系和拥挤距离进行了排序，所以在变异的第二阶段比较 X_{r1}、X_{r2} 和 X_{r3} 的优劣关系时，只需要将它们的序列值 i 进行比较，选择其中最小 i 值的个体作为基向量 $\overrightarrow{X}_{r1}$ 即可，从而保证了基向量 $\overrightarrow{X_{r1}}$ 为参与变异操作 3 个个体中的最优。

10.3.2　反向参数控制方法

在差分进化算法中，规模因子 F 和交叉概率 CR 发挥着重要的作用。在优化算法的整个搜索过程中，对于不同的优化阶段，适合当前寻优的参数值并不相同[9]，然而 MODE-RMO 在整个算法的运行过程中，规模因子 F 和交叉概率 CR 的值始终保持不变。参数自适应策略已经被证明能够有效地提高多目标差分进化算法的寻优性能[16-17]，因此本章所提算法 MODE-IRM 在 MODE-RMO 的基础上融入了参数自适应策略。

MODE-IRM 采用文献[10]中的反向参数控制方法，在不同的阶段动态地调整参数值，以提高算法的寻优性能。当算法经过变异和交叉操作后，"无师自通"地选择操作时，当前种群中的每个个体的参数值将从保持、取反和重置 3 种操作中根据不同情况选择一种，其中保持即保持现有的参数值，取反则根据式（10-7）求得其反向值[18]，重置即在参数可行域内随机产生一个值。

$$\bar{x} = a + b - x \tag{10-7}$$

其中，$x \in [a,b]$ 是一个实数，$\bar{x}$ 是 x 的反向数字。

本章作如下规定，参数具有成功和失败两种状态。当 U_i 支配 X_i，或者 U_i 和 X_i 互不支配时，参数处于成功状态；反之，当 X_i 支配 U_i 时，参数处于失败状态。

若当前参数处于成功状态，则对参数进行保持操作，这意味着此时该参数适合当前阶段的种群优化。反之，当参数处于失败状态时，则说明该参数已不再适合当前阶段的种群优化，进而对当前的参数值进行调整。若当前参数值已经取反，则对其进行重置操作；若当前参数值未取反，则对其进行取反操作。反向参数控制方法的具体步骤如图 10-1 所示。

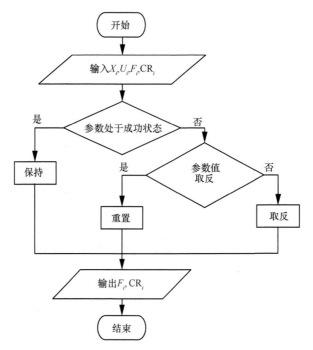

图 10-1　反向参数控制方法的具体步骤

10.3.3 改进的拥挤距离计算式

MODE-RMO 采用 NSGA-Ⅱ 中的非支配排序算法和拥挤距离计算式对种群中的个体进行排序，用来进行排序变异和算法最后的选择操作，在整个算法运行中起着非常关键的作用，然而其中的拥挤距离计算式有时候并不能精确地反映个体的拥挤程度。当个体 B 和 D 拥有 2 个相同的邻居 A 和 C，且个体 D 更接近于邻居 A 和 C 的中间位置时，通过距离计算式得出相同的拥挤距离，但是通过图 10-2 可以明显地看出，个体 D 的拥挤程度要好于 B。

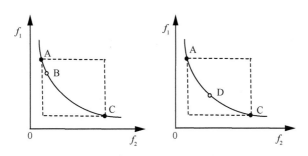

图 10-2 改进前的拥挤距离计算示意

MODE-IRM 采用文献[11]中改进的拥挤距离计算式，具体描述如式（10-8）所示。

$$D_c(B) = \sum_{i=1}^{m} (|f_i(A) - f_i(C)| - |f_i(B) - f_i(O)|)$$

$$= \sum_{i=1}^{m} (|f_i(A) - f_i(C)|0.5 + \min(|f_i(A) - f_i(B)|, |f_i(B) - f_i(C)|))$$

（10-8）

其中，个体 B 的拥挤距离包括两个部分：一部分为两个邻居个体 A 和 C 在每个目标函数上的差值求和，这个差值和从总体上反映出个体 B 的拥挤程度；另外一部分为个体 A 和 C 的中点 O 与个体 B 在每个目标函数上的差值求和，这个差值和更为细致地反映出个体 A、B 和 C 之间的分布比例。同样当个体 B 和 D 拥有两个相同的邻居，且 D 更接近邻居的中间位置时，通过式（10-8）的计算，可以正确地求解出个体 D 的拥挤距离要大于 B。如图 10-3 所示，改进后的拥挤距离计算式能够更好地反映个体 B 和 D 的拥挤程度。

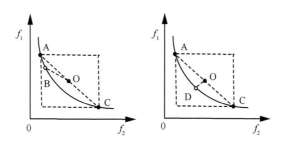

图 10-3　改进后的拥挤距离计算示意

10.3.4　MODE-IRM 总框架

MODE-IRM 采用最优基向量排序变异策略和反向参数控制方法，以及改进的拥挤距离计算式，具体步骤如下。

步骤 1　输入具有 m 个目标函数的多目标优化问题和相关参数，如种群规模 NP、规模因子 F 的最大值 $F_{\max}$ 和最小值 $F_{\min}$ 、交叉概率 CR 的最大值 $\mathrm{CR}_{\max}$ 和最小值 $\mathrm{CR}_{\min}$ 等，以及算法终止条件（最大函数评估次数或最大进化代数）。

步骤 2　初始化一个规模为 NP 的种群，为种群中每个个体分配一个 F_i 和 CR_i 的随机值，且 $F_i \in (F_{\min}, F_{\max})$ ，$\mathrm{CR}_i \in (\mathrm{CR}_{\min}, \mathrm{CR}_{\max})$ 。同时为每个个体设置一个参数状态标记 S_i ，用"0"和"1"分别表示参数值未取反和已取反，初始值 $S_i = 0$ ，计算每个个体 $\boldsymbol{X}_i$ 的适应度值。

步骤 3　对种群中的所有个体，根据最优基向量排序变异策略进行变异操作，得到 $\vec{\boldsymbol{M}_i}$ 。再根据式（10-5）对所有个体进行交叉操作，求得 $\vec{\boldsymbol{u}_i}$ ，并检查 $\vec{\boldsymbol{u}_i}$ 是否超出决策变量的取值范围，若不超出则继续；若超出，则在取值范围内产生一个随机向量取代 $\vec{\boldsymbol{u}_i}$ 。

步骤 4　根据 $\boldsymbol{X}_i$ 和 $\vec{\boldsymbol{u}_i}$ 之间的支配关系，进行初步选择。若 $\vec{\boldsymbol{u}_i}$ 支配 $\boldsymbol{X}_i$ ，则用 $\vec{\boldsymbol{u}_i}$ 替代 $\boldsymbol{X}_i$ ；若 $\boldsymbol{X}_i$ 支配 $\vec{\boldsymbol{u}_i}$ ，则丢弃 $\vec{\boldsymbol{u}_i}$ ；若 $\vec{\boldsymbol{u}_i}$ 和 $\boldsymbol{X}_i$ 互不支配，则将 $\vec{\boldsymbol{u}_i}$ 加入当前种群中。根据的反向参数控制方法，更新 F_i 、CR_i 和 S_i 的值。

步骤 5　此时种群规模为 NP 到 2 NP 之间，需要进行裁剪操作。利用 NSGA-Ⅱ 中的非支配排序算法和改进的拥挤距离计算式，对种群中所有个体进行排序，选取前 NP 个较好的个体。

步骤 6　终止条件判断。若不满足终止条件，返回步骤 3；否则，输出所求问题的近似 Pareto 最优解集并结束运行。

MODE-IRM 的运行过程如图 10-4 所示。

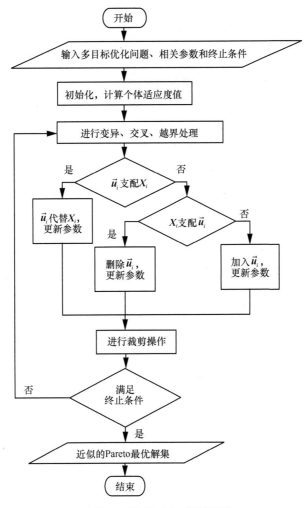

图 10-4　MODE-IRM 的运行过程

10.3.5　算法复杂度分析

相对于 MODE-RMO，MODE-IRM 虽然采用了一些改进方法，但也只是在 MODE-RMO 框架的基础上增加了少量的操作，因此 MODE-IRM 仍保持了多目标差分进化算法框架的简洁性。由于采用了最优基向量排序变异策略，MODE-IRM 在第一次迭代之前，需要对种群进行一次额外的排序操作。但是从第二次迭代开始，由于算法在前一代运行结束时，已经对种群进行了排序，所以可以直接用于变异操作中父代个体的选择，不需要额外的排序操作。反向参数控制方法和改进的拥挤距离计算式也只是增加了少量的计算量，所以 MODE-IRM 的时间复杂度并没有增加，其时间复杂度与 MODE-RMO 和 NSGA-Ⅱ这两种算法相同，即 $O(T_{max} \times m \times NP^2)$，其中 T_{max} 是最大进化代数，m 是目标函数的个数，NP 是种群规模。

|10.4　实验分析 |

10.4.1　实验设计

为了验证 MODE-IRM 求解多目标问题的性能，本文选取标准双目标优化问题 ZDT 测试函数集中的 ZDT1～ZDT4 测试函数和 ZDT6 测试函数，及 DTLZ 测试函数集中的 DTLZ6 测试函数和 DTLZ7 测试函数共计 7 个测试函数进行实验，各函数的具体形式可参见文献[15]和文献[19]。并选择 MODE-RMO 和 PlatEMO[20]平台上的 MOEA/D-DE、RM-MEDA、IM-MOEA 共 4 种算法作为对比算法。

为了公平比较，所有参与比较的算法的初始种群规模 NP 均设置为 100；对于最大函数评估次数，ZDT 测试函数均设置为 25 000，DTLZ6 设置为 50 000，DTLZ7 设置为 20 000；关于算法自身参数的设置，MODE-IRM 设置为：$F_{max} = 1$，$F_{min} = 0$，$CR_{max} = 0.4$，$CR_{min} = 0$。其他 4 种算法的参数值均按照原文献和系统默认值进行设置。

10.4.2　算法性能度量指标

为了量化对比实验中算法的性能，采用世代距离（GD）和反向世代距离（IGD）[20]及间隔（Spacing，SP）[21]作为度量指标，其中 GD 主要反映算法的收敛性，SP 主要反映算法所求解的均匀性，IGD 则能同时反映收敛性和均匀性。

GD 的计算式如式（10-9）所示，其中，P 是算法求得的一组非支配解的目标

函数值，P^* 是真实 Pareto 前沿上的一组采样点，$|P|$ 代表 P 的个数，$\text{dis}(x,y)$ 代表 x 和 y 之间的欧氏距离。

$$GD(P,P^*) = \frac{\sqrt{\sum_{y\in P} \min_{x\in P^*} \cdot \text{dis}(x,y)^2}}{|P|} \qquad (10\text{-}9)$$

IGD 的定义类似于 GD，如式（10-10）所示，通过计算，IGD 求得 P^* 中每个点到 P 中离它最近点的距离的平均值。

$$IGD(P,P^*) = \frac{\sum_{x\in P^*} \min_{y\in P} \text{dis}(x,y)}{|P^*|} \qquad (10\text{-}10)$$

SP 的定义如式（10-11）所示，其中，n 是算法求得非支配解的个数。当前个体分别和种群中其他个体在各个目标函数上的差值绝对值求和的最小值 d_i 可表示为

$$d_i = \min_j \left(\left| f_1^i(\vec{x}) - f_1^j(\vec{x}) \right| + \left| f_2^i(\vec{x}) - f_2^j(\vec{x}) \right| \right), i,j = 1,2,\cdots,n \qquad (10\text{-}11)$$

则

$$SP = \sqrt{\frac{1}{n-1}\sum_{i=1}^{n}(\bar{d} - d_i)^2} \qquad (10\text{-}12)$$

其中，$\bar{d}$ 是所有 d_i 的平均值。

10.4.3　实验结果与分析

所有实验的测试均在硬件配置为 Pentium CPU 2.60 GHz 和 4 GB 内存的计算机上运行，采用 Matlab 2016a 编写程序。为了减少随机因素对算法有效性分析的影响，对于所有测试函数，所有对比算法均独立运行 20 次，并对其结果取平均值。7 种算法求解获得的性能指标的统计结果见表 10-1～表 10-3。

表 10-1　GD 测试结果

函数	MODE-IRM		MODE-RMO		MOEA/D-DE		RM-MEDA		IM-MOEA	
	均值	标准差	均值	标准差	均值	标准差	均值	标准差	均值	标准差
ZDT1	**1.24×10⁻³**	**1.09×10⁻⁴**	3.82×10⁻³	3.40×10⁻⁴	2.95×10⁻³	2.18×10⁻³	4.97×10⁻²	3.30×10⁻²	1.41×10⁻¹	9.68×10⁻²
ZDT2	**1.79×10⁻³**	**1.54×10⁻⁴**	7.02×10⁻³	8.54×10⁻⁴	3.89×10⁻³	2.60×10⁻³	1.99×10⁻¹	1.14×10⁻¹	2.47×10⁻¹	2.09×10⁻¹
ZDT3	**1.02×10⁻³**	**1.34×10⁻⁴**	4.82×10⁻²	5.77×10⁻⁴	9.25×10⁻³	9.56×10⁻³	8.35×10⁻²	9.32×10⁻²	1.63×10⁻¹	1.50×10⁻¹

（续表）

函数	MODE-IRM		MODE-RMO		MOEA/D-DE		RM-MEDA		IM-MOEA	
	均值	标准差	均值	标准差	均值	标准差	均值	标准差	均值	标准差
ZDT4	**$5.79×10^{-3}$**	**$6.31×10^{-3}$**	$2.34×10^{-1}$	$3.16×10^{-1}$	$7.55×10^{-2}$	$6.23×10^{-2}$	$1.34×10$	2.27	$4.06×10^{-2}$	$8.79×10^{-2}$
ZDT6	$1.11×10^{-2}$	**$8.12×10^{-4}$**	$2.71×10^{-2}$	$1.00×10^{-2}$	**$3.40×10^{-3}$**	$1.02×10^{-2}$	$8.93×10^{-1}$	$3.76×10^{-1}$	$7.61×10^{-1}$	$1.07×10^{-1}$
DTLZ6	$2.01×10^{-1}$	$1.36×10^{-2}$	$4.31×10^{-1}$	$2.91×10^{-1}$	**$8.24×10^{-5}$**	**$1.77×10^{-6}$**	$3.22×10^{-1}$	$3.12×10^{-2}$	$6.29×10^{-1}$	$1.79×10^{-2}$
DTLZ7	**$9.37×10^{-3}$**	**$1.60×10^{-3}$**	$2.22×10^{-2}$	$4.26×10^{-2}$	$6.54×10^{-2}$	$6.23×10^{-2}$	$2.96×10^{-1}$	$9.46×10^{-3}$	$5.55×10^{-2}$	$2.98×10^{-2}$

表 10-2　IGD 测试结果

函数	MODE-IRM		MODE-RMO		MOEA/D-DE		RM-MEDA		IM-MOEA	
	均值	标准差	均值	标准差	均值	标准差	均值	标准差	均值	标准差
ZDT1	**$1.34×10^{-2}$**	**$9.90×10^{-4}$**	$3.66×10^{-2}$	$2.87×10^{-3}$	$2.91×10^{-2}$	$2.05×10^{-2}$	$4.86×10^{-1}$	$3.29×10^{-1}$	$1.79×10^{-1}$	$1.06×10^{-2}$
ZDT2	**$1.87×10^{-2}$**	**$1.48×10^{-3}$**	$6.69×10^{-2}$	$7.21×10^{-3}$	$3.32×10^{-2}$	$1.88×10^{-2}$	$8.99×10^{-1}$	$3.61×10^{-1}$	$2.86×10^{-1}$	$1.60×10^{-2}$
ZDT3	**$1.35×10^{-2}$**	**$1.10×10^{-3}$**	$5.02×10^{-2}$	$4.36×10^{-3}$	$8.41×10^{-2}$	$5.57×10^{-2}$	$8.35×10^{-1}$	$4.35×10^{-1}$	$1.70×10^{-1}$	$1.00×10^{-2}$
ZDT4	$5.90×10^{-2}$	$6.17×10^{-2}$	$1.57×10^{-1}$	$1.77×10^{-1}$	$3.55×10^{-1}$	$1.67×10^{-1}$	$1.98×10$	2.39	**$6.25×10^{-3}$**	**$3.52×10^{-4}$**
ZDT6	$1.07×10^{-1}$	$8.11×10^{-3}$	$2.24×10^{-1}$	$1.80×10^{-1}$	**$3.10×10^{-3}$**	**$3.07×10^{-5}$**	$6.56×10^{-1}$	$3.87×10^{-1}$	2.22	$8.35×10^{-2}$
DTLZ6	1.81	$1.21×10^{-1}$	3.86	$2.62×10^{-1}$	**$1.45×10^{-2}$**	**$4.14×10^{-5}$**	1.96	$3.78×10^{-1}$	4.54	$1.51×10^{-1}$
DTLZ7	**$1.02×10^{-1}$**	**$8.07×10^{-3}$**	$1.75×10^{-1}$	$1.21×10^{-2}$	$2.34×10^{-1}$	$6.50×10^{-2}$	$3.68×10^{-1}$	$6.92×10^{-2}$	$3.41×10^{-1}$	$3.89×10^{-2}$

表 10-3　SP 测试结果

函数	MODE-IRM		MODE-RMO		MOEA/D-DE		RM-MEDA		IM-MOEA	
	均值	标准差	均值	标准差	均值	标准差	均值	标准差	均值	标准差
ZDT1	**$5.81×10^{-3}$**	**$7.18×10^{-4}$**	$6.63×10^{-3}$	$8.62×10^{-4}$	$1.13×10^{-2}$	$1.48×10^{-3}$	$1.24×10^{-2}$	$9.39×10^{-3}$	$4.44×10^{-1}$	$3.96×10^{-1}$
ZDT2	**$5.81×10^{-3}$**	**$7.90×10^{-3}$**	$9.03×10^{-3}$	$1.30×10^{-3}$	$1.00×10^{-2}$	$4.77×10^{-3}$	$5.52×10^{-2}$	$9.18×10^{-2}$	$6.14×10^{-1}$	$7.24×10^{-1}$
ZDT3	**$6.17×10^{-3}$**	**$8.33×10^{-3}$**	$1.10×10^{-2}$	$1.28×10^{-3}$	$2.86×10^{-2}$	$9.40×10^{-3}$	$1.21×10^{-2}$	$1.68×10^{-2}$	$1.68×10^{-2}$	$7.21×10^{-1}$
ZDT4	**$6.87×10^{-3}$**	**$9.46×10^{-3}$**	$7.04×10^{-1}$	1.07	$9.14×10^{-2}$	$1.49×10^{-1}$	1.90	1.60	$3.34×10^{-1}$	$7.66×10^{-1}$
ZDT6	**$7.47×10^{-3}$**	**$1.03×10^{-3}$**	$4.73×10^{-2}$	$1.11×10^{-1}$	$3.59×10^{-2}$	$1.01×10^{-1}$	$3.97×10^{-1}$	$2.73×10^{-1}$	$1.51×10^{-1}$	$8.82×10^{-2}$
DTLZ6	$1.52×10^{-1}$	$2.55×10^{-2}$	$2.80×10^{-1}$	$3.11×10^{-1}$	**$5.88×10^{-2}$**	**$1.27×10^{-2}$**	$2.47×10^{-1}$	$5.47×10^{-2}$	$4.47×10^{-1}$	$4.19×10^{-2}$
DTLZ7	$7.49×10^{-2}$	$9.74×10^{-3}$	$8.50×10^{-2}$	$2.10×10^{-2}$	$7.26×10^{-1}$	$5.37×10^{-1}$	**$5.95×10^{-2}$**	**$7.85×10^{-3}$**	$3.46×10^{-1}$	$9.88×10^{-2}$

实验所采用的 3 个度量指标，均是数值越小表示算法性能越好。为了便于观察，表 10-1~表 10-3 中的最优结果值用黑色字体表示。在表 10-1，除了 MOEA/D-DE 在 ZDT6 和 DTLZ6 上获得最优值外，MODE-IRM 在其他所有测试函数上均值和方差均取得最优。在表 10-2 中，尽管 IM-MOEA 和 MOEA/D-DE 分别在 ZDT4 和 ZDT6

及 DTLZ6 上占有优势,但是 MODE-IRM 在剩余 4 个测试函数上 IGD 的均值和方差都取得了最佳值。在 SP 性能度量指标方面,如表 10-3 所示,除了 MOEA/D-DE 和 RM-MEDA 分别在 DTLZ6 和 DTLZ7 上获得最优值外,MODE-IRM 在剩余 5 个测试函数上的均值和方差均好于其他对比算法。因此,总体上来说,对于求解多目标优化问题,在最优解集的获得和算法的稳定性两个方面,MODE-IRM 要好于其他对比算法。此外,对于 3 个性能度量指标,MODE-IRM 在所有测试函数上的均值和方差均好于 MODE-RMO,这说明 MODE-IRM 中的一系列策略可以有效地改进 MODE-RMO 的收敛性和均匀性。

为了更加清晰地反映 MODE-IRM 的有效性,将 MODE-IRM 和 MODE-RMO 分别独立运行 20 次,参数值保持不变,ZDT 系列测试函数的最大进化代数设为 250,DTLZ6 测试函数和 DTLZ7 测试函数的进化代数分别为 500 和 200,并将 GD 和 IGD 的每次迭代结果取平均值进行比较,如图 10-5 所示。图 10-5(a)~图 10-5(g)分别描绘了 MODE-IRM 和 MODE-RMO 两种算法在 7 个测试函数上 ln(GD) 和 ln(IGD) 的数值对比情况。从中可以观察到,对于所有测试函数,从算法的第五十代开始直到结束,对于每一次迭代的 ln(GD) 和 ln(IGD),MODE-IRM 均要明显小于 MODE-RMO。

综上所述,MODE-IRM 相对于其他 4 种对比算法,在收敛性和均匀性两方面均较优,能够更好地收敛到真实的 Pareto 前沿。

| 10.5　小结 |

本章在 MODE-RMO 的基础上,提出了一种改进的排序变异多目标差分进化算法——MODE-IRM。通过将排序变异算子和最优基向量方法相结合,进一步加快了算法逼近真实 Pareto 前沿的速度。在算法优化的不同阶段,根据规模因子和交叉概率的参数状态以及前一代的取反情况,动态地调整两个参数值,并结合改进的拥挤距离计算式,有效地提高了算法的寻优性能。在收敛性和均匀性两个重要的度量指标方面,MODE-IRM 在总体性能上均好于其他 7 种对比算法。但是本章只讨论了求解非约束条件下的多目标优化问题,对于带有约束条件的多目标优化问题及 MODE-IRM 在具体实际问题中的运用并未进行讨论,这将是下一步需要研究的方向。感谢安徽大学 BIMK 团队开发的多目标进化算法 PlatEMO 开源平台。

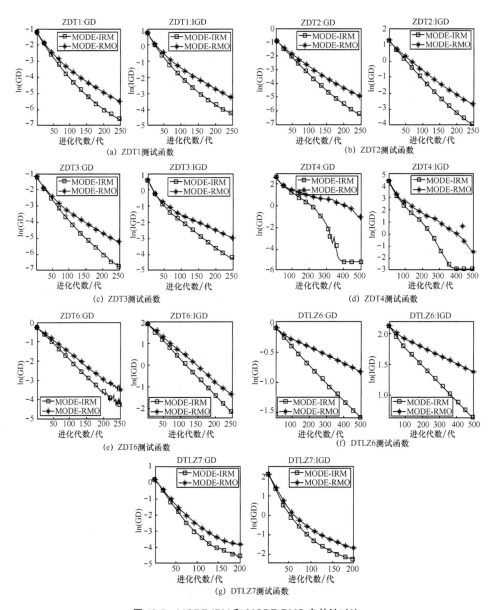

图 10-5 MODE-IRM 和 MODE-RMO 有效性对比

参考文献

[1] 刘宝, 董明刚, 敬超. 改进的排序变异多目标差分进化算法[J]. 计算机应用, 2018, 38(8):

2157-2163.

[2] 蔡延光, 宋康, 张敏捷, 等. 自适应多目标混合差分进化算法在联盟运输调度中的应用[J]. 计算机应用, 2010, 30(11): 2887-2890.

[3] SUGANTHI S T, DEVARAJ D, HOSIMINTHILAGAR S. et al. Improved multiobjective differential evolution algorithm for congestion management in restructured power systems[C]//2016 IEEE Industrial Electronics and Applications Conference, November 20-22, 2016, Kota Kinabalu, Malaysia. Piscataway: IEEE Press, 2016: 203-210.

[4] SIKDAR U K, EKBAL A, SAHA S. Differential evolution based multiobjective optimization for biomedical entity extraction[C]//2014 International Conference on Advances in Computing, Communications and Informatics, September 24-27, 2014, New Delhi, India. Piscataway: IEEE Press, 2014: 1039-1044.

[5] LI H, ZHANG Q F. Multiobjective optimization problems with complicated Pareto sets, MOEA/D and NSGA-II[J]. IEEE Transactions on Evolutionary Computation, 2009, 13(2): 284-302.

[6] ZHANG Q F, LI H. MOEA/D: a multiobjective evolutionary algorithm based on decomposition[J]. IEEE Transactions on Evolutionary Computation, 2007, 11(6): 712-731.

[7] 许玉龙, 方建安, 张晗, 等. 基于非支配解排序的快速多目标微分进化算法[J]. 计算机应用, 2014, 34(9): 2547-2551.

[8] 魏文红, 王甲海, 陶铭, 等. 基于泛化反向学习的多目标约束差分进化算法[J]. 计算机研究与发展, 2016, 53(6): 1410-1421.

[9] ALI M, SIARRY P, PANT M. An efficient differential evolution based algorithm for solving multi-objective optimization problems[J]. European Journal of Operational Research, 2011, 217(2): 404-416.

[10] LEUNG S W, ZHANG X, YUE S Y. Multiobjective differential evolution algorithm with opposition-based parameter control[C]// 2012 IEEE Congress on Evolutionary Computation, June 10-15, 2012, Brisbane, Australia. Piscataway: IEEE Press, 2012: 1-8.

[11] ZHAO L, LI D, HUANG X C, et al. Modified non-dominated sorted differential evolution for multi-objective optimization[C]//2017 36th Chinese Control Conference, July 26-28, 2017, Dalian, China. Piscataway: IEEE Press, 2017: 2830-2834.

[12] CHEN X, DU W L, QIAN F. Multi-objective differential evolution with ranking-based mutation operator and its application in chemical process optimization[J]. Chemometrics & Intelligent Laboratory Systems, 2014, 136(16): 85-96.

[13] GONG W Y, CAI Z H. Differential evolution with ranking-based mutation operators[J]. IEEE Transactions on Cybernetics, 2013, 43(6): 2066-2081.

[14] 公茂果, 焦李成, 杨咚咚, 等. 进化多目标优化算法研究[J]. 软件学报, 2009, 20(2): 271-289.

[15] DEB K, PRATAP A, AGARWAL S, et al. A fast and elitist multiobjective genetic algorithm: NSGA-II[J]. IEEE Transactions on Evolutionary Computation, 2002, 6(2): 182-197.

[16] QIAN W Y, LI A J. Adaptive differential evolution algorithm for multiobjective optimization problems[J]. Applied Mathematics & Computation, 2008, 201(1-2): 431-440.

[17] WANG Y N, WU L H, YUAN X F. Multi-objective self-adaptive differential evolution with elitist archive and crowding entropy-based diversity measure[J]. Soft Computing, 2010, 14(3): 193-209.

[18] TIZHOOSH H R. Opposition-based learning: a new scheme for machine intelligence[C]//International Conference on Computational Intelligence for Modelling, Control and Automation and International Conference on Intelligent Agents, Web Technologies and Internet Commerce, November 28-30, 2005, Vienna, Austria. Piscataway: IEEE Press, 2005: 695-701.

[19] DEB K, THIELE L, LAUMANNS M, et al. Scalable multi-objective optimization test problems[C]// The 2002 Congress on Computational Intelligence, May 12-17, 2002, Honolulu, USA. Piscataway: IEEE Press, 2002: 825-830.

[20] TIAN Y, CHENG R, ZHANG X Y, et al. PlatEMO: a Matlab platform for evolutionary multi-objective optimization[J]. IEEE Computational Intelligence Magazine, 2017, 12(4): 73-87.

[21] TIAN Y, ZHANG X Y, CHENG R, et al. A multi-objective evolutionary algorithm based on an enhanced inverted generational distance metric[C]//2016 IEEE Congress on Evolutionary Computation, July 24-29, 2016, Vancouver, Canada. Piscataway: IEEE Press, 2016: 5222-5229.

第 11 章
基于排列的离散差分进化算法

本章对离散差分进化算法进行了深入研究。为克服现有离散差分进化算法在进化过程中会产生不可行解，需要借助修复操作来克服离散差分进化算法在可行性上的不足，提出了一种采用位置关系的新型变异操作和新的交叉操作的排列差分进化算法。结合零等待批处理调度问题的特征，提出了一种基于空闲矩阵的解的快速评估方法。将排列差分进化算法用于求解多个零等待批处理调度实例，通过实验对比研究验证了新方法的有效性和实用性[1]。

| 11.1 引言 |

DE 最初是为求解连续优化问题而提出的，尽管 DE 算法已在各种复杂连续优化问题中表现出了巨大的潜力，但它并不适合直接求解具有离散特征的调度优化问题。已有研究人员对 DE 进行改进，使其能应用于调度优化问题，相关研究主要包括两类方法。一类方法是仍然采用连续方式编码，用 DE 进行求解，再将结果转换成离散问题的解[2-3]。这种方法本质上仍然是连续 DE 方式，并没有充分考虑离散问题的特点，转换过程也增加了求解的复杂度，影响求解效率。另一类方法是设计离散 DE 算法[4-5]，尽管离散 DE 研究已经取得一些进展，但现有的离散 DE 算法中仍存在一些不足，如变异操作会产生不可行解，并且两个基于排列表示的解直接进行加减法运算，其结果并没有明确的意义。由于缺少针对组合优化问题特征的操作，因此需要引入修补操作来保证进化过程中候选解的可行性。不同的修补策略对 DE 求解组合优化问题的性能具有重要影响，导致 DE 的搜索性能严重依赖于修补操作。

为弥补上述不足，本章首先提出了一个基于排列的 DE 算法（Permutation-based Differential Evolution，PDE）。在 PDE 中，不同于现有基于数值的加减法操作，在变异操作中，根据排列表示的特点设计了新的基于位置的加法和减法；在交叉阶段，引入了基于排列的交叉操作，避免了破坏形成的好的结构块，保证了解的快速收敛。为了有效求解零等待批处理调度问题，首先根据问题的特征，提出了基于空闲矩阵的无等待调度建模理论与方法，将无等待批处理调度问题转换成为一个非对称旅行商问题（Asymmetric Travelling Salesman Problem，ATSP）。为了快速求解大规模零等待批处理调度问题，利用空闲时间增量表示，提出了一种基于快速组合启发（Fast Combined Heuristic，FCH）[6]的局部搜索策略，以实现对解的快速评估。并将PDE 和 FCH 局部搜索策略相结合，提出了混合排列差分进化（Hybrid Permutation Differential Evolution，HPDE）算法。通过对带有准备时间的零等待批处理调度问题的研究，说明了 HPDE 的有效性。

| 11.2　改进的离散差分进化算法 |

尽管已有一些关于离散差分进化算法的研究，但仍然建立在基于连续表示的"＋""－"操作基础之上，并没有区分连续表示与排列表示带来的不同，因而造成现有的离散差分进化算法性能极大地依赖于解的修补机制。为克服现有方法的不足，结合排列表示的特征，设计了一种基于排列的离散差分进化算法 PDE。

11.2.1　PDE

（1）解的表示形式

为方便求解调度优化问题，PDE 采用排列的方式来表示调度问题的解。若有 n 个任务，则调度问题的解表示为 $P = (\pi_1, \pi_2, \cdots, \pi_n)$，其中 $(\pi_1, \pi_2, \cdots, \pi_n)$ 是 $[1, \cdots, n]$ 的一个排列。

（2）变异操作

定义 11.1　变异操作，表示符为 $\otimes$，用于计算两个排列 P_1 和 P_2 中每个任务的位置信息差异，$P_1 \otimes P_2$ 的运算结果为位置偏移矢量 $\boldsymbol{L}$，它与 P_1 和 P_2 具有相同的维数。以 P_1 和 P_2 为例，假设 $P_1 = (5, 6, 2, 4, 1, 7, 3)$，$P_2 = (1, 7, 4, 3, 6, 5, 2)$，则对于任务 5 来说，它在 P_1 中的位置是 1，在 P_2 中的位置是 6，则任务 5 的位置信息差异是 5，位置偏移矢量 $\boldsymbol{L}$ 如图 11-1 所示。

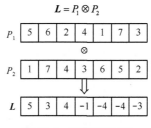

图 11-1　变异操作示例

定义 11.2　转换操作，表示符为 $\oplus$，根据位置偏移矢量 $\boldsymbol{L}$ 将当前排列转换为新的排列。例如 $P_3 = (7,3,2,4,1,6,5)$，P_3 中的第一个任务是 7，位置偏移矢量 $\boldsymbol{L}$ 中对应的位置偏移是 5，这意味着任务 7 在新的排列 V 中的位置是 1+5=6。新排列 V 的计算如图 11-2 所示。

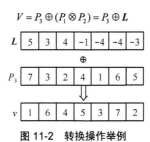

图 11-2　转换操作举例

引理 11.1　假设 $\boldsymbol{L} = P \otimes P'$，$P'$ 为与 P 不同的一个排列，那么 $i + L_i$，$i \in [1,2,\cdots,n]$ 必然是 $[1,2,\cdots,n]$ 的一个排列。

证明　根据变异操作的定义，可以得到

$$\pi'_{i+L_i} = \pi_i, \ i \in [1,2,\cdots,n] \tag{11-1}$$

其中，π'_i、π_i 分别表示 P'、P 中的第 i 个元素。

$i + L_i$ 与 i 之间的关系是一一对应的，并且 $i + L_i$ 是 P' 的下标，所以序列 $(i + L_i)$，$i \in [1,2,\cdots,N]$ 是 $[1,2,\cdots,N]$ 的一个排列。

定理 11.1　假设 $\boldsymbol{L} = P \otimes P'$，那么 $\displaystyle\sum_{i=1}^{n} L_i = 0$。

证明　根据引理 11.1，$i + L_i$ 是 $[1,2,\cdots,N]$ 的一个排列，则有

$$\sum_{i=1}^{n}(i + L_i) = \sum_{i=1}^{n} i + \sum_{i=1}^{n} L_i = \frac{n(n+1)}{2} \tag{11-2}$$

因为 $\sum_{i=1}^{n} i = \dfrac{n(n+1)}{2}$ ，所以 $\sum_{i=1}^{n} L_i = 0$ 。

定理 11.2 假设 $P' = P_3 \oplus (P_1 \otimes P_2)$ ，P_1, P_2, P_3 都是 $[1,2,\cdots,n]$ 的排列，那么 P' 必定是 $[1,2,\cdots,n]$ 的一个排列。

证明 如果 $\boldsymbol{L} = P_1 \otimes P_2$ ，$P_3 = (\pi_1, \pi_2, \cdots, \pi_n)$ ，$P' = (\pi_1', \pi_2', \cdots, \pi_n')$ ，$P' = P_3 \oplus L$ ，则有 $\pi_i' = \pi_{i+L_i}$ 。假如 P' 不是一个可行的排列，这意味着 $(i + L_i)$ 不是一个 $[1,2,\cdots,n]$ 内的合法的排列。然而，因 P_1、P_2 都是 $[1,2,\cdots,n]$ 的排列，根据引理 11.1，$(i + L_i)$ 必定是一个有效的 $[1,2,\cdots,n]$ 排列，这样就出现了矛盾。因此，上述假设不成立，所以 P' 必然是 $[1,2,\cdots,n]$ 的一个排列。

（3）交叉操作

由于 DE 原有的交叉操作容易破坏好的结构块[7]，为了更好地从当前种群中继承好的结构块，Zobolas 等[8]提出了一种可选择的交叉操作，其过程如下：首先，生成两个随机数表示交叉操作的位置，从其中一个父代个体中复制片断到子代个体中；然后删除从另一个父代个体中得的已经包含在继承片断中的任务；最后将剩余任务复制到子代中的空缺位置。交叉操作的实例如图 11-3 所示，该图给出了 4 种交叉方式。文献[8]仅采用了如图 11-3（a）和图 11-3（b）所示的前两种交叉方法。为了增加算法对搜索空间的开发能力，按照同样的原理对其操作进行了扩展，增加了另外两种形式，如图 11-3（c）、图 11-3（d）所示。因此，每次交叉操作将会获得 4 个后代个体。

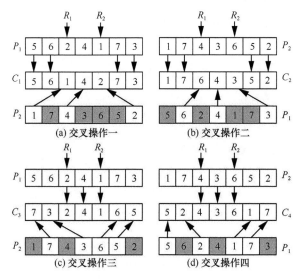

图 11-3 交叉操作举例

（4）选择操作

选择操作采用锦标赛方法，以排列的目标函数值作为选择标准，通过比较目标函数值的大小来判断优劣。具体来说，经过交叉操作后，选择 4 个新个体中最好的个体与当前种群中的个体进行比较，更好的个体将进入下一代种群中。

11.2.2　局部搜索方法

为了在搜索空间上的开发和开采之间保持平衡，以便获得更有效的解，通常的方法是采用问题依赖的局部搜索方法[3]。现有的文献针对调度问题的局部搜索主要采用插入、交换和互换 3 种操作。Schiavinotto 等[9]的研究表明，插入操作和交换操作的直径都是 $n-1$，而互换的直径是 $\dfrac{n(n-1)}{2}$，这意味着在局部搜索过程中插入操作和交换操作比互换操作更有效，因此，本章选择了两种基于插入操作的局部搜索方法。

（1）基于删除插入操作的局部搜索方法

鉴于插入操作最适合对流水线调度问题进行局部搜索，Wang 等[4]提出了一种基于插入的局部搜索方法并将其嵌入离散 DE 算法，这种方法称为基于插入的局部搜索（Insert-based Local Search，ILS）。ILS 的主要思想是按概率 pl 从尝试个体中依次删除一个任务并将其插入其他所有可能的位置，以便提高尝试个体的适应度。更多的相关信息见文献[4]。

（2）FCH 和 FCH 局部搜索方法

快速组合启发（FCH）是由 Li 等[6]为求解无等待流水线调度提出的一种快速启发式方法。FCH 有 3 个主要部分：初始解的产生、快速 RZ（Fast RZ，FRZ）和后向交换连续（Back Swap Continue，BSC）。FCH 提出使用了一种改进的 NEH（Nawaz-Enscore-Ham）方法来产生初始解。RZ 方法的主要思想是从当前解中删除一个任务并将其插入所有可能的位置，迭代地发现更好的排列表示，FRZ 是由 Pan 等在文献[7]中提出的一种改进的 RZ 方法，采用总空闲时间增量快速评价当前个体。为了提高当前解的质量，操作方向（向前或向后）、操作规则（互换或插入）和下一次操作位置（连续或重新开始）共有 8 种可能的组合。文献[7]的研究表明对无等待流水线调度问题来说，在 8 种组合方式中，BSC 是最合适的。更多关于 FRZ 和 BSC 的信息见文献[7]。

为提高 PDE 的搜索效率，在 FCH 方法的基础上，提出了一种基于 FCH 局部搜索方法，该方法与 FCH 方法的不同主要在于缺少 FCH 的初始解生成过程。FCH 局部搜索方法的流程如图 11-4 所示。

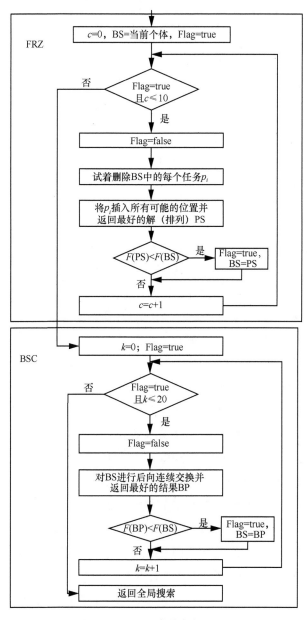

图 11-4　FCH 局部搜索方法流程

需要指出的是，除了初始解的产生方式不同，FCH 局部搜索方法与 FCH 方法在求解零等待调度问题的计算模型上也有一定的差别：FCH 局部搜索方法是建立在空闲时间增量的 ATSP 模型之上的，而 FCH 方法是基于总空闲时间增量模型的。

11.2.3　PDE 和 HPDE 算法的实现

为了获得满意的搜索性能，保持全局开发与局部开采的平衡是关键。与其他进化算法一样，PDE 是一个开放的计算框架，局部搜索方法可以很容易地嵌入其中。Pan 等[7]的工作表明对尝试个体进行局部搜索非常有效，因此，在 HPDE 算法中局部搜索策略按概率 pl 应用于尝试个体。HPDE 算法步骤如下。

步骤 1　初始化局部搜索概率 pl，种群初始化（种群大小等于任务数）。

步骤 2　对初始种群进行评估，记录最好个体信息，设置进化代数 $G = 0$。

步骤 3　对每个个体调用基于位置的变异操作，产生变异向量 $\vec{v}$。

步骤 4　对变异个体调用面向排列的交叉操作，产生 4 个新的向量，比较 4 个新向量的目标函数值，将最优个体作为尝试向量 $\vec{u}$。

步骤 5　根据局部搜索概率 pl 确定是否要进行局部搜索，若是，执行步骤 6，否则执行步骤 7。

步骤 6　调用快速局部搜索方法（ILS 或 FCH）对尝试向量 $\vec{u}$ 进行局部搜索和评估，若找到比 $\vec{u}$ 更好的个体 $\vec{u}'$，则用 $\vec{u}'$ 替换 $\vec{u}$。

步骤 7　比较目标向量 $\vec{x}$ 和新产生的向量 $\vec{u}$ 的目标函数值，若 $\vec{u}$ 优于 $\vec{x}$，则用 $\vec{u}$ 来替换 $\vec{x}$ 加入下一代种群中。

步骤 8　判断种群中所有的个体是否都执行完，若未执行完，则转步骤 3 继续执行，否则，执行步骤 9。

步骤 9　找出下一代种群中的最好个体，更新最好个体的信息，$G = G+1$。

步骤 10　判断是否满足终止条件，若满足，则输出最好个体信息及对应的目标函数值，执行完成，否则，转步骤 3 继续执行。

从上面的描述可以看出，HPDE 算法是基于 PDE 计算框架的，唯一不同在于是否执行局部搜索。因此，PDE 可以看成是 HPDE 的特例，即当 pl = 0 时，HPDE 就转换成 PDE 算法。HPDE 算法框架如图 11-5 所示。

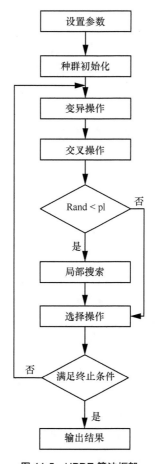

图 11-5　HPDE 算法框架

可以看出，HPDE 不仅保持了 PDE 的并行搜索机制对搜索空间进行开发发现有希望的区域，而且采用有效的局部搜索对个体进行开采，以提高解的质量。这里把 PDE 分别与 ILS、FCH 结合的方法分别表示成 $HPDE_{ILS}$ 和 HPDE。

|11.3　零等待批处理调度优化 |

在油漆、食品、制药、生物、化工和其他低产量、高附加值产品的生产过程中，批处理过程经常被用。批处理包括多产品和多目的两种形式，其有效性主要依赖于各种任务的合理调度。在过去十几年，批处理调度被认为是化工批处理过程中最重要的计划之一。一个有效的调度策略可以大大提高生产率，降低批处理过程所需的代价。然而有趣的是，尽管调度策略模型描述简单，但求解却很难。在批处理过程中，存储在调度中充当着十分重要的角色。有 4 种典型的存储方式：无限中间存储（Unlimited Intermediate Storage，UIS）、有限中间存储（Finite Intermediate Storage，FIS）、无中间存储（No Intermediate Storage，NIS）和零等待（Zero Wait，ZW）存储。由于中间产品的不稳定性，必须马上进行下一步处理，因此，零等待调度问题（Zero Wait Sheduling Problem，ZWSP）出现在许多工业过程中。零等待调度问题已经被证明是 NP 难问题，是公认的难解问题之一。然而，由于在理论和工业应用中的重要性，零等待调度问题已引起学术界和工程界的广泛关注[3,10-13]。批处理过程的零等待调度是确定各阶段的生产顺序和时间操作，以便优化具体的性能指标。

11.3.1　零等待流水调度问题

假设一个多产品批处理生产具有 M 个批处理阶段和 N 个待处理的任务，$P_{i,j}$ 表示任务 i $(i=1, 2,\cdots, N)$ 在阶段 j $(j=1, 2,\cdots, M)$ 上的处理时间，每个任务包含前期确定的经过各阶段的处理顺序，一旦开始，任务在每个阶段的处理过程不能中断，在零处理策略下，所有任务必须从阶段 j 马上转移到阶段 $j+1$。调度的目标是找到一个总处理时间（即生产周期）最短的批处理调度序列。为了说明 ZWSP 的工作原理，以一个具有 4 个产品和 4 个阶段的 ZWSP 问题为例，表 11-1 中给出了每个任务在各阶段的处理时间，其中 u_1，u_2，u_3，u_4 分别表示 4 个处理单元，并且假设传输时间和准备时间可以忽略，图 11-6 给出了该例子的一个可行解和一个最优解的甘特图。其中，p 表示要处理的任务，$p_i(i=1, 2, 3, 4)$ 表示要处理的第 i 个任务。

表 11-1　ZWSP 处理时间示例

产品	各单元上的处理时间/s			
	u_1	u_2	u_3	u_4
1	14	45	49	37
2	36	12	39	46
3	29	35	50	30
4	45	30	19	20

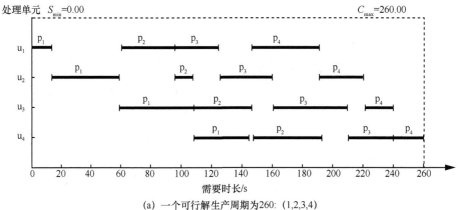

(a) 一个可行解生产周期为260: (1,2,3,4)

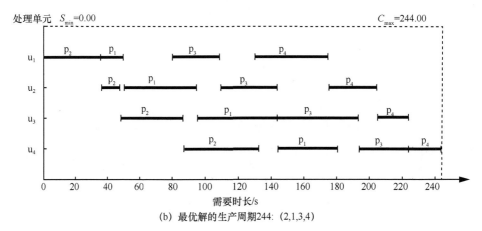

(b) 最优解的生产周期244: (2,1,3,4)

图 11-6 ZWSP 示例的甘特图

11.3.2 排列到 ZW 调度方案的转换

为了说明如何将一个排列（生产顺序）表示转换为一个 ZW 调度方案，本章采用与文献[11]相同的方法，这种方法包括临时分配和前移调整两部分。临时分配操作用于构造一个可行解，而前移操作是为了提高解的质量。

（1）临时分配

假设有一个 3 个任务的排列 $\pi=(\pi_i, \pi_j, \pi_k)$ 要经过 3 个阶段的处理，DT、$C_{i,u}$ 分别表示相邻任务的最小空闲时间和任务 π_i 在阶段 u 上的完成时间。在临时分配这部分，先将各任务的先后次序在各阶段按零等待的要求组合成无间断执行流，后一个任务

π_j 的开始时间等于前一个任务 π_i 在最后一个阶段上的完成时间。计算每个阶段间的空闲时间 t_1、t_2、t_3，假设 t_1 是最小的空闲时间，则 DT 就设置为 t_1。临时分配过程如图 11-7（a）所示，按照相同的方法依次处理后面的任务，这种方法可以很容易得到临时分配阶段的每个任务在每个阶段上具体的开始时间和完成时间。临时分配可以保证构造出来的调度方案一定是满足零等待要求的，是可行的，但调度方案不是最终的结果，还需要进一步地调整。

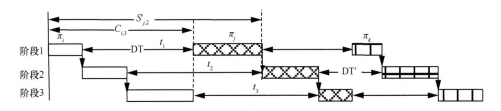

(a)临时分配过程

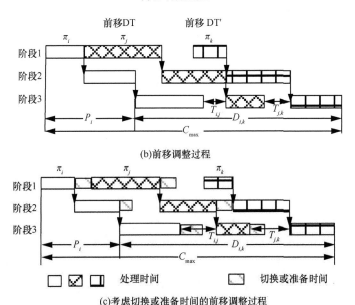

(b)前移调整过程

(c)考虑切换或准备时间的前移调整过程

图 11-7　排列转换为 ZW 方案调度示例

（2）前移调整

从图 11-7（a）可以看出，临时分配阶段仅构造出了可行的调度方案，因此这个方案还有进一步调整的空间。前移调整就是对临时分配的调度方案进行改进。对

于 π_i 和 π_j 来说，后面的任务 π_j 应该一直左移直到不能移动为止，即与前一任务 π_i 至少在一个阶段上相邻。因此，任务 π_j 需要前移的最小空闲时间为 DT，这样 π_i 和 π_j 之间的 ZW 调度方案就形成了。按照同样的操作，后面的任务 π_k 可以加入 ZW 调度方案中，从而形成最后的调度方案。前移调整过程如图 11-7（b）所示。若需要单独考虑阶段上的切换或准备时间，则需对上述调整过程稍做修改。切换或准备时间的存在只会影响后一任务前移的最大距离，即 DT 的大小，单独考虑切换或准备时间的前移调整过程如图 11-7（c）所示。

经过上述操作，就可实现将一个排列转换成 ZW 调度方案，基于该方案可以很容易地计算出每个任务在各阶段上的启动时间和完成时间。

11.3.3 ZWSP 的 ATSP 模型描述

假设在 ZWSP 中有 N 个产品和 M 个阶段，调度的目标是最小化最大完成时间（即生产周期），则 ZWSP 可以描述为

$$S_{j,1} = 0 \, , j = 1, 2, \cdots, N \tag{11-3}$$

$$C_{j,m} = S_{j,m} + P_{j,m}, j = 1, 2, \cdots, N, m = 1, 2, \cdots, M \tag{11-4}$$

$$S_{j,m} = C_{j,m-1}, j = 1, 2, \cdots, N, m = 2, \cdots, M \tag{11-5}$$

其中，$S_{j,m}$、$C_{j,m}$ 和 $P_{j,m}$ 分别表示任务 j 在阶段 m 的开始时间、结束时间和处理时间。按照临时分配方法，两个任务间的空闲时间 $DT_{i,j}$ 可以通过式（11-6）和式（11-7）获得。

$$S'_{j,m} = S_{j,m} + C_{i,m}, m = 1, 2, \cdots, M \tag{11-6}$$

$$DT_{i,j} = \min(S'_{j,m} - C_{i,m}), m = 1, 2, \cdots, M, \; i, j = 1, 2, \cdots, N, i \neq j \tag{11-7}$$

由于生产周期指标仅依赖于每个任务的完成时间，本章引入了空闲时间矩阵 $\boldsymbol{T}$，元素 T_{ij} 表示任务 i 和任务 j 在最后一个阶段 M 上的空闲时间，那么有

$$T_{i,j} = S'_{j,M} - C_{i,M} - DT_{i,j} = S_{j,M} - DT_{i,j} = \sum_{m=1}^{M-1} P_{j,m} - DT_{i,j}, i, j = 1, 2, \cdots, N, i \neq j \tag{11-8}$$

$$T_{j,j} = \infty \, , j = 1, 2, \cdots, N \tag{11-9}$$

本章定义

$$F_i = \sum_{m=1}^{M-1} P_{i,m} \tag{11-10}$$

$$\text{total} = \sum_{i=1}^{N} P_{i,M} \qquad (11\text{-}11)$$

其中，F_i 表示第 i 个任务在前 $M-1$ 个阶段上的处理时间之和，total 表示 N 个任务在最后一个阶段 M 上的处理时间之和。

很容易看出，对所有可行解来说，total 是一个常量。对于一个排列 $\Pi = (\pi_1 \pi_2 \cdots \pi_N)$，有

$$I_{\Pi} = \sum_{i=1}^{N-1} T_{\pi_i, \pi_{i+1}} \qquad (11\text{-}12)$$

$$D_{\Pi} = \sum_{i=1}^{N} p_{\pi_i, M} + \sum_{i=1}^{N-1} T_{\pi_i, \pi_{i+1}} = \text{total} + I_{\Pi} \qquad (11\text{-}13)$$

$$C_{\max}(\Pi) = \sum_{m=1}^{M-1} p_{\pi_1, m} + D_{\Pi} = F_{\pi_1} + I_{\Pi} + \text{total}, \Pi \in \Omega \qquad (11\text{-}14)$$

其中，I_{Π} 表示调度序列 Π 在最后一个阶段上所有空闲时间之和，Ω 表示任务调度序列的全排列。

原优化目标可以转换成式（11-5）所示的形式。

$$\min_{\Pi \in \Omega}(C_{\max}) \Leftrightarrow \min_{\Pi \in \Omega}(F_{\pi_1} + I_{\Pi}) \qquad (11\text{-}15)$$

因此，如果把空闲时间矩阵 T 看成一个距离矩阵的话，新的优化目标可以看成是基于 T 来寻找一条最优的路径。T 是非对称的，因此，这是一个 ATSP 模型。

为了说明 ATSP 模型是如何工作的，继续使用上一节中的例子。根据式（11-8）和式（11-9），计算出空闲时间矩阵 T 为

$$T = \begin{bmatrix} \infty & 2 & 13 & 0 \\ 11 & \infty & 17 & 0 \\ 19 & 9 & \infty & 0 \\ 55 & 19 & 46 & \infty \end{bmatrix} \qquad (11\text{-}16)$$

使用式（11-10）和式（11-11）可得，F 和 total 的值分别为

$$F = [108 \quad 87 \quad 114 \quad 94] \qquad (11\text{-}17)$$

$$\text{total} = 133 \qquad (11\text{-}18)$$

假设 $\pi = (2,1,3,4)$，就可以得到

$$I_\pi = T_{2,1} + T_{1,3} + T_{3,4} = 24 \tag{11-19}$$

$$F_{\pi_1} = 87 \tag{11-20}$$

$$C_{\max}(\pi) = F_{\pi_1} + I_\pi + \text{total} = 244 \tag{11-21}$$

由于两个相邻任务间的空闲时间仅依赖于它们在每个阶段上的处理时间，因此，一个调度序列经过插入和交换操作后，仅相关相邻位置的空间时间发生了改变，而其他部分保持不变，因此，新的解的目标函数值可以通过时间增量得到，而不用重新计算整个调度序列。这个特征对大规模调度序列的评估十分有用，可以大大减少计算量。与文献[6]提出总空闲时间增量理论相同，可以很容易得到以下的推论。

推论1　当一个任务 i 插入第一个位置时，空闲时间增量为

$$\Delta t = F_i + T_{i,\pi_1} - F_{\pi_1} \tag{11-22}$$

如果插入 π_j 之后，那么有

$$\Delta t = T_{\pi_j,i} + T_{i,\pi_{j+1}} - T_{\pi_j,\pi_{j+1}} \tag{11-23}$$

推论2　当 π_i 被删除，并插入 π_j 之后，那么空闲时间增量为

$$\Delta t = \begin{cases} T_{\pi_j,\pi_i} + T_{\pi_i,\pi_{j+1}} + F_{\pi_{i+1}} - (T_{\pi_j,\pi_{j+1}} + F_{\pi_i} + T_{\pi_i,\pi_{j+1}}), & i=1 \\ T_{\pi_j,\pi_i} + T_{\pi_i,\pi_{j+1}} + T_{\pi_{i-1},\pi_{i+1}} - (T_{\pi_j,\pi_{j+1}} + T_{\pi_{i-1},\pi_i} + T_{\pi_i,\pi_{j+1}}), & i>1 \end{cases} \tag{11-24}$$

推论3　如果 π_i 和 π_j 相邻，交换 π_i 和 π_j 的位置，那么空闲时间增量为

$$\Delta t = \begin{cases} F_{\pi_j} + T_{\pi_j,\pi_i} + T_{\pi_i,\pi_{j+1}} - (F_{\pi_i} + T_{\pi_i,\pi_j} + T_{\pi_j,\pi_{j+1}}), & i=1 \\ T_{\pi_{i-1},\pi_j} + T_{\pi_j,\pi_i} + T_{\pi_i,\pi_{j+1}} - (T_{\pi_{i-1},\pi_i} + T_{\pi_i,\pi_j} + T_{\pi_j,\pi_{j+1}}), & i>1 \end{cases} \tag{11-25}$$

推论4　如果 π_i 和 π_j 不相邻，交换 π_i 和 π_j 的位置，那么空闲时间增量为

$$\Delta t = \begin{cases} F_{\pi_j} + T_{\pi_j,\pi_{i+1}} + T_{\pi_{j-1},\pi_i} + T_{\pi_i,\pi_{j+1}} - (F_{\pi_i} + T_{\pi_i,\pi_{i+1}} + T_{\pi_{j-1},\pi_j} + T_{\pi_j,\pi_{j+1}}), & i=1 \\ T_{\pi_{i-1},\pi_j} + T_{\pi_j,\pi_{i+1}} + T_{\pi_{j-1},\pi_i} + T_{\pi_i\pi_{j+1}} - (T_{\pi_{i-1},\pi_i} + T_{\pi_i,\pi_{i+1}} + T_{\pi_{j-1},\pi_j} + T_{\pi_j,\pi_{j+1}}), & i>1 \end{cases}$$

$$\tag{11-26}$$

如果考虑准备时间，准备时间可以非常容易的整合到上面的模型中。假设准备时间与阶段无关，则空闲时间矩阵 $\boldsymbol{T}'$ 的第 i 行、第 j 列的值 $T'_{i,j}$ 就可以改写成如式（11-27）所示的形式。

$$T'_{i,j} = T_{i,j} + \mathrm{ST}_{i,j} \tag{11-27}$$

其中，$\mathrm{ST}_{i,j}$ 是任务 i 切换到任务 j 的准备时间。

如果准备时间与阶段相关，则相邻任务的最小的空闲时间要替换为如式（11-28）所示的形式。

$$\mathrm{DT}^d_{i,j} = \min(S'_{j,m} - C_{i,m} - \mathrm{ST}_{i,j,u}), \qquad m = 1, 2, \cdots, M \tag{11-28}$$

则新的空闲时间矩阵 $\boldsymbol{T}^d$ 的第 i 行、第 j 列的值 $T^d_{i,j}$ 就可表示为

$$T^d_{i,j} = S'_{j,M} - C_{i,M} - \mathrm{DT}^d = S_{j,M} - \mathrm{DT}^d = \sum_{m=1}^{M-1} p_{j,m} - \mathrm{DT}^d \tag{11-29}$$

11.3.4　零等待调度问题中的应用

由于初始种群对收敛速度和最终解的质量有重要影响，种群初始化是进化计算算法中的关键过程之一。Pan 等[14]在求解无等待流水线调度问题时提出了一种新的种群初始化方法，该方法基于最近邻域和 NEH 启发式方法[15]，简要描述如下。首先，每个个体分别按 1, 2, $\cdots$, n 依次选取，最近邻域启发式规则用于为 NEH 构造一个完整的最近邻域排列。然后采用 NEH 的第二个阶段来为最近邻域排列产生初始化种群的最终个体。为了提高种群的多样性，在构造初始个体时，所有可能的任务被分别当成个体的第一个任务用来构造初始种群，因此种群的规模等于任务数，并不需要设置，更多信息见文献[14]。考虑到这种种群的初始性方法的有效性，在 HPDE 中，也采用同样的种群初始化方法。

由于 ZW 多产品调度问题的 NP 完全性，要想在有限的时间内找到全局最优解是不现实的，因此，通常采用相对差作为性能评价的标准，在计算相对差时，参照所有参与比较的算法发现的最好解。本章也采用相对差作为比较的指标。

采用任务的排列来表示 ZWSP 的候选解，目标函数为生产周期 $C_{\max}$。利用空闲时间增量方法，可以快速对生产周期 $C_{\max}$ 进行计算。由于 HPDE 的巧妙设计，除了局部搜索概率 pl 外，算法再没有其他的参数需要用户设置。根据经验，当 pl =0.2 时，可以达到满意的性能，因此，局部搜索概率推荐设置为 0.2。通常进化计算的终止条件是最大进化代数或最大执行时间，为了方便 PDE 和混合 PDE 进行比较，本章选择最大执行时间作为终止条件。文献[17]采用 $\dfrac{M \times N}{10}$ s 作为最大执行时间，由于

ZWSP 问题的 ATSP 表示，阶段数 M 对计算代价具有很小的影响，因此，本文采用任务数 $\frac{N}{10}$ s 作为终止条件。

11.3.5 计算研究

（1）实例研究 1

为了证明所提方法的有效性，选择的测试例子中包括小、中、大规模问题。He[11] 用遗传算法（GA）和禁忌搜索（TS）对人工生成的实例进行了研究。这些实例中规模最大的是 100 个产品，需要经过 10 个阶段在零等待策略下进行处理，处理时间在（4, 20）范围内随机生成。这些数据可以在文献[11]的附录中找到。对于大规模问题，不期望在有限的时间内找到全局最优解，因此，平均相对偏差和平均 CPU 时间常常作为算法的评估指标[11-12]。为了保证比较的公平性，和文献[12]一样，对每个实例根据 10 次独立运算找到的最好解来计算相对偏差。

（2）实例研究 2

这里选择了 3 个实例，其中第一个实例改编自文献[16]，相关数据可以从该文的支持数据中找到。这个实例是一个带有顺序依赖和单元相关的准备（切换）时间的 ZWSP。第二个实例和第三个实例分别来自文献[17]，相关数据可以从该文的支持数据中找到。将实例 2 和实例 3 看成是带有顺序依赖和单元独立的准备时间 ZWSP。需要注意的是源问题是单阶段多产品调度问题，本章把它看作是带有准备时间的 ZWSP。

（3）实例研究 3

与文献[10]采用具有多个产品和单元的测试问题一样，本章采用 80 个 Taillard 大规模测试问题，规模从 50 个任务 5 台处理机到 200 个任务 20 台处理机，这些问题广泛用于流水线调度问题研究中，常用作测试函数用于对不同的方法进行测试。本章把它看成 ZWSP 问题，并且假设阶段间的传输时间可以忽略。由于这些测试问题不包括准备时间，本章假设不同产品单元的准备时间是单元和产品依赖的。与文献[18]一样，产品 i 在阶段 u 上的准备时间是 $\frac{P_{i,u}}{4}$，其中，$P_{i,u}$ 是产品 i 在阶段 u 上的处理时间。

FCH、PDE、HPDE$_{ILS}$、HPDE 这 4 种算法在 Pentium Dual-Core 2.7 GHz CPU

和 2 GB 内存的计算机上采用 Matlab 7.5 运行。所有的 DE 算法中参数设置为，种群规模 popsize =N，局部搜索概率为 0.2。对于实例研究 1 和实例研究 2，每个实例独立运行 10 次，并取平均百分相对偏差（Average Percentage Relative Deviation，APRD）标准用于算法的比较，APRD 计算如式（11-30）所示。

$$APRD = \frac{100(\bar{C} - C_{FCH})}{C_{FCH}} \qquad (11\text{-}30)$$

其中，C_{FCH} 是 FCH 方法找到的实例的生产周期，$\bar{C}$ 是其他比较算法得到的平均生产周期。对于 80 个 Taillard 大规模实例，共有八组具有不同规模的问题，每组中有 10 个实例，对每个实例独立运行 5 次，这意味着每组里每个算法独立运行 50 次。

11.3.6　结果和讨论

（1）GA、TS、FCH 和 PDE 之间的比较

从表 11-2 中可以看出，基于同样的实例，PDE 可以有效求解 ZWSP，对于中小规模问题来说，PDE 表现出与 GA 一样的良好性能。然而，对于大规模问题而言，PDE 甚至可以找到比 GA 更好的解。此外，注意到 PDE 的平均偏差比 GA 要小且不超过 0.6%，这意味着 PDE 比 He 在文献[11]中提出的 GA 方法更稳定。特别是对大规模问题，虽然当采用不同的计算环境时，计算时间的比较相对较难，但仍可以看出 PDE 的平均计算是可以接受的。TS 是公认求解调度问题的最好算法之一，广泛用于寻找调度问题的高质量解。与长时间的 TS 搜索相比，PDE 仍能在更短的时间提供有竞争力的结果。另外，随着问题规模的扩大，TS 的平均偏差显示出增加的趋势。然而，PDE 方法维持在一个小的范围，这可能意味着 PDE 比 TS 更适合于求解大规模 ZWSP。

从 FCH 方法提供的结果来看，对于 3 个大规模实例，FCH 可以找到比 PDE 更好的解，但对于两个小规模问题却得到了比 PDE 差的解。此外，FCH 可以在很短的时间内找到好的解，这些意味着 PDE 和 FCH 具有互补性，可以结合形成混合算法，该方法将综合 PDE 和 FCH 的优点。

表 11-2　案例 1 的计算结果

任务规模 N×M	种群 大小/个	GA[11]			TS[11]			FCH		
		最好的 C_{max}	平均差	平均 时间/s*	最好的 C_{max}	平均差	平均 时间/s*	最好的 C_{max}	平均差	平均 时间/s
10×5	200	189.13	0.87%	0.061	189.13	0.73%	37	191.67	—	0.016
20×5	300	325.83	1.76%	0.39	325.32	0.86%	65	328.55	—	0.031
30×5	400	465.03	3.40%	1.52	456.50	0.99%	136	461.84	—	0.016
50×10	500	943.63	4.48%	9.64	917.54	1.15%	508	929.48	—	0.016
100×10	600	1 836.26	6.02%	41.91	1 754.65	1.23%	955	1 772.81	—	0.078

注：*在 Pentium M 1 500 MHz CPU 机器上的平均 CPU(单位为 s)时间。

任务规模 N×M	种群 大小/个	PDE			HPDE$_{ILS}$*			HPDE*		
		最好的 C_{max}	平均差	平均 时间/s	最好的 C_{max}	平均差	平均 时间/s	最好的 C_{max}	平均差	平均 时间/s
10×5	10	189.13	0.03%	3.998	189.13	0	0.042	189.13	0	0.017
20×5	20	326.76	0.52%	7.392	324.46	0	6.837	324.46	0	0.866
30×5	30	467.56	0.18%	3.542	457.19	0.28%	15.242	456.47	0.16%	19.406
50×10	50	940.88	0.21%	16.238	921.02	0.22%	24.431	914.63	0.31%	27.286
100×10	100	1 780	0.30%	48.969	1 757.9	0.21%	52.283	1 738	0.45%	65.591

注：*HPDE$_{ILS}$ 表示 ILS 的混合算法，HPDE 表示基于 FCH 的局部搜索。

（2）局部搜索方案的讨论

为了找到混合 PDE 方法的有效的局部搜索方法，对 PDE 与 ILS 和 FCH 结合进行了研究。从表 11-2 中可以清楚地看出局部搜索方法可以大大提高 PDE 的搜索性能，特别是对于大规模问题尤其如此。与 TS 相比，在局部搜索方法的帮助下，HPDE$_{ILS}$ 和 HPDE 可以找到与长时间 TS 一样好的解。比较结果说明 HPDE 是一种求解大规模 ZWSP 的有效方法，FCH 比 ILS 方法更适合于与 PDE 结合。

（3）参数 pl 的有效性

局部搜索概率对混合算法的性能具有重要影响。较大的局部搜索概率可以使算法具有更大的可能性来发现更好的解，但大的局部搜索概率意味着更多的计算代价。为了使 HPDE 找到合适的局部搜索概率 pl，本章对 pl 在 0.1~0.7 之间变化的情况进行了研究。将所有算法的最大运行时间都设置为相同的，所有算法都独立运行 10 次。鉴于最小的生产周期显示了算法的搜索能力，标准差意味着算法的稳定性，因此，最小的生产周期 C_{max} 和生产周期的标准差（Standard Deviation，SD）两个指标用于不同局部搜索概率情况下的比较。文献[11]中的两个大规模问题 50×10 和 100×10 用于比较测试。结果见表 11-3。

表 11-3 不同局部搜索概率的计算结果

pl	50×10			100×10		
	最小 C_{max}	SD	最大时间/s	最小 C_{max}	SD	最大时间/s
0.1	916.59	0.595 3	50	1 741.8	2.045 8	100
0.2	914.65	1.434 5	50	1 741.8	1.861 5	100
0.3	915.34	1.446 5	50	1 743.1	1.893 9	100
0.4	913.37	1.863 0	50	1 740.3	2.663 6	100
0.5	914.39	1.526 9	50	1 739.3	2.477 0	100
0.6	915.64	0.828 8	50	1 742.9	1.964 3	100
0.7	915.29	1.144 4	50	1 742.0	1.976 5	100

在 pl 分别为 0.4、0.5、0.2 时，对于两个实例，HPDE 都可以找到比其他方法更好的 C_{max} 值，但当 pl 分别为 0.4、0.5 时，SD 的值比 pl=0.2 时要大，这意味着当 pl=0.2 时，HPDE 的性能更稳定。因此，对于大规模 ZWSP，局部搜索概率 pl 设置为 0.2 更合适。在下面的实验中，pl 都设置为 0.2。

（4）HPDE 求解带有准备时间的问题的性能

从表 11-4 中给出的计算结果可以看出，与 FCH 方法相比，PDE 仅能对一个实例找到比 FCH 好的解，但 HPDE 和 HPDE$_{ILS}$ 却能对所有的问题都能发现比 FCH 好的解。比较结果说明，FCH、PDE、HPDE$_{ILS}$ 和 HPDE 都能够有效求解具有准备时间的大规模零等待调度问题，但 HPDE 比其他方法的性能更好。就平均 CPU 时间而言，尽管 HPDE 的时间比 FCH 要多，但其时间是合理的和可接受的。

表 11-4 案例 2 的计算结果

任务规模 $N×M$	种群大小/个	FCH		PDE			HPDE$_{ILS}$			HPDE		
		平均 C_{max}	平均时间/s	平均 C_{max}	APRD	平均时间/s	平均 C_{max}	APRD	平均时间/s	平均 C_{max}	APRD	平均时间/s
50×4	50	504.61	0.047	508.3	0.731%	21.27	504.5	−0.022%	25.61	503.8	−0.161%	28.57
50×5	50	797.57	0.047	807.8	1.283%	19.01	788.5	−1.137%	34.79	785.7	−1.488%	24.31
20×4	20	2 521	0.031	2 516	−0.198%	1.96	2 512	−0.357%	0.11	2 512	−0.357%	0.04

为了进一步检查 HPDE 的性能，针对 80 个 Taillard 测试函数进行了进一步的实验。FCH 是求解大规模 ZWSP 的新的有效启发式方法，通过与 FCH 方法的比较来

显示本章所提方法的有效性。根据规模的不同，将测试问题分为 8 组。对每一组，分别计算 4 个性能指标：APRD、最好的百分比相对偏差（Best Percentage Relative Deviation，BPRD）、最坏的百分比相对偏差（Worst Percentage Relative Deviation，WPRD）和百分比相对偏差的标准差（Standard Deviation of Percentage Relative Deviation，SDPRD）。从表 11-5 中的计算结果可以看出，与其他方法相比，HPDE 几乎都可以获得最好的 APRD、BPRD 和 WPRD。此外，HPDE 对每一组都获得了一致的结果，具有小的标准差，并且其平均计算时间是可接受的。从表 11-5 中还可以看出，对于 50×5、50×10、50×20 这 3 个组，HPDE$_{ILS}$ 获得了比 FCH 好的解，而另外的组，HPDE$_{ILS}$ 的计算结果也是具有竞争力的。

表 11-5　Taillard 测试函数的计算结果

任务规模 $N×M$	FCH			PDE					
	种群大小/个	平均 C_{max}	平均时间/s	平均 C_{max}	APRD	BPRD	WPRD	SDPRD	平均时间/s
50×5	10	4 158.90	0.06	4 266.56	2.589	0.616	4.734	1.03	23.04
50×10	20	5 199.88	0.05	5 290.3	1.739	−0.871	3.295	1.13	24.61
50×20	30	6 900.78	0.05	6 971.1	1.019	−0.410	2.252	0.97	20.56
100×5	50	8 037.53	0.19	8 295.2	3.206	2.600	4.591	0.55	42.58
100×10	100	9 977.53	0.15	10 171.7	1.946	0.996	2.478	0.48	48.31
100×20	100	12 751.95	0.14	12 932.4	1.415	0.512	2.910	0.86	54.53
200×10	200	19 311.55	0.58	19 655.5	1.781	1.203	2.459	0.45	43.08
200×20	200	24 112.05	0.52	24 462.1	1.452	0.669	1.933	0.40	64.98

HPDE$_{ILS}$						HPDE					
平均 C_{max}	APRD	BPRD	WPRD	SDPRD	平均时间/s	平均 C_{max}	APRD	BPRD	WPRD	SDPRD	平均时间/s
4 121.92	−0.897	−1.853	−0.029	0.53	26.50	4 085.14	−1.774	−2.366	−1.024	0.34	26.90
5 175.3	−0.475	−2.495	0.302	0.82	27.56	5 143.6	−1.082	−3.078	−0.362	0.80	30.65
6 852.7	−0.702	−1.445	0.326	0.56	21.25	6 812.6	−1.278	−2.191	−0.255	0.58	25.93
8 077.4	0.494	0.925	0.157	0.26	56.67	7 936.1	−1.262	−1.614	−0.884	0.26	51.91
9 987.2	0.097	−0.659	0.170	0.34	57.74	9 870	−1.078	−1.750	−0.662	0.31	50.64
12 763.9	0.094	−1.230	1.283	0.76	52.57	12 643.6	−0.850	−2.238	0.114	0.70	51.10
19 444.6	0.684	1.331	0.289	0.45	121.6	19 149.9	−0.837	−1.282	−0.283	0.36	126.16
24 317.5	0.845	1.246	0.414	0.24	118.1	23 980.7	−0.545	−1.127	−0.162	0.27	98.50

正如文献[3]中指出的，两方面直接影响算法求解调度问题的效率：如何进行解的搜索，如何有效地评价解。在本章提出的方法中，这两方面都考虑到了。HPDE的有效性在于它结合了 PDE 与 FCH 方法的优点。具体来说，一方面，在 ATSP 模型、空闲时间矩阵、新的变异和交叉操作的帮助下，PDE 可以高效地开发解空间并向有希望的领域前进。另一方面，基于空闲时间增量，FCH 可以快速地开采邻域空间来发现更好的解。在 FCH 局部搜索方式的帮助下，HPDE 能够达到开发与开采的平衡，因而能够发现高质量的解。不像其他的自然启发式方法，仅有一个参数 pl 需要用户进行调节，但推荐设置为 0.2。

11.4　小结

为了克服现有离散差分进化算法对修复操作的依赖，更高效地求解大规模零等待批处理生产调度问题，本章提出了一种基于排列的离散差分进化优化方法，该方法结合了 DE 和 FCH 方法的优点。首先，提出了一个基于排列的差分进化算法 PDE 和基于 FCH 的局部搜索策略，并将 PDE 和 FCH 局部搜索策略相结合，提出了混合排列差分进化算法 HPDE。根据空闲矩阵理论，将零等待批处理调度问题描述成非对称旅行商问题，利用空闲时间增量来加快解的评估过程。最后，对多个零等待批处理调度问题的实验和比较研究验证了 PDE 和 HPDE 的可行性和有效性。

参考文献

[1] DONG M G, WANG N. A novel hybrid differential evolution approach to scheduling of large-scale zero-wait batch processes with setup times[J]. Computers & Chemical Engineering, 2012, 45(10): 72-83

[2] ONWUBOLU G, DAVENDRA D. Scheduling flow shop using differential evolution algorithm[J]. European Journal of Operational Research, 2006, 171 (2): 674-692.

[3] QIAN B, WANG L, HU R, et al. A DE-based approach to no-wait flowshop scheduling[J]. Computers & Industry Engineering, 2009, 57(3): 787-805.

[4] WANG L, PAN Q K, SUGANTHAN P N, et al. A novel hybrid discrete differential evolution algorithm for blocking flow shop scheduling problems[J]. Computers & Operations Research, 2010, 37(3): 509-520.

[5] PAN Q K, WANG L, GAO L, et al. An effective hybrid discrete differential evolution algorithm for the flow shop scheduling with intermediate buffers[J]. Information Sciences, 2011, 181(3): 668-685.

[6] LI X P, WU C. Heuristic for no-wait flow shops with makespan minimization based on total idle-time increments[J]. Science in China Series F: Information Sciences, 2008, 51(7): 896-909.

[7] PAN Q K, WANG L, QIAN B. A novel differential evolution algorithm for bi-criteria no-wait flow shop scheduling problems[J]. Computers & Operations Research, 2009, 36(8): 2498-2511.

[8] ZOBOLAS G I, TARANTILIS C D, IOANNOU G. Minimizing makespan in permutation flow shop scheduling problems using a hybrid metaheuristic algorithm[J]. Computers & Operations Research, 2009, 36(4): 1249-1267.

[9] SCHIAVINOTTO T, STUTZLE T A. Review of metrics on permutations for search landscape analysis[J]. Computers & Operations Research, 2007, 34(10): 3143-3153.

[10] LEE D S, VASSILIADIS V S, PARK J M. List-based threshold-accepting algorithm for zero-wait scheduling of multiproduct batch plants[J]. Industrial and Engineering Chemistry Research, 2002, 41(25): 6579-6588.

[11] HE Y. Research on meta-heuristic methods for large-scale complex scheduling in process industry[D]. Hong Kong: Hong Kong University of Science and Technology, 2007.

[12] RYU J H, PISTIKOPOULOS E N. A novel approach to scheduling of zero-wait batch processes under processing time variations[J]. Computers and Chemical Engineering, 2007, 31(3): 101-106.

[13] SHAFEEQ A, MUTALIB M I A, AMMINUDIN K A, et al. New completion time algorithms for sequence based scheduling in multiproduct batch processes using matrix[J]. Chemical Engineering Research and Design, 2008, 86(10): 1167-1181.

[14] PAN Q K, TASGETIREN M F, LIANG Y C. A discrete particle swarm optimization algorithm for the no-wait flowshop scheduling problem[J]. Computers & Operations Research, 2008, 35(9): 2807-2839.

[15] NAWAZ M, ENSCORE J, HAM I. A heuristic algorithm for the m-machine, n-job flow shop sequencing problem[J]. Omega, 1983, 11(1): 91-95.

[16] CASTRO P M, GROSSMANN I E, NOVAIS A Q. Two new continuous-time models for the scheduling of multistage batch plants with sequence dependent changeovers[J]. Industrial and Engineering Chemistry Research, 2006, 45(18): 6210-6226.

[17] HE Y, HUI C W. A rule-based genetic algorithm for the scheduling of single-stage multi-product batch plants with parallel units[J]. Computers & Chemical Engineering, 2008, 32(12): 3067-3083.

[18] 王笑蓉. 蚁群优化的理论模型及在生产调度中的应用研究[D]. 杭州: 浙江大学, 2003.

第 12 章
基于禁忌列表的离散差分进化算法

为提高排列差分进化的搜索效率，本章将禁忌搜索与排列差分进化算法相结合，提出了一种基于禁忌列表的离散差分进化算法，该算法以 Ulam 距离来衡量个体间的相似性，利用禁忌列表来保证种群的多样性和避免重复搜索。将基于禁忌列表的离散差分进化算法应用于无等待流水调度问题的研究，研究结果表明该算法能提高排列差分进化的搜索效率，且找到了 3 个公开测试问题的新的最好解。

| 12.1　引言 |

对于进化算法而言，如何保持种群的多样性、避免早熟、提高搜索效率一直是人们关注的焦点。禁忌搜索（Tabu Search，TS）能帮助进化算法跳出局部极值，是减少或避免不必要搜索的一种有效方法[1]。TS 已经在各类调度优化中展示出良好的性能。Grabowski[2]利用 TS 来求解无等待流水调度问题，提出了多种基于 TS 的启发式方法，并获得了高质量的解。He[3]在其博士论文中对利用 TS 求解小、中、大这 3 种规模的零等待调度问题进行了讨论，结果显示尽管 TS 能获得较高质量的解，但由于调度问题的 NP 完全性，当问题规模扩大时，其搜索时间变得难以接受。Srinivas 等[4]将 DE 和 TS 方法相结合用于求解非线性规则规化问题，在求解连续问题时表现出良好的寻优效果。在该方法中，TS 采用禁忌列表来实现，禁忌列表包括禁忌半径和禁忌列表大小两个基本参数。在禁忌列表的帮助下，DE 可以减少不必要的函数评估和跳出局部极值。受到文献[4]的启发，本章将探讨 TS 与第 11 章提出的 PDE 结合的可能性和有效性。同时，为了获得满意的搜索性能，算法设计过程中关注全局开发与局部开采能力的平衡。与其他的进化算法一样，PDE 是一个开放的计算框架。TS 和各种局部搜索方法可以很容易地嵌入 PDE 中，形成混合算法。Pan 等[5]的工作证明针对无等待流水调度问题（No-Wait Flow Shop Scheduling Problem，

NWFSSP），尝试对个体进行局部搜索非常有效。PDE 可以用于全局搜索，TS 可以帮助 PDE 逃脱局部极值以便发现更好的解，而借助于 FCH 方法，个体质量可以得到提升。本章在 PDE、TS 和 FCH 这 3 种方法的基础上，提出了基于禁忌列表的排列差分进化算法（Permutation-Based Differential Evolutionary with Tabu List，PDETL）和基于禁忌列表的混合排列差分进化算法（Hybrid Arrangement Differential Evolution Algorithm Based on Taboo List，HPDETL）。为分析新方法的性能，将这两种算法应用于求解无等待流水线调度问题，结果表明，这两种算法极具竞争力。

| 12.2　改进的混合算法 |

12.2.1　PDE 算法及其不足

本章混合算法中的 DE 算法仍然采用基于位置的排列差分进化算法。有关 PDE 的详细信息，请参见第 11 章有关 PDE 部分的介绍。对于 PDE 而言，随着进化过程的进行，种群中的个体可能会因太过相似而陷入局部极值，出现早熟现象。另外，一些质量较好的解在进化过程中有可能会多次出现在种群中，因而会导致一些不必要的重复搜索，影响 PDE 算法的搜索效率。如何帮助 PDE 算法提高种群多样性，避免不必要的重复搜索是值得进一步研究的问题。

12.2.2　TS

TS 最早是由 Glover 在文献[1]中正式提出的，是一种智能型邻域搜索方法，TS 希望仅通过搜索少数解来得到满意的解，利用禁忌列表来记录和跟踪已经访问过的历史信息，在迭代搜索中尽量避开这些解，从而避免在搜索过程中出现迂回搜索，保证对不同有效搜索区域的探索。TS 算法已广泛应用于机器学习、神经网络、生产调度等领域，并取得了不错的效果。

利用 TS 求解优化问题时，除了涉及一般的解的编码与解码、目标函数外，还涉及邻域、禁忌列表、禁忌长度和藐视准则的概念，其中，邻域即执行邻域生成操作得到的相邻解集；禁忌列表用于存放已经搜索过的解，列表中的每一个元素都具有有效期，在有效期内的解不能用于产生邻域，只有过了有效期的解才能用于邻域搜索；禁忌长度用来控制禁忌列表中元素的个数，它对 TS 的搜索性能有重要影响；藐视准则用来决定一个候选解是否能用来产生邻域解，激励对好的候选解进行邻域搜索。组合优化是 TS 应用数多的领域之一。

　　TS 的主要不足在于每次搜索时只用到一个解的信息，因而在求解一些复杂的规模较大的问题时，找到一个比当前解更好的解需要花费很长的时间。因此，对于规模较大的问题，TS 并不是一种好的选择。

12.2.3　基于 Ulam 距离的禁忌列表方法

（1）Ulam 距离

Schiavinotto 等在文献[6]中指出，两个排列之间的距离依赖于指定的基本操作，该距离的定义为将其中一个排列转换成另一个排列所需要的最少的基本操作次数。在这里，为了衡量候选解与禁忌列表中的解之间的距离，选用基于插入操作的 Ulam 距离。

　　根据文献[6]中的介绍，插入操作可以定义成如式（12-1）所示的形式。

$$\Delta_i = \{\delta_I^{i,j} \mid 1 \leqslant i, j \leqslant n, j \neq i\} \tag{12-1}$$

其中，

$$\delta_i^{i,j} = \begin{cases} (\pi_1 \cdots \pi_{i-1} \pi_{i+1} \cdots \pi_j \pi_i \pi_{j+1} \cdots \pi_n), & i < j \\ (\pi_1 \cdots \pi_j \pi_i \pi_{j+1} \cdots \pi_{i-1} \pi_{i+1} \cdots \pi_n), & i > j \end{cases}$$

为了定义逆排列，引入"·"运算，这个运算如式（12-2）所示。

$$(\pi \cdot \pi') = \pi(\pi'(i)), \quad i = 1, 2, \cdots, n \tag{12-2}$$

其中，π 和 π' 都是 $1, \cdots, n$ 的排列。假设 $\pi = (3, 1, 2, 4, 5)$ 并且 $\pi' = (5, 1, 4, 2, 3)$，那么 $\pi \cdot \pi' = (5, 3, 4, 1, 2)$。利用"·"运算，逆排列 π^{-1} 的定义为

$$\pi^{-1} \cdot \pi = \pi \cdot \pi^{-1} = l \tag{12-3}$$

其中，l 是一致排列 $(1, 2, \cdots, n)$。π 与 π' 的 Ulam 距离 $d(\pi, \pi')$ 如式（12-4）和式（12-5）所示。

$$d(\pi, \pi') = d(\pi^{-1} \cdot \pi', l) \tag{12-4}$$

$$d(\pi, \pi') = n - |\mathrm{lis}(\pi^{-1} \cdot \pi')| \tag{12-5}$$

其中，n 为要处理的任务数，$\mathrm{lis}(\pi)$ 是排列 π 最长的递增序列，$|\cdot|$ 表示计算给定序

列的长度。从 $d(\pi,\pi')$ 可以很容易推出式（12-6）。

$$d(\pi,l) = d(l,\pi) = d(\pi^{-1},l) \qquad (12\text{-}6)$$

为了说明如何计算两个排列的 Ulam 距离，给出一个实例。假设 $\pi =(3, 1, 2, 4, 5)$，$\pi' = (5,1,4,2,3)$，则有 $n=5$，$\pi^{-1} = (2, 3, 1, 4, 5)$，$\pi^{-1}\cdot\pi' =(5, 2, 4, 3, 1)$，最长递增序列 $\mathrm{lis}(\pi^{-1}\cdot\pi') =(2, 3)$。因此，$d(\pi,\pi') = n - |\mathrm{lis}(\pi^{-1}\cdot\pi')| = 3$，即 $d(\pi,\pi')$ 的值为 3，这意味着由 π 变成 π' 至少需要执行 3 步插入操作。

（2）基于 Ulam 距离的禁忌列表方法

将 TS 的思想引入 PDE，用于帮助 PDE 保持种群的多样性，减少不必要的搜索和快速跳出局部极值。受 Srinivas 等[4]的工作启发，TS 在本章中也采用禁忌列表方式来实现，主要的不同在于距离的计算方式，本章中采用基于插入操作的 Ulam 距离来衡量两个解的相似性。禁忌列表中具有两个基本参数：禁忌半径和禁忌列表大小。其中，禁忌半径为一个正整数，用于控制两个候选解的相似性，新的候选解只有与禁忌列表中所有的元素的最小 Ulam 距离大于指定的禁忌半径时，才能被接受，从而可以有效避免解的趋同性，保证解的多样性，有利于跳出局部极值，从而有效减少不必要的重复搜索。基于 Ulam 距离的禁忌列表方法的工作原理如图 12-1 所示。其中，π 表示基于排列表示的新的候选解，π_1、π_2、$\cdots$、π_k 表示禁忌列表中的第 1、2、$\cdots$、k 个解，k 为禁忌列表的长度。

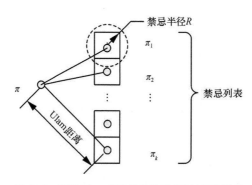

图 12-1　基于 Ulam 距离的禁忌列表方法工作原理

12.2.4　改进的排列差分进化算法

PDE 是一种有效的全局搜索算法，TS 是一种智能型搜索方法，能跳出局部极值，FCH 能快速地进行局部搜索，三者各有优势，具有明显的互补性。因此，为了提高 PDE 的搜索效率，将 TS、FCH 局部搜索方式与 PDE 相结合，提出了 PDETL 和 HPDETL 两种混合算法。

（1）解的表示方法

在混合方法中，解的表示方法仍然采用基于排列的表示方式。

（2）种群大小及初始化方法

初始种群的质量对搜索算法的效率有重要影响，为提高初始种群的质量，提出了一种基于 FCH 和循环左移的种群初始化方法，初始化方法由 FCH 方法和循环左移两步操作构成，种群的大小固定为待处理的任务数 n。首先调用 FCH 方法构造一个候选解 P，然后对构造出的候选解 P 依次执行 $n-1$ 次循环左移操作，得到余下的 $n-1$ 个候选解，为了说明这种方法是如何工作的，假设 FCH 方法构造出来的排列是（5, 2, 1, 4, 3），采用循环左移得到的第一个排列是（2, 1, 4, 3, 5），第二个是（1, 4, 3, 5, 2），第三个是（4, 3, 5, 2, 1），最后一个是（3, 5, 2, 1, 4），通过这种方式，每个任务都作为首任务出现一次，达到提高种群多样性的目的。这种初始化思想和文献[7]中提出的基于 NEH 方法和最近邻域的初始化方法有一定的相似性。

（3）变异操作

这里的变异操作除了采用基于排列的变异操作外，还对产生的变异向量，采用基于 Ulam 距离的禁忌列表方法，对变异向量与禁忌列表中向量的距离进行衡量，保持个体的多样性，达到提高搜索效率的目的。禁忌列表由两个集合组成，一个是当前种群，另一个是已经产生的下一代种群中的个体。当生成一个新的候选个体后，计算它与禁忌列表中的项目的 Ulam 距离。如果最小 Ulam 距离比定义的禁忌半径要小，新产生的个体就会被拒绝，直到再用 PDE 变异操作产生一个满足条件的个体为止。

（4）交叉操作

为了继承每一代种群中最好个体具有的好的块信息，采用两种类型的 PDE 交叉操作，一种方法是随机从当前种群中选择，另一种方法是从当前最好的个体集中随机选择。具体来说，这两种操作的不同在于如何选择交叉操作的第二个个体。为保持平衡，这两种交叉操作等概率执行。

（5）局部搜索方法

采用 ILS 和 FCH。详细信息见 11.2.2 节。

（6）选择操作

仍然采用与 PDE 一样的锦标赛方法。根据个体适应度值进行选择，适应度值好的个体进入下一代种群，而差的将被淘汰。

从上述描述可以看出，PDETL 实际上可以看成是 HPDETL 的一个特例，即局部搜索概率 pl = 0 的情况。HPDETL 算法的主要步骤如下。

步骤 1　初始化局部搜索概率 pl 和禁忌距离 R，采用 FCH 方法和循环左移产生初始化种群（种群大小等于任务数）。

步骤 2　对初始种群进行评估，并记录最好个体的信息，设置进化代数 $G = 0$。

步骤 3　对每个个体调用基于位置的变异操作，产生变异向量 $\vec{v}$；

步骤 4　根据产生的随机数来决定参与交叉操作的另一个个体。对变异向量 $\vec{v}$，面向排列的交叉操作，产生 4 个新的向量，比较 4 个新向量的目标函数值，将最优个体作为尝试向量 $\vec{u}$。

步骤 5　采用基于 Ulam 距离的禁忌列表方法，对尝试向量 $\vec{u}$ 与禁忌列表中向量的距离进行衡量，若 Ulam 距离大于指定的禁忌距离 R，则执行步骤 6，否则，执行步骤 3。

步骤 6　根据局部搜索概率 pl 确定是否要进行局部搜索，若是，则执行步骤 7，否则执行步骤 8。

步骤 7　调用快速局部搜索方法（ILS 或 FCH）对尝试向量 $\vec{u}$ 进行局部搜索和评估，若找到比 $\vec{u}$ 更好的个体 $\vec{u}'$，则用 $\vec{u}'$ 替换 $\vec{u}$。

步骤 8　比较目标向量 $\vec{x}$ 和新产生的向量 $\vec{u}$ 的目标函数值，若 $\vec{u}$ 优于 $\vec{x}$，则用 $\vec{u}$ 来替换 $\vec{x}$ 加入到下一代种群中。

步骤 9　判断种群中所有的个体是否都执行完，若未执行完，转步骤 3 继续执行，否则，执行步骤 10。

步骤 10　找出下一代种群中的最好个体，更新最好个体的信息，$G = G+1$。

步骤 11　判断是否满足终止条件，若满足，则输出最好个体的信息及对应的目标函数值，执行完成，否则，转步骤 3 继续执行。

HPDETL 的伪代码如下。

输入：要优化的问题 Problem；算法的最大运行时间 Max_time。

输出：算法找到的最好解。

利用 FCH 方法和循环左移方法产初始化种群 $P\{\pi_1, \cdots, \pi_{NP}\}$;对种群中的个体进行评估，将具有最好目标函数值的个体加入到最佳个体集 bestp 中

```
While time<Max_time do
    将下一代种群置空  Npop=Φ;
    For 对当前种群 P 中的每一个体 π do
        v=对 π 调用 PDE 的变异操作;
            if rand<0.5
                rp=随机从当前种群 P 中选择一个个体;
            else
                rp=随机从最佳个体集 bestp 中选择一个个体;
            end if
            u=执行 PDE 的交叉操作(v, rp);
            if 生成的新个体 u⃗ 与 Npop ∪ P 中所有的个体的 Ulam 的距离>禁忌距离 R
                    if 需要进行局部搜索
                        [New, f]=对 u⃗ 采用 FCH 局部搜索方法进行搜索;
                    else
                        f=计算 u⃗ 的目标函数值;
                    end if
                    if f 优于当前个体 P(i)的目标值
                    add  将其加入到 Npop;
                else
                        将 P(i)加入到下一代种群中 Npop;
                end if
            else
                跳转到 TT 处继续执行;
            end if
        end    for
    找到种群 Npop 中的最优个体  bperm;
    更新最好的目标值 bestf 和最好的解 bestp;
    更新种群 P=Npop
end while
```

从上面有关 HPDETL 算法的描述中可以看出，该算法很好地将 PDE、TS 和 FCH 局部搜索三者的优势相融合，实现了优势互补。PDE 变异和交叉操作可以对搜索空间进行有效开发，发现有希望的区域。TS 可以避免 PDE 陷入局部极小值点和发现最好值点。对于发现的好的个体，采用 FCH 局部搜索可以用来对其进行快速邻域搜索，进一步提高了解的质量。

| 12.3 无等待流水线调度优化 |

12.3.1 无等待流水线调度问题

无等待流水调度问题是一类重要的约束型流水调度问题，是典型的 NP-hard 问题，广泛存在于流程式企业中，如化工制造、钢铁铸造、食品加工、制药、塑料塑造等，其生产技术需要的一系列处理过程需紧密相连以防止衰变或污染。此外，高级制造环境如柔性制造系统及机器人之间具有高度协作的加工环境，通常也被模型化为无等待调度[8]。最大完工时间是调度的一个重要评价指标，是调度序列中最后一个任务的完工时间。最大完工时间最小可以减少总的生产周转时间。最小化最大完工时间无等待调度问题($F_m \mid \text{nwt} \mid C_{\max}$) 已被证明是一类 NP-hard 问题，其中, nwt 表示无等待时间。鉴于其重要的理论与实际应用意义，近几年该问题已经引起国内外学者的广泛关注，并取得了一些相关研究成果。

近几年，结合无等待流水调度特征的空闲时间调度理论因能降低无等待流水调度的计算复杂性，而成为无等待流水调度问题研究的热点。Li 等[9]根据问题的特征，提出了求解无等待流水调度的总空闲时间调度理论，并提出了多项式复杂度的复合启发式算法 FCH。随后，王初阳等[10]又以总空闲时间调度理论为基础对有准备时间的无等待流水车间调度问题进行了研究。朱夏等[8, 11]提出了基于目标增量的无等待流水调度快速迭代贪婪算法，随后又提出了求解无等待流水调度的基于总空闲增量的迭代遗传算法。Wang 等[12]提出了一种求解无等待流水调度的快速禁忌方法。此外，宋存利等[13]采用类似的思想，提出了一种基于相邻工件间完工时间距离求最小化完工时间邻域迭代搜索算法。

无等待流水线调度问题本质上是每批只有一个任务的零等待批处理调度问题，它是零等待批处理调度问题的一个特例。因此，对于无等待流水线调度问题模型的描述也能采用基于空闲矩阵的调度建模方法，建立其 ATSP 模型。有关模型的详细描述可参见第 11 章关于 ATSP 模型的描述部分。

12.3.2　实验

（1）案例研究 1

为了检验提出的两种方法的性能，案例 1 采用 He[3]博士论文中的实例，包括小、中和大三类规模的问题，在无等待约束下，最多达到 100 个任务和 10 个处理单元，处理时间在(4.0, 20.00)min 内随机生成。这些数据可以从文献[3]中得到。He 采用 GA 和 TS 对这些实例进行了研究。对于大规模问题，在有限的时间内要想得到全局最优解是不现实的，因此，相对偏差和平均 CPU 时间经常被用作评估算法性能的标准。为了比较的公平性，和文献[3]一样，将结果与当前发现的最好解的相对偏差作为评价指标，每个实例独立运行 10 次。

（2）实例研究 2

为了进一步检验提出的 PDETL 的性能，以运筹学库中 23 个广泛使用的测试函数为例进行数值仿真实验。前 21 个函数被 Reeves[14]称为 Rec01，Rec03，Rec05，…，Rec41，研究人员用这些函数来检验 SA、GA 和领域搜索的性能，发现这些问题特别难以求解。后两个被 Heller[15]称为 Hel1 和 Hel2 的问题。这些问题被许多研究者用作测试函数来测试不同的方法。每个实例独立运行 20 次，并且计算与 RAJ[16]方法的最好相对差（Best Relative Error，BRE）、平均相对差（Average Relative Error，ARE）、最坏相对差（Worst Relative Error，WRE）和标准差（Standard Deviation，STD）。相对差（Relative Error，RE）的计算如式（12-7）所示。

$$\text{RE} = \frac{100(C - C_{\text{RAJ}})}{C_{\text{RAJ}}} \tag{12-7}$$

其中，C_{RAJ} 是 RAJ 方法计算得到的生产周期，C 是比较算法获得的平均生产周期，在分别计算 BRE、ARE 和 WRE 时，C 分别表示最好的生产周期、平均生产周期和最坏的生产周期。

（3）环境配置

采用排列表示 NWFSSP 的候选解。目标函数为生产周期 C_{max}，采用空闲时间增量方法可以对其进行快速评估。将最大执行时间用作终止条件。FCH、PDETL、HPDETL 采用 Matlab 7.5 进行编码，并且所有的实验都是在 Pentium Dual-Core 2.7 GHz CPU 和 2 GB 内存的计算机上运行的。

从 HPDETL 的描述中可以看出，算法仅有很少的参数需要用户设置。实验中发现，禁忌半径 R 设置得过大，会导致很难在短时间内找到有效的解，若设置得过小则失去了 TS 的意义，设置为 2 可以得到更好的性能，因此，推荐将禁忌半径设置为 2，PDETL 和 HPDETL 两个算法的禁忌半径均设置为 2，这就意味着新的个体与禁忌列表中的所有个体必须至少保持 2 个插入操作的差别。由于采用 ATSP 模型，阶段数对计算量具有非常小的影响，因此，当任务个数不超过 30 时，最大执行时间设置为 $2n$ s；而当任务个数超过 30 时，最大执行时间设置为 $5n$ s。种群大小设置为 n，而对于 HPDETL，种群大小设置 $\min(n, 30)$，以减少规模较大时 FCH 局部搜索的代价。

12.3.3 结果和讨论

（1）5 种算法关于实例 1 的比较

HPDETL、PDETL、GA、TS 和 PDE 关于实例 1 的比较见表 12-1。从表 12-1 中可以看出 PDETL 可以明显改善 PDE 的搜索性能，找到高质量的解，获得与 GA 相当的性能。但对于大规模问题，PDETL 可以发现比 GA 更好的解。应该注意的是 10 次独立运行的平均方差比 GA 方法要小很多，不超过 1%，这意味着 PDETL 比文献[3]中的 GA 方法的性能要更稳定，尤其是对于大规模问题。尽管在不同计算平台下，计算时间的比较是很困难的，但可以看出 PDETL 的平均计算时间仍是可以接受的。TS 被认为是求解调度问题的最好方法，经常用来发现高质量的解。与长时间的 TS 方法相比，PDETL 可以在相对少的时间内找到具有竞争力的解。

另外，从表 12-1 可以看出，与改进前的 PDE 方法相比，基于 Ulam 距离的禁忌列表方法获得的最好解要明显优于 PDE 方法获得的最好解。尽管相对于 PDE 方法而言，由于禁忌操作的引入，PDETL 在平均计算时间上要比 PDE 稍长，但其计算时间也是可接受的。相关的比较结果说明 PDETL 方法具有较高的搜索效率。

HPDETL 不仅可以获得比长时间 TS 更好的结果，而且具有更小的均方差。另外，也可以看出，借助于 FCH 局部搜索方法，PDETL 方法得到的解的质量可以得到进一步的提高。结果表明 HPDETL 因充分利用 DE、TS 和 FCH 这 3 种方法的优点，而能在较短的时间内获得这 4 个 NWFSSP 问题的高质量的解，为求解 NWFSSP 问题提供了一种新的方法。

表 12-1　5 种算法对于实例 1 的计算结果

| ($N×M$) | 种群规模/个 | GA [3] | | | TS [3] | | | PDE | | |
		最好的 C_{max}	与最好解的平均偏差	平均CPU时间/s *	最好的 C_{max}	与最好解的平均偏差	平均CPU时间/s	最好的 C_{max}	与最好解的平均偏差	平均CPU时间/s
20×5	300	325.83	1.76%	0.39	325.32	0.86%	65	326.76	0.52%	7.392
30×5	400	465.03	3.40%	1.52	456.50	0.99%	136	467.56	0.18%	3.542
50×10	500	943.63	4.48%	9.64	917.54	1.15%	508	940.88	0.21%	16.238
100×10	600	1 836.26	6.02%	41.91	1 754.65	1.23%	955	1 780	0.30%	48.969

注：* Pentium M 1500MHz CPU 机器上的平均 CPU 时间单位为秒（s）。

| ($N×M$) | PDETL | | | | HPDETL | | | |
	种群规模/个	最好的 C_{max}	与最好解的平均偏差	平均CPU时间/s	种群规模	最好的 C_{max}	与最好解的平均偏差	平均CPU时间/s
20×5	20	326.56	0.33%	24.10	20	**324.46**	0	3.22
30×5	30	457.07	0.93%	10.3	30	**454.67**	0.14%	44.74
50×10	50	924.06	0.40%	100.42	30	**908.34**	0.38%	175.14
100×10	100	1 768.35	0.19%	197.16	30	**1 727.39**	0.16%	433.23

（2）基于实例 2 的无加速局部搜索的混合差分进化（Hybrid Differential Evolution_Nospeed-Up Without Local Search，HDE_NOL）和离散粒子群优化（Discrete Particle Swarm Optimization，DPSO）算法的比较

为了测试 PDE 与 TL 结合的性能，将 HDE_NOL、PDETL [17] 和 DPSO[18]进行比较，3 种方法都是不带局部搜索的自然启发式算法。表 12-2 中给出了各对比算法 20 次独立运行的结果的 BRE、ARE 和 STD。此外，为了更直观地比较，表 12-3 中给出了这 3 种方法中获胜的 BRE 和 ARE，最好的结果用加粗方式显示。从表 12-3 可以看出，对于大多数实例，PDETL 可以获得最好的结果，并获得了比 HDE_NOL 和 DPSO 更好的 BRE、ARE 和 STD 平均值。

表 12-2　3 种不带局部搜索的算法对于实例 2 的计算结果

| 测试函数 | n,m | RAJ | HDE_NOL[17] | | | DPSO[18] | | | PDETL | | |
			BRE	ARE	STD	BRE	ARE	STD	BRE	ARE	STD
Rec01	20,5	1 590	−3.15	−2.86	6.89	−3.58	−3.44	0.2	**−3.65**	**−3.36**	0.14
Rec03	20,5	1 457	−4.32	−2.32	7.85	−4.8	−4.64	0.22	**−6.59**	**−4.77**	0.80
Rec05	20,5	1 637	−6.84	−6.61	3.58	−7.15	−6.17	0.45	**−7.70**	**−6.81**	0.46

（续表）

测试函数	n,m	RAJ	HDE_NOL[17]			DPSO[18]			PDETL		
			BRE	ARE	STD	BRE	ARE	STD	BRE	ARE	STD
Rec07	20,10	2 119	−3.35	−2.45	12.91	**−3.59**	**−3.2**	0.34	−3.45	−2.52	0.49
Rec09	20,10	2 141	−4.48	**−3.34**	7.94	−4.11	−3.12	0.76	**−4.58**	−3.13	0.47
Rec11	20,10	1 946	−2.78	−0.61	17.16	**−3.34**	**−2.53**	0.44	−3.13	−2.22	0.33
Rec13	20,15	2 709	−4.25	−3.02	17.66	−5.65	**−5.27**	0.59	**−5.76**	−5.01	0.27
Rec15	20,15	2 691	**−6.02**	−5.06	18.22	**−6.02**	−5.54	0.33	−5.80	**−5.71**	0.04
Rec17	20,15	2 740	−4.89	−3.78	11.32	−5.51	−5.27	0.19	**−5.58**	**−5.57**	0.03
Rec19	30,10	3 157	−6.46	−5.07	26.27	−8.2	−7.79	0.21	**−8.33**	**−7.83**	0.12
Rec21	30,10	3 015	−3.85	−3.29	8.44	−4.88	−4.38	0.27	**−5.67**	**−4.58**	0.38
Rec23	30,10	3 030	−8.32	−7.22	15.74	−8.91	−8.78	0.24	**−9.60**	**−8.69**	0.52
Rec25	30,15	3 835	−3.52	−2.79	21.02	−5.27	−4.6	0.34	**−5.84**	**−5.08**	0.47
Rec27	30,15	3 655	−4.21	−2.33	27.63	**−4.49**	−3.53	0.31	−4.19	**−3.89**	0.32
Rec29	30,15	3 583	**−7.28**	**−6.44**	20.29	−6.67	−6.32	0.28	−6.87	−5.91	0.31
Rec31	50,10	4 631	−1.49	−0.64	17.58	−4.9	**−4.29**	0.38	**−5.31**	−4.25	0.42
Rec33	50,10	4 770	−1.45	−1.02	7.59	**−4.23**	−3.12	0.57	−4.21	**−3.63**	0.27
Rec35	50,10	4 718	−2.82	−2.26	9.70	−4.49	−3.77	0.41	**−5.36**	**−5.09**	0.10
Rec37	75,20	8 979	−7.22	−7.00	7.37	−8.16	−7.48	0.39	**−8.93**	**−8.75**	0.05
Rec39	75,20	9 158	−3.61	−3.20	19.59	**−5.57**	−5.05	0.25	−5.42	**−5.33**	0.06
Rec41	75,20	9 344	−5.46	−5.25	14.92	−6.62	−6.1	0.33	**−6.75**	**−6.20**	0.16
Hel1	100,10	780	−4.62	−4.24	1.21	−6.15	−5.59	0.27	**−6.67**	**−6.47**	0.10
Hel2	20,10	189	**−4.76**	−3.44	0.89	−4.23	−2.25	1.03	**−4.76**	**−3.86**	0.77
平均值			−4.57	−3.66	13.12	−5.50	−4.88	0.38	**−5.83**	**−5.16**	**0.31**

表 12-3　3 种不带局部搜索算法的结果比较

获得的最好结果的数量/个	HDE_NOL	DPSO	PDETL
BRE	3	6	16
ARE	2	4	17

为了进一步说明 PDETL、HDE_NOL 和 DPSO 3 种方法性能上的差别，与文献[18-19]一样，采用一种针对小样本的有效统计方法对结果进行比较，即配对 t 测试方法。表 12-4 中给出了 Rec 和 Hel 实例的配对 t 测试方法的结果。从结果来看，

对每一对比较而言，所有的空假设都拒绝了，这说明比较方法的平均相对偏差的不同是有意义的。在 BRE、ARE 和 STD 方面，PDETL 显示出更好的性能。此外，在表 12-3 中，就 ARE 而言，PDETL 算法可以找到 17 个实例的最好解。而 HDE_NOL 和 DPSO 分别只有 2 个和 4 个，因此，可以得出 PDETL 算法的性能优于 HDE_NOL 和 DPSO。同时，实例 2 的结果也说明 PDE 和 TL 的结合是可行和有效的，这为 NWFSSP 的求解提供了一种新的有效求解方法。

表 12-4　关于 ARE 的 PDETL、HDE_NOL 和 DPSO 算法的配对 t 测试

假设 H_0	假设 H_1	t-value	p-value	$p<0.05$	H_0 成立	H_1 成立
PDETL=HDE_NOL	PDETL≠HDE_NOL	−6.612 7	$1.194\,0×10^{-6}$	True	不成立	成立
PDETL=DPSO	PDETL≠DPSO	−2.371 8	0.026 9	True	不成立	成立

（3）基于实例 2 的 HPDETL、HPSO、PSOVNS、HDE 和 $DPSO_{VND}$ 的比较

为了说明 PDETL 与 FCH 局部搜索的有效性，对 HPDETL 与 HPSO[20]、PSOVNS[20]、HDE[17]和 $DPSO_{VND}$[21]4 种方法进行了比较研究。所有的这些方法都使用相同的测试函数和 RAJ 方法的上界。HPSO、PSOVNS、HDE 和 $DPSO_{VND}$ 的计算结果均来自相关文献。表 12-5、表 12-6 和表 12-7 分别给出了 HPDETL 算法 20 次独立运行的结果，包括与 RAJ 方法比较的 BRE、ARE、WRE。Tavg 表示找到最好解的平均运行时间，其中，最好的结果用粗体显示。

对于所有的实例，HPDETL 方法获得的 BRE、ARE 和 WRE 比 HPSO 和 PSOVNS 都要好。此外，与 HDE 和 $DPSO_{VSD}$ 相比，HPDETL 也显示出了更好或具有竞争力的性能。

表 12-5　PSOVNS、HPSO 和 HPDETL 算法相对于 RAJ 的计算结果

测试函数	PSOVNS[20]				HPSO[20]				HPDETL			
	BRE	ARE	WRE	Tavg	BRE	ARE	WRE	Tavg	BRE	ARE	WRE	Tavg
Rec01	−3.52	−2.62	−1.76	—	−3.77	−3.39	−2.96	3.9	−4.03	−4.03	−4.03	1.43
Rec03	−5.63	−3.26	−0.34	—	−6.59	−6.15	−3.36	4.8	−6.59	−6.59	−6.59	1.02
Rec05	−6.96	−6.26	−5.13	—	−7.39	−7.15	−6.66	4.1	−7.70	−7.68	−7.51	5.26
Rec07	−3.4	−1.88	0.05	—	−3.63	−3.11	−2.31	6.6	−3.63	−3.63	−3.63	2.28
Rec09	−4.58	−2.26	−0.28	—	−4.58	−4.26	−3.6	6.7	−4.62	−4.62	−4.62	1.59
Rec11	−2.98	−0.75	1.03	—	−3.34	−2.3	−1.28	7	−3.34	−3.34	−3.34	0.96

（续表）

测试函数	PSOVNS[20]				HPSO[20]				HPDETL			
	BRE	ARE	WRE	Tavg	BRE	ARE	WRE	Tavg	BRE	ARE	WRE	Tavg
Rec13	−5.28	−3.05	−0.55	—	−6.05	−5.47	−4.8	11	−6.05	−6.04	−5.80	1.86
Rec15	−5.69	−3.85	−1.82	—	−6.02	−5.69	−4.91	8.6	−6.02	−6.02	−6.02	1.77
Rec17	−4.96	−3.81	−2.37	—	−5.58	−5.42	−5.07	8.6	−5.58	−5.58	−5.58	1.14
Rec19	−8.39	−6.43	−4.78	—	−9.15	−8.5	−6.46	23	−9.72	−9.71	−9.57	20.04
Rec21	−5.24	−3.46	−2.26	—	−5.7	−5.33	−4.74	24	−6.43	−6.40	−6.17	24.03
Rec23	−8.61	−6.89	−4.65	—	−10.8	−9.72	−8.65	24	−10.89	−10.75	−10.13	32.02
Rec25	−4.95	−2.64	−0.78	—	−5.71	−5.17	−4.25	32	−6.31	−6.31	−6.31	9.00
Rec27	−3.99	−2.22	−1.12	—	−6.13	−5.04	−4.13	39	−6.13	−6.13	−6.10	23.59
Rec29	−5.08	−2.65	−0.25	—	−7.81	−6.93	−5.69	31	−8.15	−8.15	−8.15	7.97
Rec31	−2.96	−1.95	−0.45	—	−5.92	−5.2	−4.51	122	−7.00	−6.73	−6.48	126.32
Rec33	−3	−1.99	−0.75	—	−5.51	−4.08	−3.17	116	−7.09	−6.78	−6.39	143.51
Rec35	−3.52	−1.04	0.61	—	−6.02	−5.13	−3.98	105	−6.80	−6.55	−6.25	167.67
Rec37	−5.26	−4.52	−3.7	—	−8.89	−8.2	−7.4	635	−10.26	−9.90	−9.53	302.07
Rec39	−2.78	−1.88	−1.05	—	−6.79	−5.67	−4.26	897	−7.77	−7.35	−7.03	291.34
Rec41	−4.48	−3.38	−2.68	—	−7.94	−6.77	−5.91	883	−9.25	−8.91	−8.57	321.74
平均值	−4.82	−3.18	−1.57	—	−6.35	−5.65	−4.67	142.49	**−6.83**	**−6.72**	**−6.56**	**70.79**

表 12-6　HDE、DPSOVSD 和 HPDETL 相对 RAJ 的计算结果

测试函数	HDE[17]				DPSO$_{VSD}$[21]				HPDETL			
	BRE	ARE	WRE	STD	BRE	ARE	WRE	STD	BRE	ARE	WRE	STD
Rec01	**−4.03**	**−4.03**	**−4.03**	0.00	**−4.03**	**−4.03**	**−4.03**	0.00	**−4.03**	**−4.03**	**−4.03**	0.00
Rec03	**−6.59**	**−6.59**	**−6.59**	0.00	**−6.59**	**−6.59**	**−6.59**	0.00	**−6.59**	**−6.59**	**−6.59**	0.00
Rec05	**−7.7**	−7.61	−7.39	1.50	**−7.70**	**−7.68**	**−7.51**	0.06	**−7.70**	**−7.68**	**−7.51**	0.04
Rec07	**−3.63**	**−3.63**	**−3.63**	0.00	**−3.63**	**−3.63**	**−3.63**	0.00	**−3.63**	**−3.63**	**−3.63**	0.00
Rec09	**−4.62**	**−4.62**	−4.48	0.67	**−4.62**	**−4.62**	**−4.62**	0.00	**−4.62**	**−4.62**	**−4.62**	0.00
Rec11	**−3.34**	−3.2	−2.88	4.23	**−3.34**	**−3.34**	**−3.34**	0.00	**−3.34**	**−3.34**	**−3.34**	0.00
Rec13	**−6.05**	**−6.05**	**−6.05**	0.00	**−6.05**	**−6.05**	**−6.05**	0.00	**−6.05**	−6.04	−5.80	0.06
Rec15	**−6.02**	**−6.02**	**−6.02**	0.00	**−6.02**	**−6.02**	**−6.02**	0.00	**−6.02**	**−6.02**	**−6.02**	0.00
Rec17	**−5.58**	**−5.58**	**−5.58**	0.00	**−5.58**	**−5.58**	**−5.58**	0.00	**−5.58**	**−5.58**	**−5.58**	0.00
Rec19	**−9.72**	−9.67	−9.38	4.03	**−9.72**	−9.55	−9.38	0.18	**−9.72**	**−9.71**	**−9.57**	0.05
Rec21	**−6.43**	−6.27	−5.97	4.23	**−6.43**	−6.33	−6.04	0.14	**−6.43**	**−6.40**	**−6.17**	0.07
Rec23	**−10.89**	−10.78	−10	8.04	**−10.89**	**−10.85**	**−10.07**	0.18	**−10.89**	−10.75	−10.13	0.25

（续表）

测试函数	HDE[17]				DPSO$_{VSD}$[21]				HPDETL			
	BRE	ARE	WRE	STD	BRE	ARE	WRE	STD	BRE	ARE	WRE	STD
Rec25	**-6.31**	-6.28	-6.21	1.78	**-6.31**	-6.26	-6.21	0.05	**-6.31**	**-6.31**	**-6.31**	0.00
Rec27	**-6.13**	-5.96	-5.14	10.35	**-6.13**	-5.89	-5.44	0.21	**-6.13**	**-6.13**	**-6.10**	0.01
Rec29	**-8.15**	-7.97	-7.56	7.72	**-8.15**	-8.07	-7.56	0.17	**-8.15**	**-8.15**	**-8.15**	0.00
Rec31	-6.61	-6.4	-5.83	8.39	-6.89	-6.60	-6.37	0.13	**-7.00**	**-6.73**	**-6.48**	0.13
Rec33	-6.98	-6.36	-5.81	17.50	**-7.09**	-6.68	-6.35	0.20	**-7.09**	**-6.78**	**-6.39**	0.20
Rec35	-6.57	-6.11	-5.43	13.22	-6.72	-6.53	-6.02	0.18	**-6.80**	**-6.55**	**-6.25**	0.20
Rec37	-10.36	-10.02	-9.54	19.73	**-10.56**	**-10.06**	**-9.73**	0.21	-10.26	-9.90	-9.53	0.20
Rec39	-7.74	-7.32	-6.97	18.64	-7.56	-7.32	-6.97	0.15	**-7.77**	**-7.35**	**-7.03**	0.16
Rec41	**-9.65**	-8.99	-8.44	22.66	-9.28	**-9.07**	**-8.83**	0.14	-9.25	-8.91	-8.57	0.18
Hel1	-9.1	-8.74	-8.33	1.73	**-9.36**	**-9.17**	**-8.85**	0.18	-8.85	-8.43	-7.95	0.30
Hel2	**-5.29**	**-5.29**	**-5.29**	0.00	**-5.29**	**-5.29**	**-5.29**	0.00	**-5.29**	**-5.29**	**-5.29**	0.00
平均值	-6.85	-6.67	-6.37	6.28	**-6.87**	**-6.75**	-6.54	0.09	-6.85	-6.74	**-6.57**	**0.08**

从表 12-7 中的统计结果来看，HPDETL 与 DPSO$_{VSD}$ 可以找到 20 个最好 BRE，而 HDE 只找到 17 个。对于 ARE 而言，HPDETL 在 23 个测试函数中有 18 个获胜，而 HDE、DPSO$_{VSD}$ 分别仅有 8 个和 14 个。就相对偏的标准差而言，HPDETL 和 DPSO$_{VSD}$ 都是较小的值且不大于 0.1，而 HDE 获得相对大的值，其平均 STD 值达到了 6.28。这些结果意味着 HPDETL 和 DPSO$_{VSD}$ 比 HDE 具有更好的稳定性。对于平均运行时间，由于 HDE 用 Dephi 开发，DPSO$_{VSD}$ 用 Visual C++ 开发，而 HPDETL 用 Matlab 开发，在不同的计算平台下，尽管直接比较时间性能是无意义的，但 HPDETL 的平均运算时间是完全可接受的。

表 12-7　HDE、DPSOVSD 和 HPDETL 的比较结果

获得的最好结果数量/个	HDE	DPSO$_{VSD}$	HPDETL
BRE	17	20	20
ARE	8	14	18
WRE	7	13	19

表 12-8 中给出了配对 t 测试的结果。可以看出 HPDETL 和 PSOVNS、HPSO 的不同是明显的，且 HPDETL 显示出更好的性能。HPDETL 与 HDE，DPSOVND 的不同并不明显，这意味着 HPDETL、HDE 和 DPSOVND 具有同样的性能。然而从表 12-6 和表 12-7 的比较结果来看，根据 BRE、ARE 和 WRE 指标，HPDETL 可以

获得比其他算法更好或相当的解。此外，对于 Rec31、Rec35 和 Rec39，HPDETL 发现了新的最好解。因此，HPDETL 是一个新的具有竞争力的算法。

表 12-8　关于 ARE 的 HPDETL 算法的配对 t 测试

H_0	H_1	t-value	p-value	$p<0.05$	H_0 成立	H_1 成立
HPDETL=PSOVNS	HPDETL≠PSOVNS	−11.143 7	$4.971\ 6 \times 10^{-10}$	是	不成立	成立
HPDETL=HPSO	HPDETL≠HPSO	−7.646 7	$2.325\ 5 \times 10^{-7}$	是	不成立	成立
HPDETL=HDE	HPDETL≠HDE	−1.784 9	0.088 1	否	成立	不成立
HPDETL=DPSO$_{VND}$	HPDETL≠DPSO$_{VND}$	0.331 9	0.743 1	否	成立	不成立

（4）基于实例 2 的 HPDETL 与其他启发式方法的比较

为了进一步说明 HPDETL 的性能，与已有的其他启发式方法进行了比较，包括文献[2]提出的 DS+M、TS、TS+M 和 TS+MP 及文献[9]提出的 FCH 方法。表 12-9 给出了比较算法的计算结果，其中，最好的结果用粗体显示。由于 FCH、DS+M、TS、TS+M 和 TS+MP 都是确定的方法，但 HPDETL 是随机的方法，因此将 HPDETL 的 BRE、ARE、WRE 和 Tavg 进行比较。从表 12-9 中的结果可以看出，对于所有的实例而言，HPDETL 的 BRE 值比其他算法要好或具有竞争性，其平均 ARE 是 −6.74，比其他所有算法的 RE 值都要小。应该注意的是，HPDETL 即使是平均 WRE 值为−6.57，与其他算法的最好值（−6.59）也非常接近。与 Li 等[9]提出的 FCH 方法相比，HPDETL 可以大大提高 FCH 的性能，虽然 HPDETL 具有较长的运行时间（82.64 s），但仍是可以接受的。

表 12-9　HPDETL、FCH 和其他启发式算法计算结果对比

测试函数	FCH		DS+M[2]		TS[2]		TS+M[2]		TS+MP[2]		HPDETL			
	RE	Tavg	RE	Tavg	RE	Tavg	RE	Tavg	RE	Tavg	BRE	ARE	WRE	Tavg
Rec01	−3.21	0.05	−3.58	0	−4.03	0.2	−3.96	0.2	−3.96	0.2	**−4.03**	**−4.03**	**−4.03**	1.43
Rec03	−2.88	0.02	−4.43	0	−6.59	0.2	−6.59	0.2	−6.59	0.2	**−6.59**	**−6.59**	**−6.59**	1.02
Rec05	−6.35	0.05	−5.62	0	−7.39	0.2	−7.64	0.2	−7.7	0.2	**−7.70**	**−7.68**	**−7.51**	5.26
Rec07	0.33	0.00	−1.08	0	−3.63	0.2	−3.63	0.2	−3.63	0.2	**−3.63**	**−3.63**	**−3.63**	2.28
Rec09	−2.90	0.03	−3.6	0	−4.62	0.2	−4.58	0.2	−4.58	0.2	**−4.62**	**−4.62**	**−4.62**	1.59
Rec11	−1.44	0.02	−1.44	0	−3.34	0.2	−3.34	0.2	−3.34	0.2	**−3.34**	**−3.34**	**−3.34**	0.96
Rec13	−4.87	0.02	−4.43	0	−6.05	0.3	−6.05	0.3	−6.05	0.3	**−6.05**	−6.04	−5.80	1.86

（续表）

测试函数	FCH		DS+M[2]		TS[2]		TS+M[2]		TS+MP[2]		HPDETL			
	RE	Tavg	RE	Tavg	RE	Tavg	RE	Tavg	RE	Tavg	BRE	ARE	WRE	Tavg
Rec15	−5.69	0.02	−4.83	0	−5.91	0.3	−6.02	0.3	−5.91	0.3	**−6.02**	**−6.02**	**−6.02**	1.77
Rec17	−5.51	0.00	−5.51	0	−5.58	0.3	−5.58	0.3	−5.58	0.3	**−5.58**	**−5.58**	**−5.58**	1.14
Rec19	−7.79	0.05	−7.44	0	−9.72	0.4	−9.25	0.4	−9.38	0.4	**−9.72**	−9.71	**−9.57**	20.04
Rec21	−4.25	0.03	−4.68	0	−6.37	0.4	−6.3	0.4	−6.17	0.4	**−6.43**	**−6.40**	**−6.17**	24.03
Rec23	−7.89	0.03	−7.29	0	−10.76	0.4	−10.73	0.4	−10.89	0.4	**−10.89**	−10.75	**−10.13**	32.02
Rec25	−4.38	0.05	−3.08	0	−5.97	0.5	−6.31	0.5	−6.21	0.5	**−6.31**	**−6.31**	**−6.31**	9.00
Rec27	−3.09	0.03	−3.64	0	−5.64	0.5	−6.1	0.5	−5.83	0.5	**−6.13**	**−6.13**	**−6.10**	23.59
Rec29	−5.78	0.02	−7.36	0	−7.94	0.5	**−8.28**	0.5	−7.94	0.5	−8.15	−8.15	−8.15	7.97
Rec31	−3.71	0.14	−3.78	0	−5.9	1.1	−6.13	1.1	−6.22	1.1	**−7.00**	**−6.73**	**−6.48**	126.32
Rec33	−3.33	0.08	−2.01	0	−5.51	1.1	−6.31	1.1	−6.37	1.1	**−7.09**	**−6.78**	**−6.39**	143.51
Rec35	−5.02	0.17	−4.94	0	−6.08	1.1	−6.17	1.1	−5.91	1.1	**−6.80**	**−6.55**	**−6.25**	167.67
Rec37	−8.73	0.25	−7.92	0	−9.41	2.5	−9.49	2.6	−9.36	2.6	**−10.26**	**−9.90**	**−9.53**	302.07
Rec39	−5.28	0.19	−5.12	0	−7	2.5	−6.99	2.6	−6.91	2.6	**−7.77**	**−7.35**	**−7.03**	291.34
Rec41	−6.11	0.19	−6.08	0	−8.78	2.5	−8.57	2.6	−8.82	2.6	**−9.25**	**−8.91**	−8.57	321.74
Hel1	−6.41	0.33	−5.51	0	−8.08	3.8	−8.21	3.9	−8.33	3.9	**−8.85**	**−8.43**	−7.95	412.61
Hel2	−0.53	0.00	−3.7	0	−5.29	0.2	−5.29	0.2	−5.29	0.2	**−5.29**	**−5.29**	**−5.29**	1.53
平均值	−4.56	0.08	−4.66	0	−6.5	0.9	−6.59	0.9	−6.56	0.9	**−6.85**	**−6.74**	**−6.57**	82.64

　　为了进一步比较，配对 t 测试的结果在表 12-10 中列出。从结果可以看出 HPDETL 与 FCH、DS+M、TS、TS+M 和 TS+MP 之间性能的差别是明显的，并且所有的空假设都被拒绝了，这说明算法间的不同是有意义的，而 HPDETL 则显示出了比其他算法更好的性能。

表 12-10　关于 ARE 的 HPDETL 和其他启发式算法配对 t 测试结果

H₀	H₁	t-value	p-value	$p<0.05$	H₀ 成立	H₁ 成立
HPDETL=FCH	HPDETL≠FCH	−9.025 3	$7.538\ 8×10^{-9}$	是	成立	不成立
HPDETL=DS+M	HPDETL≠DS+M	−9.538 1	$2.833\ 7×10^{-9}$	是	成立	不成立
HPDETL=TS	HPDETL≠TS	−3.447 2	0.002 3	是	成立	不成立
HPDETL=TS+M	HPDETL≠TS+M	−3.443 7	0.002 3	是	成立	不成立
HPDETL=TS+MP	HPDETL≠TS+MP	−3.849 1	$8.708\ 3×10^{-4}$	是	成立	不成立

解的搜索和评估方式直接影响调度算法的性能，这两方面在本章提出的算法中都进行了考虑。HPDETL 的有效性在于结合了 PDE、TS 和 FCH 这 3 种方法的优点，实现了互补。具体来说，一方面在 ATSP 模型、新的变异与交叉操作和禁忌列表的帮助下，PDETL 可以有效地开发空间并导向有希望的区域。另一方面，借助空闲时间增量和 FCH 局部搜索方法，HPDETL 算法可以快速地对邻域进行开采，从而得到更好的解，并保持开发与开采的平衡，因而可以发现更好的解。此外，不同于其他求解算法，HPDETL 需要用户设置的参数很少。实验结果表明 HPDETL 是求解 NWFSSP 一种新的有效、稳定和实用的算法。

12.4　小结

本章提出了一种基于禁忌列表的离散差分进化算法，该算法尝试将 DE 与 TS 结合，并用于求解以生产周期为目标的无等待流水线调度问题。不同于传统的 DE 方法，PDETL 和 HPDETL 采用一种基于排列的解的表示方式。本章的主要贡献在于，为了提高 PDE 的搜索性能，将基于 Ulam 距离的禁忌列表方法整合到 PDE 中，并采用 FCH 局部搜索方法来进一步提高解的质量。在对 HPDETL 算法进行详细介绍后，通过对测试实例的仿真研究，将 PDETL 和 HPDETL 获得的结果与最近文献中提出的几种自然启法式方法（如 HDE_NOL、DPSO、HPSO、PSOVSN、HDE、DPSO$_{VSD}$）和一些启发式方法进行了比较，结果验证了 PDETL 和 HPDETL 的有效性。所提两种算法可以在有效的时间内给出更好或具有竞争力的解。此外，对 PDETL 和 HPDETL 的巧妙设计，使得算法具有很少的调节参数，这些特征使得它们在实际应用中具有较大的优势。

参考文献

[1]　GLOVER F. Tabu search - part 1[J]. ORSA Journal on Computing, 1989, 1 (2): 190-206.

[2]　GRABOWSKI J, PEMPERA J. Some local search algorithms for no-wait flow-shop problem with makespan criterion[J]. Computers & Operations Research, 2005, 32(8): 2197-2212.

[3]　HE Y. Research on meta-heuristic methods for large-scale complex scheduling in process industry[D]. Hong Kong: Hong Kong University of Science and Technology, 2007.

[4]　SRINIVAS M, RANGAIAH G P. Differential evolution with tabu list for solving nonlinear and mixed-integer nonlinear programming problems[J]. Industrial & Engineering Chemistry Research, 2007, 46(22): 7126-7135.

[5]　PAN Q K, WANG L, QIAN B. A novel differential evolution algorithm for bi-criteria no-wait flow shop scheduling problems[J]. Computers & Operations Research, 2009, 36(8): 2498-2511.

[6]　SCHIAVINOTTO T, STUTZLE T. A review of metrics on permutations for search landscape analysis[J]. Computers & Operations Research, 2007, 34(10): 3143-3153.

[7]　PAN Q K, WANG L, GAO L, et al. An effective hybrid discrete differential evolution algorithm for the flow shop scheduling with intermediate buffers[J]. Information Sciences, 2011, 181(3): 668-685.

[8]　朱夏, 李小平, 王茜. 基于目标增量的无等待流水调度快速迭代贪婪算法[J]. 计算机学报, 2009, 32(1): 132-141.

[9]　LI X P, WU C. Heuristic for no-wait flow shops with makespan minimization based on total idle-time increments[J]. Science in China Series F: Information Sciences, 2008, 51(7): 896-909.

[10]　王初阳, 李小平, 王茜, 等. 有准备时间无等待流水车间调度的搜索算法[J]. 计算机研究与发展, 2010, 47(4): 653-662.

[11]　朱夏, 李小平, 王茜. 基于总空闲时间增量的无等待流水调度混合遗传算法[J]. 计算机研究与发展, 2011, 48(3): 455-463.

[12]　WANG C Y, LI X P, WANG Q. Accelerated tabu search for no-wait flowshop problem scheduling with maximum lateness criterion[J]. European Journal of Operational Research, 2010, 206(1): 64-72.

[13]　宋存利, 刘晓冰, 王伟. 大规模无等待流水调度问题的邻域迭代搜索算法[J]. 控制与决策, 2011, 26(4): 535-539.

[14]　REEVES C R. A genetic algorithm for flowshop sequencing[J]. Computers & Operations Research, 1995, 22(1): 5-13.

[15]　HELLER J. Some numerical experiments for an $M \times J$ flow shop and its decision theoretical aspects [J]. Operations Research, 1960, 8(2): 178-184.

[16]　RAJENDRAN C, ZIEGLER H. An efficient heuristic for scheduling in a flowshop to minimize total weighted flowtime of jobs[J]. European Journal of Operational Research, 1997, 103(1): 129-138.

[17]　QIAN B, WANG L, HU R, et al. A DE-based approach to no-wait flow-shop scheduling[J]. Computers & Industry Engineering, 2009, 57(3): 787-805.

[18]　PAN Q K, TASGETIREN M F, LIANG Y C. A discrete differential evolution algorithm for the permutation flowshop scheduling problem[J]. Computers & Industrial Engineering, 2008, 55(4): 795-816.

[19]　DAVENDRA D, ZELINKA I, BIALIC-DAVENDRA M, et al. Discrete self-organising mi-

grating algorithm for flow-shop scheduling with no-wait makespan[J]. Mathematical and Computer Modelling, 2011, 1337(1): 285.

[20] LIU B, WANG L, JIN Y H. An effective hybrid particle swarm optimization for no-wait flow shop scheduling [J]. International Journal of Advanced Manufacturing Technology, 2007, 31(9-10): 1001-1011.

[21] PAN Q K, TASGETIREN M F, LIANG Y C. A discrete particle swarm optimization algorithm for the no-wait flowshop scheduling problem[J]. Computers & Operations Research, 2008, 35(9): 2807-2839.